葛洲坝电站水轮发电机组改造增容技术

主　编◎张　诚

副主编◎薛福文　王　宏　熊　浩　韩　波

中国水利水电出版社
www.waterpub.com.cn
·北京·

内 容 提 要

本书从项目总体策划、方案比选、结构设计、安装工艺、试验及效果评价等方面，对葛洲坝电站机组改造增容进行全面总结。

全书共分五篇。第一篇概述项目确立的背景、可行性研究情况、机组技术特性；第二篇回顾机组改造增容方案研究比选的过程；第三篇介绍机组改造增容结构设计；第四篇叙述机组改造增容施工过程；第五篇介绍机组改造增容后试验及评价。

本书可为国内外水电站机组更新改造增容提供借鉴与参考，也可作为水轮发电机组设计制造、检修技改、安装施工等人员的参考用书。

图书在版编目（CIP）数据

葛洲坝电站水轮发电机组改造增容技术 / 张诚主编
. -- 北京 : 中国水利水电出版社，2017.8
ISBN 978-7-5170-5944-8

Ⅰ. ①葛… Ⅱ. ①张… Ⅲ. ①葛洲坝－水轮发电机－
发电机组－扩容改造 Ⅳ. ①TM312.1

中国版本图书馆CIP数据核字(2017)第248721号

书　　名	**葛洲坝电站水轮发电机组改造增容技术** GEZHOUBA DIANZHAN SHUILUN FADIAN JIZU GAIZAO ZENGRONG JISHU
作　　者	主 编　张　诚 副主编　薛福文　王　宏　熊　浩　韩　波
出版发行	中国水利水电出版社 （北京市海淀区玉渊潭南路 1 号 D 座　100038） 网址：www. waterpub. com. cn E - mail：sales@waterpub. com. cn 电话：（010）68367658（营销中心）
经　　售	北京科水图书销售中心（零售） 电话：（010）88383994、63202643、68545874 全国各地新华书店和相关出版物销售网点
排　　版	中国水利水电出版社微机排版中心
印　　刷	北京印匠彩色印刷有限公司
规　　格	170mm×230mm　16 开本　20.75 印张　396 千字
版　　次	2017 年 8 月第 1 版　2017 年 8 月第 1 次印刷
印　　数	0001—1300 册
定　　价	**198.00 元**

《葛洲坝电站水轮发电机组改造增容技术》

编　委　会

主　　任	张　诚				
副 主 任	薛福文	王　宏			
委　　员	熊　浩	韩　波	吴　炜	肖　荣	王金涛
	宋晶辉	张　潮	黄　明	余　雷	董晓英
	曾广栋	孙　昕			
统　　稿	韩　波				
编写人员	刘　斌	吴　江	朱凤弟	褚建华	胡成学
	李　冲	丁万钦	贾利涛	郭聪聪	黄　雄
	杨小龙	覃　鹏	陈　涛	罗建厅	刘　扬
	关　博	王京国	王　翔	王俊青	鲍　鹏
	马　龙	张春辉	邱　涛	刘荣仁	杨　杰
审稿人员	吴　炜	徐　进	付海涛		

前 言
FOREWORD

葛洲坝——万里长江第一坝，是中国水电建设史上的一座丰碑。奠基于 20 世纪 70 年代初，竣工于 80 年代末。葛洲坝水利枢纽位于长江西陵峡出口、南津关下游约 2.3km 处的湖北省宜昌市境内，具有发电、航运、防洪、灌溉等综合效益，工程主体由挡水建筑物、泄水闸、冲沙闸、水电站厂房、通航建筑物等组成。

葛洲坝电站是长江干流上修建的第一座大型水电站，是世界上最大的河床式低水头径流式水电站。葛洲坝电站分为二江电站和大江电站，共装设有轴流转桨式水轮发电机组 22 台。二江电站装机 8 台，其中 0 号机组容量为 20MW，1 号、2 号机组容量为 170MW，其他 5 台为 125MW 机组，装机容量为 985MW；大江电站装机 14 台，均为 125MW 机组，装机容量为 1750MW。机组总装机容量为 2735MW，多年平均发电量为 157 亿 kW·h。

葛洲坝电站 1981 年首台机组并网发电，1988 年最后一台机组投入运行，单机年平均运行小时数在 6000h 以上，与一般同类电站年平均约 4000～4500 运行小时相比，可比拟的机组实际寿命已大大超过 30 年，存在运行安全隐患。为保障葛洲坝电站长期安全稳定运行，需对机组进行更新改造，以改善机组运行性能，增加设备使用寿命。同时，在不改变葛洲坝电站已有土建工程和水库运行条件的情况下，通过新技术、新材料、新工艺的应用，可适当增加葛洲坝电站的单机容量暨总装机规模，有利于发挥三峡—葛洲坝电站联合运行的整体效益。

葛洲坝电站水轮发电机组改造增容的研究工作自 1998 年开始立项，经过多年的论证和研究，2006 年，中国长江电力股份有限公司成功完成了第一阶段 2 台机组的试验性改造增容。2007 年，在首批试验机组改造的经验基础上，为进一步提高三峡电站投运后的葛洲坝电站的汛期水能利用率，启动了第二阶段改造增容研究。2012 年，新研发的水轮机转轮模型通过了专家评审，改造后机组的额定功率达到 150MW。目前，葛洲坝电站 19 台 125MW 机组水轮机部分的改造工作已全部完成，发电机部分的改造工作已完成 8 台，根据陆续投产的机组运行情况验证，改造增容达到了预期目标。

中国长江电力股份有限公司在葛洲坝电站水轮发电机组改造增容的可行性研究、结构设计、设备制造、安装工艺、试验与效果评价各阶段都做了大量细致、全面的工作。在认真总结葛洲坝电站机组改造增容经验的基础上，精心组织编写《葛洲坝电站水轮发电机组改造增容技术》，为水电站工作人员开展机组改造增容技术交流、推动机组安装检修技术的不断进步提供借鉴与参考。

《葛洲坝电站水轮发电机组改造增容技术》凝聚着长江电力检修厂广大生产技术及管理人员的智慧和心血，本书编写历时两年。书中详细介绍了葛洲坝电站水轮发电机组改造增容的原因、背景、结构设计、改造范围、实施过程、改造效果，并介绍了机组相关配套设施的改造。为了帮助读者更好地理解书中内容，本书还辅以大量的图表和图片，力求内容丰富、直观易懂。

本书由曾担任中国长江电力股份有限公司总经理、现任中国长江三峡集团公司副总经理张诚确定写作框架并审核定稿，中国长江电力股份有限公司副总经理薛福文、总工程师王宏、检修厂厂长熊浩拟定编写大纲，检修厂总工程师韩波负责统稿，吴炜、徐进、付海涛负责审稿。本书第一篇与第二篇由刘斌、朱凤弟、杨小龙、覃鹏、关博、王京国、王翔、邱涛等执笔；第三篇由吴江、褚建华、贾利涛、郭聪聪、罗建厅、刘扬等执笔；第四篇由胡成学、李冲、黄雄、王俊青、鲍鹏、刘荣仁、杨杰等执笔；第五篇由丁万钦、陈涛、马龙、张春辉等执笔。

本书是葛洲坝电站检修技术及管理人员工作经验的积累与总结，可为国内外水电站机组改造增容提供借鉴与参考，也可作为水轮发电机组设计、检修维护、安装施工等人员的参考用书。由于水电站安装检修技术创新日新月异，加之编者水平有限，书中难免有不妥之处，恳请广大读者提出宝贵意见。

作　者

2017 年 5 月

目录
CONTENTS

第五篇　水轮发电机组改造增容试验及评价

第一篇
概述

第一章 水轮发电机组改造增容简介

第一节 项 目 概 况

葛洲坝水利枢纽是长江干流上修建的第一座大型水利水电工程，工程位于长江三峡出口南津关下游约 2.3km 处，距三峡坝址约 38km，距宜昌市中心约 6km。枢纽为Ⅰ等大（1）型工程，正常蓄水位 66.0m，校核洪水位 67.0m，最低库水位 63.0m，设计洪水流量 86000m³/s，校核洪水流量 110000m³/s。工程沿坝轴线全长 2606.5m，由船闸 3 座、泄水闸 1 座、电站 2 座、冲沙闸 2 座及混凝土和土挡水坝等建筑物组成。

葛洲坝电站为厂坝结合的河床式低水头径流式电站，是华中电网的骨干电站之一，分为二江电站和大江电站，共装设有轴流转桨式水轮发电机组 22 台，总装机容量为 2735MW，电站多年平均发电量为 157 亿 kW·h。二江电站装机 8 台，其中 0 号机组容量为 20MW，1 号、2 号机组容量为 170MW，其他 5 台为 125MW 机组，装机容量为 985MW；大江电站装机 14 台，均为 125MW 机组，装机容量为 1750MW。二江电站发变组采用单元接线，升压至 220kV 与系统连接。大江电站发变组采用扩大单元接线，再联合后共 4 回架空进线接入 500kV 开关站。葛洲坝水利枢纽鸟瞰见图 1.1-1。

图 1.1-1 葛洲坝水利枢纽鸟瞰图

经毛泽东主席和中共中央政治局批准，葛洲坝工程于1970年12月开工，遵照"精心设计、精心施工"的精神进行工程建设。葛洲坝水利枢纽的胜利建成，解决了一系列水电工程遇到的关键性技术难题，把我国水利水电工程技术水平推上了一个新高度。1984年，葛洲坝二江电站及开关站荣获水利电力部优秀设计奖；1985年，葛洲坝二江工程获国家级优秀设计奖；同年，葛洲坝二江电站工程、三江电站工程及其水轮发电机组被评为国家科技进步特级奖；1987年，葛洲坝电站125MW水轮发电机组荣获国家质量金质奖章，这是国家给予葛洲坝工程建设者的最高荣誉和奖励，葛洲坝工程及其水轮发电机组，能在较短时间内创造出优异的成绩，是在党中央和国务院的领导关怀下，各有关单位的领导、科技人员和广大工人辛勤劳动、团结奋斗的结果。

枢纽管理者在继承了该工程取得的成绩和荣耀的同时，也肩负着巨大的责任与压力。从长远看，工程的老化不可避免，枢纽各功能系统的主要设备和构件也会逐步出现各种问题。如何保证枢纽的长期安全稳定运行是枢纽管理者必须面对的一个课题和考验，这是一个艰巨而又复杂的问题。枢纽管理者一直高度重视这个问题，积极寻求解决问题的办法，密切关注水电及其他相关产业的最新动态，不断地将各种新技术、新材料、新工艺应用到葛洲坝电站日常的运行维护中，并逐步对电站的开关站、变压器、厂用变、技术供水系统、厂内排水系统、工业用气系统、电气控制盘柜等主辅设备及系统进行了改造升级，对拦污栅进行了更换。但是，作为水电站运行发电的核心，水轮发电机组随着累计运行小时数的增长，也同样面临着使用寿命问题。

葛洲坝电站的水轮发电机组，从1970年开始联合设计，经过10年研究、试验、设计、制造、安装，第一台机组于1981年投产发电。从技术上看，葛洲坝电站的水轮发电机组，居世界上特大型低水头水轮发电机组之前列。170MW水轮机的转轮公称直径达11.3m，是世界之冠。125MW机组的尺寸重量虽较170MW机组略小，但以10.2m的转轮直径，在世界上是排名第三，是我国专为葛洲坝电站研制的新机型，其性能堪与世界上同类型先进机组相媲美，标志着当代我国大型轴流转桨式机组的设计制造水平。国内外部分轴流式水轮机主要参数见表1.1-1。

表1.1-1　　　　　　　　国内外部分轴流式水轮机主要参数

序号	电站名称（国家）	额定水头/m	额定功率/MW	额定转速/(r·min⁻¹)	转轮直径/m	比转速/(m·kW)	比速系数K	单位流量/(m³·s⁻¹)	投运年份
1	水口（中国）	47.0	204.0	107.0	8.0	393.0	2694	1.132	1993
2	舒里宾（哈萨克斯坦）	40.0	230.0	93.8	8.5	447.2	2828	1.440	1983
3	LAJEADO（巴西）	39.1	180.0	100.0	8.0	433.9	2713	1.316	2001

序号	电站名称（国家）	额定水头/m	额定功率/MW	额定转速/(r·min⁻¹)	转轮直径/m	比转速/(m·kW)	比速系数K	单位流量/(m³·s⁻¹)	投运年份
4	里加Ⅲ（瑞典）	39.0	181.7	107.1	7.5	468.0	2923	1.518	1981
5	Brisay（加拿大）	37.5	193.0	94.7	8.6	448.3	2745	1.300	1990
6	Caruachi（委内瑞拉）	35.6	180.0	94.7	7.8	462.0	2757	1.594	1993
7	平班（中国）	34.0	135.0	107.4	7.2	480.6	2802	1.495	2002
8	高坝洲（中国）	32.5	85.8	125.0	5.8	471.9	2690	1.575	1999
9	铜街子（中国）	31.0	154.0	88.2	8.5	473.2	2635	1.413	1992
10	深溪沟（中国）	30.0	168.4	90.9	8.5	531.3	2910	1.623	2010
11	拉福尔日2（加拿大）	27.4	153.3	85.7	8.5	535.3	2802	1.713	1996
12	银盘（中国）	26.5	152.6	83.3	8.8	541.2	2786	1.653	2011
13	西津（中国）	15.5	67.7	71.4	8.0	604.1	2378	1.983	2002
14	PEXI（巴西）	26.4	168.8	85.7	8.6	589.5	3026	1.930	2003
15	WANAPUM（美国）	24.4	111.9	85.7	7.7	528.5	2611	1.769	1995
16	万安（中国）	22.0	103.0	76.9	8.5	518.0	2430	1.581	1990
17	大化（中国）	21.5	103.0	76.9	8.5	533.1	2472	1.636	1985
18	YACYRETA（阿根廷）	21.3	154.0	71.4	9.5	612.0	2824	1.986	1994
19	草街（中国）	20.0	128.2	68.2	9.5	577.2	2582	1.731	2008
20	乐滩（中国）	19.5	153.1	62.5	10.4	597.0	2636	1.881	2005
21	Kelsey（加拿大）	18.9	96.2	78.3	8.1	616.0	2678	2.042	2002
22	葛洲坝（中国）	18.6	175.5	54.6	11.3	592.0	2553	2.052	1981
23	葛洲坝（中国）	18.6	129.0	62.5	10.4	581.0	2506	1.839	1981
24	葛洲坝（中国）	18.6	153.0	62.5	10.2	632.9	2730	2.113	2014

　　随着三峡、向家坝、溪洛渡电站的陆续建成并投产发电，我国在机组的设计、制造水平方面基本与世界先进水平接轨，目前正在独立设计研发1000MW混流式机组，水轮机水力设计的手段、能力均有了长足的发展，积累了较为丰富的成功经验。当葛洲坝电站机组达到设计使用寿命后，是仅仅延用性能优异的原有设计对ZZ500转轮进行更换，还是利用目前最新的技术，通过科技创新开发新的转轮用于葛洲坝电站，需要枢纽管理者全面分析、深入研究、慎重决策。

　　经过大量的论证、研究、分析及试验，中国长江三峡集团公司决定为葛洲坝电站研发新的转轮用于替换将达到使用寿命的葛洲坝电站125MW机组转轮，并对发电机及其他相关部件进行升级改造，以重建机组机械性能，恢复并延长机组的运行寿命，并通过改造进一步提高机组的发电能力，为国家经济建设做出更多贡献，使葛洲坝电站继续保持活力，创造新的辉煌。

葛洲坝电站机组改造增容的研究工作自 1998 年开始立项，经过多年的论证和研究，于 2006 年成功实施了首批两台机组的改造试验工作，验证表明通过叶片修型、发电机定转子局部改造，水轮发电机组功率可提高至 146MW。2007 年，中国长江电力股份有限公司（以下可简称"公司"）在首批试验机组改造的经验基础上，以尽可能提高三峡电站投运后的葛洲坝电站汛期水能利用率为目标，启动了 10.2m 及 11m 公称直径转轮的改造研究工作。通过中国三峡集团公司、长江勘测规划设计研究有限责任公司、哈尔滨电机厂有限责任公司、东方电机有限公司的不懈努力，2012 年，新研发的转轮模型通过了专家评审会，水轮机额定功率达到 153MW，最高效率 94.25%，额定单位流量 2.113m³/s，且具有较好抗空化性能和稳定性指标。

在真机的结构设计和设备制造中，除了安排专业的人员负责驻厂监造外，公司还多次与制造厂家进行交流沟通，根据自身对原机组 30 多年的运行维护经验，对水轮机的结构及部件进行了优化，例如轮毂体外表面铺焊不锈钢层、新型叶片密封、自补偿式工作密封、斜楔式水导轴承间隙调整机构等，大大地提高了设备运行可靠性，减小了维护检修的工作量。

针对葛洲坝电站机组改造增发电量主要来自汛期的特点，根据电站流量、水头、出力关系的分析，葛洲坝电站机组改造增容计划并未按照传统的水轮机、发电机同时改造的模式进行安排，而是首先实施水轮机的改造工作，在改造初期每年安排 6 台水轮机的改造任务，发电机改造工作根据设备运行状态随后安排。

葛洲坝电站机组改造增容继续秉承"精心设计、精心施工"的精神，对工程的可行性研究、模型转轮研发、设备设计制造、安装与试运行各阶段都做了大量细致、全面的工作。目前，葛洲坝电站 19 台 125MW 机组水轮机部分的改造工作已全部完成，发电机部分的改造工作已完成 8 台，根据 4 年来陆续投产的机组运行情况验证，机组改造工程达到了预想目标。

第二节　机组改造增容可行性研究与决策

一、改造的必要性及目标

葛洲坝电站机组投入运行以来，平均年运行小时数在 6000h 以上，与一般同类电站年均运行小时相比，可比拟的机组实际寿命已大大超过 30 年，达到 45 年以上，机组存在水轮机叶片空蚀和磨损、发电机定子槽楔松动、线棒接头绝缘盒开裂、电晕腐蚀、部分定子铁芯压指松动等问题，影响机组安全稳定运行。

葛洲坝电站水轮发电机组生产于 20 世纪 70 年代末和 80 年代初,当年的材料、工艺水平以及性能指标与现在有一定的差异,按照 GB/T 15468—2006《水轮机基本技术条件》、IEC 62256 2008—01《水轮机、蓄能泵和水泵水轮机改造和性能改善》等相关规定及水轮发电机组运行状态,葛洲坝电站机组已经进入更新改造阶段。为保障葛洲坝电站机组长期安全稳定运行,有必要对电站机组实施改造以重新建立整机的机械性能,改善机组运行性能,消除长期运行带来的安全隐患,增加设备使用寿命。

葛洲坝电站机组数量较多,按照每年完成 3 台机组改造增容的速度进行测算,仅改造工程施工阶段就需要 7 年的时间,加上前期的可行性研究、水轮机转轮水力设计、改造部件结构设计、设备部件生产制造各环节,完成整个电站机组的改造任务需要 10 年以上时间,为此应在机组安全运行寿命范围内提前开展改造相关工作。

此外,葛洲坝电站 21 台机组改造前最大过流能力约为 $18000\mathrm{m^3/s}$,三峡电站左右岸 26 台机组最大过流能力约为 $25000\mathrm{m^3/s}$,加上三峡右岸地下电站 6 台机组后,三峡电站机组最大过流能力可达 $31000\mathrm{m^3/s}$。为了充分发挥容量效益,三峡电站将尽可能承担电力系统尖峰负荷。尤其在汛期,即使径流总量并未超过葛洲坝电站满发流量(约 $18000\mathrm{m^3/s}$),但由于三峡电站调峰运行,峰荷时下泄流量也将大大超过葛洲坝电站的满出力流量。虽然葛洲坝水库有一定的反调节库容,在三峡电站下泄的流量维持一段时间后,仍将不可避免地造成葛洲坝电站弃水,由于葛洲坝电站与三峡电站过流能力相差过大,影响三峡—葛洲坝电站联合运行的整体效益,有必要结合机组改造时机采用成熟工艺和新技术,尽可能增加机组的发电过机流量,提高水能资源利用率,这也符合我国能源发展战略。

根据葛洲坝电站机组的运行条件和自身特点,机组改造应实现两个主要的目标,一是通过改造恢复机组的运行稳定性能,延长机组的使用寿命;二是通过提高机组过机发电流量和效率最大程度上增加电站发电效益。

二、葛洲坝电站流量与发电关系特性

葛洲坝电站为厂坝结合的径流式水电站,三峡电站投运后,葛洲坝电站水文条件较 30 年前发生了一定的变化,作为三峡电站的反调节电站,其库水位在 63.0～66.0m 之间调节,有效库容很小,基本无调洪削峰作用。此外,为改善下游生态保障航运,三峡水库在枯水期向下游进行补水,葛洲坝电站最小下泄流量将维持在 $6000\mathrm{m^3/s}$ 左右,不再出现 $3960\mathrm{m^3/s}$ 的月平均流量。因此,机组的运行工况范围也发生了相应的变化。葛洲坝电站流量与水头、单机出力、电站总出力关系曲线见图 1.1-2。

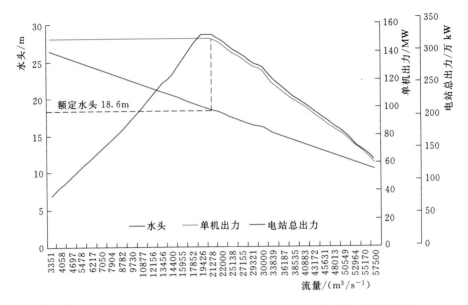

图 1.1-2　葛洲坝电站流量与水头、单机出力、电站总出力关系曲线

由图 1.1-2 可知，葛洲坝电站为低水头径流式电站，水头与流量近似反比关系，流量越大水头越低；机组出力在额定水头以上受发电机的出力限制，可达到额定出力，在额定水头以下，机组出力随水头的降低而降低；在电站总过机发电流量以下，电站总出力随流量的增加而增加，总发电量取决于上游来水流量及机组对水能的转换效率；当流量大于额定水头 18.6m 对应流量以上后，电站总出力随流量增加，水头降低，电站总出力则逐步减小，电站总出力由机组在低水头段的最大功率决定。葛洲坝电站总出力与流量呈现出先增加、后减小的山峰状图形。为此，增加电站的年发电量可通过两种方式实现，一是通过增加机组在低水头段的过机流量以提高机组在低水头运行区间的最大功率，从而增加机组及电站在汛期低水头运行工况下的发电量；二是通过提高机组在高水头段的效率，将有限的水资源尽可能高效的转换为电能，以增加电站在枯水期的发电量。

三、改造方案比选

为实现上述目标，枢纽管理者早在 1998 年就已启动葛洲坝电站 125MW机组改造增容的预可研工作，在电站机组上进行了一系列的现场试验及研究论证，获取了大量机组的第一手资料。随后公司委托哈尔滨电机厂有限责任公司和东方电机有限公司进行了水轮机模型试验，经过反复核算和模型试验，结果表明，采用水轮机叶片局部修型的改造方案可将机组的额定功率由 125MW 提高到146MW。2006年，公司完成首批2台试验机组的改造工作，通过对发电机实施改造及水轮机叶片修型，成功将原125MW机组额定功率提高至146MW。

在146MW方案的成功经验上，2007年，公司委托长江勘测规划设计研究院启动葛洲坝电站125MW机组改造增容可行性研究工作，着重对不改变机组流道（转轮公称直径不变）和改变机组流道（增加转轮公称直径）两个方向进行深入研究，以期给公司决策层提供更多比选方案。

经过转轮初选、CFD分析、校核计算及模型验证，最终确定了3个水轮机改造备选方案，分别是：146MW方案、150MW方案、160MW方案。146MW方案主要通过在129MW转轮基础上，根据轮毂体的结构对叶片进行修型，通过翼型优化提高水轮机的效率来实现机组额定功率增加。150MW方案主要通过更换全新研发的水轮机转轮来实现，为增加过流能力，水轮机转轮的轮毂比由原来的0.44减小到0.415，转轮叶片的水力设计也与轮毂尺寸更为匹配高效。160MW方案采用了全球型转轮室设计，将转轮公称直径由原10.2m增加至11.0m。为了能与水轮机改造后的额定功率相匹配，发电机需对定子铁芯、线棒、转子磁极线圈进行更换改造。

面对这3个各具特色的方案，电站管理团队要综合考虑葛洲坝电站改造方案所必须满足的4大基本要求。一是改造后机组应具备长期安全稳定运行的要求；二是改造方案应具备较优的经济评价；三是改造方案应具备较好实施性，安全风险小；四是改造方案应满足环境保护相关的要求。简而言之，改造方案应是一个对运行、投资、施工、环保要求响应最好的方案，这是一个极为复杂而又慎重的决策过程。

146MW方案主要通过对原水轮机的叶片进行修型，优化水轮机性能，不改变现有机组流道，具有改造范围小、投资低的优点。发电机需进行相应的定子铁芯、定子绕组和转子绕组改造。改造后机组额定功率可以由125MW改造增容至146MW，根据测算若对葛洲坝电站19台125MW机组全部实施改造，总静态投资约为9.5亿元。该方案在低水头运行区域的机组出力较改造前无明显增加。

150MW方案主要通过更换最新研发的10.2m水轮机转轮实现，新转轮将轮毂比由原0.44减小到0.415。为重建机组机械性能、延长其使用寿命，除更换转轮外，还对水轮机的主轴密封、水导轴承、支持盖下锥体等部件进行了优化改造。发电机需进行相应的定子铁芯、定子绕组和转子绕组改造。改造后机组额定功率可以由125MW改造增容至150MW。根据测算改造后电站年平均发电量可增加6.3亿kW·h，若对葛洲坝电站19台125MW机组全部实施改造，总静态投资约为18亿元。该方案提高了机组在低水头段的功率，高水头段发电效率也明显提高，消除了机组机械方面的安全隐患。

160MW 方案主要通过扩大转轮室公称直径到 11m 的方法实现，须对原转轮室和尾水锥管过渡段改建，将转轮室由半球形改为全球形，降低机组安装高程，增加活动导叶高度，水轮机改造范围大。发电机需进行相应的定子铁芯、定子绕组和转子绕组改造。改造后机组额定功率可以由 125MW 改造增容至 160MW，虽然机组额定出力有了大幅的提高，但因葛洲坝电站非弃水期发电量增加较少，根据测算改造后电站年平均发电量可增加 8.5 亿 kW·h，若对葛洲坝电站 19 台 125MW 机组全部实施改造，总静态投资约为 30 亿元。此外，该方案技术难度大，施工工艺复杂，国内外尚无 8m 以上立式全球型转轮室的制造、安装经验，工期也较长，涉及土建结构的运行安全，工程风险较大。

上述 3 个方案均不改变葛洲坝水利枢纽的布局，不新增建设用地、无水库淹没移民搬迁等问题，仅在原电厂内部进行，不影响长江流道变化，无水土保持、环境等问题。146MW 方案、150MW 方案均是在不改变水轮机直径和流道的前提下进行，在电站内的改造工作量基本相同。虽然 150MW 方案较 146MW 方案投资会稍有增加，但是考虑到 150MW 方案机组是专门为葛洲坝电站研发的，其能量特性、空化性能等指标均有较大提高，更新改造后可使运行 30 多年的老机组成为代表当今先进水力设计水平的新机组，其具有维护工作量小，运行安全稳定可靠的优点。

与 150MW 方案配套的水轮机额定功率为 153MW，其在低水头运行区域具有过机流量大、预想功率高，高水头运行区域最优效率和加权平均效率高的优点，保证机组能够充分利用水资源，机组改造增容后年平均弃水天数减少约 14 天。此外，水轮机还具有较优的抗空化性能指标，模型转轮在运行范围内临界空化安全系数不小于 1.15，且首次提出并实现了水轮机模型在运行范围内不能出现空化气泡或气泡落在叶片及轮毂体上的情况。水轮机改造增容前后设计参数对比见表 1.1-2。

表 1.1-2　　　　　　　　水轮机改造增容前后设计参数对比

参　　数	改造增容前	改造增容后	参　　数	改造增容前	改造增容后
转轮公称直径/m	10.2	10.2	额定功率/MW	129	153
叶片数/个	5	5	额定转速/(r·min⁻¹)	62.5	62.5
轮毂比	0.440	0.415	比转速/(m·kW)	581.0	632.9
额定水头/m	18.6	18.6	比速系数	2507	2730
最大水头/m	27	27	单位流量/(m³·s⁻¹)	1.839	2.113
最小水头/m	8.3	9.1	原型最优效率/%	93.60	94.25
额定流量/(m³·s⁻¹)	825	951	原型加权平均效率/%	—	93.27

四、小结

确定 150MW 改造方案后，机组的改造施工计划也经历了细致和严谨的论证。经过测算，实施一台水轮发电机组的改造工作，其工期为 240 天，若仅实施水轮机的改造，工期可压缩至 130 天。葛洲坝二江、大江电站共有 3 个安装场可供机组改造使用，在同一时段可满足 3 台机组的改造任务，电站从每年的 10 月进入枯水期，到次年 5 月结束，约 240 天。为不影响电站正常的运行，机组改造增容工作限定在枯水期的 240 天以内完成，根据检修工期和安装场地的限制，每年最多可完成 3 台水轮发电机组的改造任务，若先进行水轮机改造则每年可安排 6 台改造。

如前所述，葛洲坝电站改造增容后的增发电量主要来自汛期大流量、低水头运行区域，因水头较低，机组在 17m 水头以下的最大出力为 134MW，现有发电机即使不改造亦能满足机组在低水头区域的运行要求，即使更换为 150MW 发电机，增加的容量也无法在低水头发挥作用。为此，葛洲坝电站机组改造增容计划未按照传统的水轮发电机组同时改造的模式进行安排，而是首先实施水轮机的改造工作，在改造初期每年安排 6 台水轮机的改造任务，改造前 3 年的经济效益是水轮机、发电机同时改造方案的两倍。3 年基本能够完成葛洲坝电站水轮机的改造，使电站初步达到整体改造后应获得的增发电量目标，可为社会贡献更多的清洁能源，为公司创造更大的经济效益。

第二章 水轮发电机组主要技术特性

第一节 机组主要技术参数

葛洲坝电站为径流式电站，与三峡水利枢纽联合运行后，电站的出力随着三峡水利枢纽的下泄流量变化而变化。枯水流量与洪峰流量相差悬殊，使葛洲坝电站的水头变化也较大，最大水头27.0m，最小运行水头为9.1m，葛洲坝电站机组改造增容后设计水头为18.6m不变。葛洲坝电站结合自身具体情况，采用新材料、新技术和新工艺，对水轮发电机组进行改造增容。新开发的转轮比转速为632.9m·kW，单位流量为2.1m³/s，额定功率提高至153MW，新转轮具备良好的空化性能。发电机方面，改造前后发电机额定电压、额定转速等保持变。通过电磁方案优化、提高发电机绝缘等级、改善定转子通风散热等措施，使改造后150MW机组额定效率提高至98.26%以上。同时为满足发电机断路器开断电流的限制，发电机直轴超瞬变电抗（X_d''）值控制大于0.26。机组改造增容前后主要参数对比、主要特征高程、主要大件重量及尺寸见表1.2-1～表1.2-4。

表1.2-1 机组改造增容前后主要参数对比（一）

名　　称		改造前	机型一改造后	机型二改造后
形式		立轴轴流转桨式	立轴轴流转桨式	立轴轴流转桨式
水轮机转轮型号		ZZ500	ZZA1156	ZZD673
水头	最大水头/m	27	27	27
	额定水头/m	18.6	18.6	18.6
	最小水头/m	8.3	9.1	9.1
额定转速/(r·min⁻¹)		62.5	62.5	62.5
额定功率/MW		129	153	153
额定流量/(m³·s⁻¹)		825.00	950.95	923.39
模型最高效率/%		89.50	92.60	92.31
飞逸转速/(r·min⁻¹)		140	140	140
水轮机轴向水推力/t		1800	1900	1907

名　　称		改造前	机型一改造后	机型二改造后
转轮	标称直径/m	10.2	10.2	10.2
	叶片数/个	5	5	5
	轮毂比	0.440	0.415	0.415
	叶片转角范围	大江电站−12°～+20°	−14°～+18°	−15°～+15°
		二江电站−10°～+20°		
额定点比转速/(m·kW)		581.0	632.9	632.9
额定比速系数		2506	2730	2730
水轮机桨叶中心高程/m		36.6	36.6	36.6
吸出高度/m		−7.35	−7.35	−7.35
额定点临界空化系数		0.670（σ_s）	0.805（σ_1）	0.753（σ_1）
调速系统油压等级/MPa		4.0	4.0	4.0
旋转方向		俯视顺时针	俯视顺时针	俯视顺时针

表 1.2−2　　机组改造增容前后主要参数对比（二）

名　　称	机型一		机型二	
	改造前	改造后	改造前	改造后
形式	半伞式	半伞式	半伞式	半伞式
型号	SF125−96/15600	SF150−96/15600	SF125−96/15600	SF150−96/15600
额定功率/MW	125	150	125	150
额定容量/MVA	大江电站138.9	大江电站166.7	138.9	166.7
	二江电站142.9	二江电站171.4		
额定电压/kV	13.8	13.8	13.8	13.8
额定功率因数	0.875	大江电站0.9	0.875	0.900
		二江电站0.875		
额定效率/%	97.90	大江电站98.35	97.90	98.39
		二江电站98.26		
额定频率/Hz	50	50	50	50
额定转速/(r·min⁻¹)	62.5	62.5	62.5	62.5
定子铁芯外径/mm	15600	15600	15600	15600
定子铁芯内径/mm	15000	15000	15000	15006
定子铁芯高度/mm	1590	1590	1650	1640
定转子绝缘等级	B	F	B	F
定转子间隙/mm	20	20	19	22
定子绕组槽数	792	792	756	792

续表

名　　称	机型一		机型二	
	改造前	改造后	改造前	改造后
定子绕组并联支路数及接线	3Y	3Y	3Y	3Y
定子绕组形式	波绕	波绕	波绕	波绕
直轴瞬变电抗	0.362	大江电站 0.42	0.348	0.411
		二江电站 0.432		
直轴超瞬变电抗	0.252	大江电站 0.279	0.227	0.263
		二江电站 0.283		
定子绕组单相对地电容/μF	1.230	1.626	1.160	1.560
短路比	大江电站 1.268	大江电站 1.070	1.210	1.110
	二江电站≥1.100	二江电站 1.040		
飞轮转矩/(t·m²)	90000	90000	90000	90000

表 1.2－3　　　　　　机 组 主 要 特 征 高 程　　　　　　单位：m

名　　称	高　程	名　　称	高　程
发电机层	55.91	转轮叶片中心	36.6
水车室	46.13	尾水管底板	14.2

表 1.2－4　　　　　　机组主要大件重量及尺寸

名　　称		重量及尺寸数据	
		机型一	机型二
转轮	标称直径/mm	10200	10200
	叶片单重/kg	23500	26500
	叶片数/个	5	5
	轮毂最大外径、高度/mm	φ4233、φ3240	φ4182、φ2710
	装配后转轮重量（充油/不充油）/t	450/436	445/425
	转轮体运输重量（不包括转轮体内的操作机构）/t	105	97.5
座环	固定导叶外切圆直径/mm	15400	15400
	固定导叶内切圆直径/mm	13400	13400
	高度/mm	4900	4900
	总重量/t	257	257
	固定导叶数/个	32	32

名　称		重量及尺寸数据	
		机型一	机型二
顶盖	最大外径/mm	13100	13100
	高度/mm	1330	1330
	总重量/t	101.3	101.3
	分瓣数	4	4
支持盖	最大外径/mm	10580	10580
	高度/mm	2900	2900
	总重量/t	141.2	141.2
	分瓣数	4	4
定子	定子直径（不包括空冷器）/mm	17700	17700
	定子铁芯内径/mm	15006	15000
	定子铁芯外径/mm	15600	15600
	定子铁芯高度/mm	1640	1590
转子	转子直径（磁极表面）/mm	14962	14960
	转子重量/t	650	600
推力轴承支架	最大外径/mm	5830	5740
	高度/mm	4815	4010
	总重量/t	73.2	61.4
上机架	最大外径/mm	17700	17700
	高度/mm	1592	1820
	总重量/t	94.0	94.8

第二节　机　组　结　构

　　葛洲坝电站为厂坝结合的河床式低水头径流式电站，水轮机为轴流转桨式结构，发电机组为立轴半伞式布置，水轮机轴和发电机轴直接连接。推力轴承支架布置在支持盖上。采用水轮机水导轴承和发电机上导轴承径向支撑方式。该布置的优点是结构紧凑，可以降低厂房高度和保障机组稳定运行。葛洲坝水轮发电机组整体结构布置如图 1.2-1 所示。

一、水轮机改造结构简述

　　水轮机是水电站的动力设备，是将水能转变为电能的原动机，主要由基础

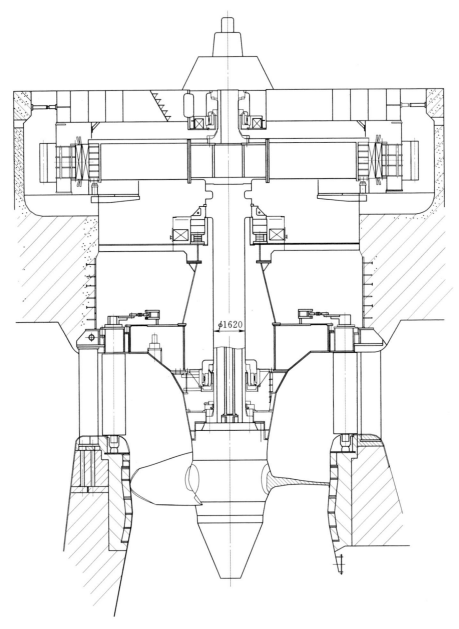

φ1620

图 1.2-1　葛洲坝水轮发电机组整体结构布置示意图

及埋件部分、导水机构、转轮等组成。葛洲坝电站水轮机为轴流转桨式结构，结构复杂，转轮内部装有一套操作转轮叶片的机构。水轮机的导叶上端为顶盖，下端为底环。转轮室由上环、中环、下环及机坑里衬组成。葛洲坝电站机组水轮机改造主要涉及转轮、支持盖、水导轴承、主轴密封等结构，改造前后结构形式对比见表1.2-5。

表1.2-5 水轮机改造前后结构形式对比

名　称		改造前	机型一改造后	机型二改造后
转轮	轮毂比	0.44	0.415	0.415
	转轮体材质	ZG20SiMn	ZG20SiMn（轮毂全表面堆焊0Cr13Ni5Mo不锈钢层）	ZG20SiMn（轮毂全表面堆焊0Cr13Ni5Mo不锈钢层）
	活塞结构	活塞与活塞杆整体铸造 金属活塞环密封	活塞与活塞杆采用过盈配合 导向带＋组合密封环	活塞与活塞杆采用过盈配合 导向带＋组合密封环
	传动机构	连杆结构	双连板＋耳柄结构	连杆结构
	叶片密封	机型一：单层λ、λ-V组合 机型二：三层V	KB密封	多层V
	叶片材质	ZG0Cr13Ni4Mo	ZG04Cr13Ni5Mo	ZG06Cr13Ni5Mo
	叶片转角范围	大江电站机组：-12°～+20° 二江电站机组：-10°～+20°	-14°～+18°	-15°～+15°
导流锥		上下环组合结构	上下环组合结构	整体结构
水导轴承		抗重螺栓支撑结构	斜楔支撑结构	斜楔支撑结构
主轴密封		双层橡胶平板结构	自补偿型轴向端面密封结构	自补偿型轴向端面密封结构

（一）基础及埋件部分

葛洲坝电站水轮机基础及埋件部分主要由尾水管、蜗壳、座环、转轮室等组成。

水轮机尾水管为弯肘型，位于转轮下方，是主要的过流部件。为了防止尾水管里水流对边壁的冲刷，在水流速度较高的尾水管锥管段上敷设16mm的里衬。

蜗壳是将进水口流入的水流均匀地分配到水轮机叶片的部件，采用混凝土蜗壳形式，不对称梯形段面，包角180°，最大平面宽26.8m。蜗壳与座环连接区段敷有10mm厚钢板里衬，以防渗漏和冲刷。

座环是水轮机的基础部件，除了承受水压力作用外还承受整个机组和机组段混凝土重量。座环为支墩式组装结构，由钢板焊接的上环和17个固定导叶支墩组装而成。

转轮室由上环、中环、下环及机坑里衬组成。转轮室上环由钢板焊接成，埋入混凝土中。在上环上设有5只转轮吊挂孔。转轮室中环及下环里衬均为不锈钢板，为 8 瓣焊接结构。机坑里衬内径 13.6m，高 3.6m，由 6 瓣组成。

（二）导水机构

导水机构的主要作用是根据机组负荷变化调节进入转轮的流量，改变水轮机的出力。葛洲坝电站导水机构主要由顶盖、支持盖、底环、活动导叶及其传动机构等部件组成。

底环是水轮机过流部件，用于固定活动导叶。活动导叶共 32 个，用于调节通过机组过流系统的水的流量，达到控制机组转速的目的。顶盖和支持盖均用 A3 钢板 4 瓣焊接组成。在吊出支持盖后不吊出顶盖的情况下，可吊出转轮进行检修。顶盖用于固定导水机构，承受机组轴向负载，并将负载传递到座环和水泥基础上，起到支撑机组的作用。支持盖是水轮机的重要支撑部件，它支撑着推力轴承支架，同时将水轮机的部分重量传递给顶盖。同时支持盖也是水电机组的重要结构部件，它连接着导叶执行机构、推力轴承支架等。机组支持盖导流锥为过流部件，由于转轮改造后外形尺寸发生改变，需要对机组原支持盖进行改造，以保证支持盖导流锥过流面与转轮表面线性满足设计要求。

（三）转轮

转轮是水轮机实现能量转换的主要部件，由轮毂体、桨叶、桨叶操作机构及泄水锥等组成。葛洲坝电站改造后新转轮为使桨叶制造、运输、安装方便，桨叶的叶片和枢轴分开制造。轮毂体铸造材料为 ZG20SiMn，轮毂全表面增加 10mm 厚的不锈钢层；叶片共 5 片，铸造材料为不锈钢，外缘设置裙边，以改善间隙空化性能，提高稳定性；活塞与活塞轴采用过盈配合，活塞密封由活塞环形式改为导向带加组合密封环形式；操作机构由连杆结构改为双连板耳柄结构；转轮叶片密封为 KB 型密封和多层 V 型两种结构；转轮额定操作油压为 4.0MPa。

（四）水导轴承

葛洲坝电站水导轴承改进后仍采用稀油润滑油浸分块瓦式，重新设计轴承体及水导瓦，轴瓦采用巴氏合金瓦衬和瓦坯，并采用同心瓦，支顶方式采用斜楔与抗压块支撑方式。相比于原结构，斜楔式结构具有结构简单、精度高、易调整、检修维护方便、安全性高等优点。冷却方式仍采用边壁冷却方式。

（五）主轴密封

原水轮机主轴工作密封为双层橡胶平板结构，改造后为自补偿型轴向端面密封结构。密封块采用进口的高分子聚合物，耐磨、结构简单、检修方便，该密封块磨损后可自动补偿。另外，机组设有空气围带检修密封，以便在停机但不排水的情况下更换主轴密封，防止漏水。

二、发电机结构简述

水轮发电机是指以水轮机为原动机将水能转化为电能的发电机。葛洲坝电站水轮发电机采用立轴半伞形结构，推力轴承通过推力轴承支架直接装置在水轮机支持盖上。水轮机和发电机共用一根主轴，主轴为空心，用于装操作油管。上端轴通过发电机转子支架中心体连接主轴。发电机定子上面装有非负荷辐射式上机架，连接水轮机受油器。发电机采用全封闭、双路无风扇自循环空气冷却系统。励磁方式采用静止可控硅自并励磁系统。葛洲坝电站机组改造增容发电机改造主要涉及定子铁芯、定子绕组、转子绕组等结构。

（一）定子

定子是发电机产生电磁感应，进行机械能与电能转换的主要部件。葛洲坝电站发电机的定子主要由机座、铁芯、绕组、端箍、铜环引线等组成。

定子机座是水轮发电机定子部分的主要结构部件，用来固定定子铁芯及支撑上机架。葛洲坝电站机组增容改造后仍使用原来机座，机座由钢板焊接组装而成，共分6瓣。机座环板间用盒形筋支撑，此种结构增加了机座刚度，并有利于通风系统处。机座最大外径17.7m，高3.56m。

定子铁芯是定子的重要部件，也是发电机磁路的主要组成部分。它是由扇形冲片、通风槽片、铁芯固定部件组成。新定子铁芯与原定子机座相匹配。定子铁芯采用低损耗、高导磁、不老化的优质冷轧无取向硅钢片冲成的扇形冲片，在现场机坑内整圆叠装。通风槽片由扇形冲片、通风沟槽钢及衬口环组成。通风槽钢采用矩形的无磁性材料热轧而成，具有减小铁损和提高机械性能的双重作用。

定子铁芯固定部件由定位筋、齿压板、拉紧螺杆等零件组成。定子铁芯齿压板由齿压片、压板组成，是固定铁芯的主要零件。齿压片是焊接在压板上起压紧铁芯的零件，采用非磁性材料，以消除其感应发热和电磁受力。压板为钢材质，每块压板设有吊环螺孔。定位筋主要用于固定扇形冲片，为双鸽尾可浮动式结构，以防止由于铁芯热膨胀而产生的挤压应力。拉紧螺杆主要用于维持铁芯的压紧，采用42CrMo钢。为保证定子铁芯在长期运行后的压紧量，拉紧螺杆上端设有碟形弹簧。

定子绕组是发电机的导电元件，是发电机的重要部件。定子绕组为三相双层条式波形绕组，采用集中布置方式，此种布置形式有利于轴系的稳定性。定子线棒绝缘采用F级绝缘系统，电磁线材料采用双面绝缘的双玻璃丝包扁铜线。定子线棒采用小于360°换位，以减小股线间环流，使股线间温度均匀，延长线圈寿命，并减小附加损耗。定子绕组槽部固定采用弹性波纹板，此种结构使线棒在冷热状态下均有一定压力，保证线棒、槽楔固定牢靠。定子端部固定采用端箍采用非磁性材料。定子绕组的连接，包括铜环引线、极间连接线的连接均采用银铜焊工艺。

（二）转子

转子是水轮发电机的转动部件，也是水轮发电机最为重要的组成部分，由磁极、转子体、集电环等部件组成。

磁极是水轮发电机产生磁场的主要部件，属于转动部件，主要由磁极铁芯、磁极线圈、阻尼绕组等零件组成。葛洲坝电站机组改造增容后仍使用原来转子磁极铁芯，磁极铁芯冲片是发电机磁场回路的主要零件，采用 1.5mm 厚 A3 钢板。新磁极线圈采用带散热翅的异型铜排，保证转子散热面积，有利于降低转子温升。线圈匝间垫 F 级绝缘材料与铜排热压成整体，磁极绝缘托板采用高强度环氧玻璃坯布整体热压而成，并在厂内与磁极线圈热压成整体。为防止磁极线圈串动，将原磁极 T 尾两端磁极线圈限位块防串动结构更改为铁托板防串动结构。磁极线圈引线头、阻尼环接头更改为镀银工艺，以提高导电性能。

转子体主要由转子支架、磁轭等组成。转子支架为支臂式结构，由中心体和 8 个可拆卸的盒型支臂组成。支架中心体由圆筒与上下圆盘、辐板、合缝板焊接成一体。中心圆筒、上下圆盘均为 20SiMn 锻钢。磁轭采用 3mm 厚的 16Mn 钢板，轭宽 520mm，每片 4 个磁极，整圆由 24 片组成，叠装时层间相错一个极距。磁轭安装时采用热打键，使发电机正常运行及甩负荷情况下，磁轭与转子支架之间不发生松动。为加强定子端部通风，在磁轭上、下端各设有一个环形通风沟。

集电环布置在上端轴上，为支架式结构。改造后由原敞开式改为半封闭式，绝缘等级升级为 H 级。为了改善碳刷之间的电流分配，集电环外表面加工有螺旋状沟槽。集电环外圆采用螺旋槽结构。电刷每极由半圆布置改为整圆布置，并加装了碳粉收集装置，利于碳粉吸收，以保证电刷刷架的清洁。

（三）推力轴承

推力轴承是水轮发电机的心脏，其性能的好坏直接影响到水轮发电机能否安全、可靠运行。推力轴承采用液压式三波纹弹簧油箱支撑结构，轴承共有 18 块扇形塑料瓦。推力轴承通过推力支架安置在水轮机支持盖上。

（四）上机架及上导轴承

发电机上机架为非负重机架，主要承受径向负荷，采用辐射型焊接结构，共有 12 个可拆支臂。上机架最大外径 17.7m，机架中心体高 1.8m。为确保机组稳定运行，加强定子机座刚度，上机架各支臂末端与混凝土风罩间加装千斤顶。机架中心体内装有上导轴承，上导轴承主要承受机组因机械不平衡和磁拉力不平衡产生的径向偏心力，采用 12 块扇形金属瓦，支撑方式由上导支柱螺栓结构改为斜楔式结构。

发电机改造前后结构形式对比见表 1.2-6。

表 1.2－6　　　　　　　　　发电机改造前后结构形式对比

名称		机型一		机型二	
		改造前	改造后	改造前	改造后
定子铁芯	定位筋	固定式鸽尾筋	浮动式双鸽尾筋	固定式鸽尾筋	浮动式双鸽尾筋
	拉紧螺杆	螺母直接焊接在齿压板上	碟簧及垫圈的铁芯紧固结构	螺母直接焊接在齿压板上	碟簧及垫圈的铁芯紧固结构
		普通钢	42CrMo	普通钢	42CrMo
	扇形片	冷轧硅钢板 W315－50 热轧硅钢板 D43	冷轧硅钢板 50W270	热轧硅钢板 D43	冷轧硅钢板 50W270
	槽数	792	792	756	792
	定子通风沟高/mm	大江电站机组：8 二江电站机组：10	6	8	6
	定子通风沟数/个	29	43	29	49
定子绕组	绝缘等级	B	F	B	F
	电磁线规格/（mm×mm）	(2.5×6.7)/(2.9×7.1)	(2.5×8)/(2.7×8.2)	(2.5×7.1)/(2.9×7.41)	(2.36×9)/(2.56×9.2)
	并联股数	40	44	40	上层线棒40 下层线棒44
	股线换位	360.00°	302.73°	360.00°	306.00°
	槽楔固定	斜槽楔	弹性波纹板	斜槽楔	弹性波纹板
	绕组焊接	锡焊	银铜焊	锡焊	银铜焊
转子磁极	绝缘等级	B	F	B	F
	磁极线圈铜排	七边形铜排	带散热翅异形铜排	七边形铜排	带散热翅异形铜排
	磁极接头、阻尼接头表面	搪锡	镀银	搪锡	镀银
滑环装置	形式	敞开式	半封闭式	敞开式	半封闭式
	绝缘等级	B	H	B	H
	每极电刷布置	半圆布置	整圆布置	半圆布置	整圆布置
	碳粉收集装置	无	增加	无	增加

第二篇

水轮发电机组改造增容方案研究及选择

第一章 水轮发电机组改造增容总体方案确定

第一节 目标及基本条件

受厂房土建结构设计的影响，水电站机组改造参数的设计边界条件受到诸多限制。考虑到水工建筑物的结构安全，为保障其结构强度能满足水电站机组的长期安全稳定运行，经相关计算论证，葛洲坝电站原有流道结构可进行局部的修型工作。经反复核算，葛洲坝电站机组转轮室若选用全球型转轮室结构，其直径最大可扩大至11m。

为了给葛洲坝电站机组的改造增容工程提供全面的、细致的、科学的决策依据，葛洲坝电站的管理者要求参加该项目的投标设计单位，根据给定的机组流道最小、最大改造边界条件及对应的运行参数提供多种改造方案以供比选。

其最小设计边界条件为水轮机混凝土流道保持不变，即转轮公称直径保持10.2m不变，水轮机可拆卸部件均进行重新设计。电站空化系数为0.93（对应桨叶中心高程36.6m）。电站额定水头18.6m，最大水头27.0m、最小水头9.1m。机组转速维持62.5r/min不变。调速系统油压等级4.0MPa不变。在此条件下，水轮机额定功率应不小于153MW（机组额定功率为150MW）。水轮机在低水头（12.0～18.0m）下的过流能力应尽可能地提高，以提高汛期水能利用率，取得电量效益的最大化。水轮机临界空化安全系数不小于1.15，主要运行区域（12.0～25.0m）叶片头部应无空化和脱流。

最大设计边界条件为水轮机混凝土流道基本不变，但金属过流部件可以适当修型或改造，转轮公称直径可扩大到11.0m，水轮机可拆卸部件均可进行重新设计，安装高程可适当降低。电站额定水头18.6m，最大水头27.0m、最小水头9.1m。机组转速维持62.5r/min不变。调速系统油压等级4.0MPa不变。在此条件下，水轮机额定功率应不小于163MW（机组额定功率160MW）。在17m水头，水轮机过机流量应达到1040m³/s，机组功率不小于150MW。水轮机在低水头（12.0～18.0m）下的过流能力应尽可能地提高，以提高汛期的水能利用率，取得电量效益的最大化。水轮机临界空化安全系数不小于1.15，主要运行区域（12.0～25.0m）叶片头部应无空化和脱流。转轮公称直径为10.2m与11.0m两种边界条件下水轮机在各水头下的预想出力见表 2.1-1。

表 2.1-1　转轮公称直径为 **10.2m** 与 **11.0m** 两种边界
条件下水轮机在各水头下的预想出力表

水头 H/m		12.0	14.0	16.0	17.0	18.6	19.3	21.0	23.0	25.0
P/MW	10.2m	81.5	103.0	126.0	138.0	153.0	153.0	153.0	153.0	153.0
	11.0m	86.0	116.0	137.0	150.0	163.0	163.0	163.0	163.0	163.0

第二节　总体方案比选

葛洲坝电站 125MW 水轮发电机机组的改造增容工作从开始研究至今，经过 10 多年的时间，做了大量的分析、研究和试验工作。根据葛洲坝电站自身的基础边界条件，经机组设备制造厂家、设计院、改造论证专家组及三峡集团的不懈努力，从众多改造方案中筛选出了进入最终比选的代表方案，分别是以流道不做变动的 150MW 改造方案；扩大转轮室直径到 11m 的全球型转轮室 160MW 方案；叶片修型改造方案。

一、150MW 改造方案

该方案是维持原转轮直径、流道和特征水头均不变，以消除设备隐患，提高安全稳定运行性能为第一目标，新开发的水轮机转轮在能量特性、空化性能、稳定性指标均满足前期给定的预定参数，机组额定功率增加至 150MW，水轮机的单位流量在国内外均属较高水平。

哈尔滨电机厂有限责任公司和东方电机有限公司根据机组改造的基本条件和技术要求，进行了模型转轮的研究和开发，通过多方案水轮机模型 CFD 分析计算，以及多次水轮机模型试验（包括同台对比）结果表明，在不改变转轮直径和流道的情况下，葛洲坝电站 125MW 机组额定功率可提高到 150MW。

该方案通过对水轮机转轮、支持盖下锥体、主轴密封、水导轴承进行更换；对发电机的转子磁极绕组、定子铁芯、定子绕组进行改造实现。此外，新增了滑环室粉尘吸收装置、受油器油雾吸收装置、制动器粉尘吸收装置等。

改造具体情况详见本篇 153MW 水轮机改造增容方案及 150MW 发电机改造增容方案内容。

二、160MW 改造方案

该方案重在使葛洲坝电站的过流能力与三峡电站过流能力尽可能的匹配，以减少弃水，提高两个电站的整体效益。为实现葛洲坝电站水轮机在汛期 14～

16m 水头段的过机流量提高约 30%，总体过机流量达到 22000～23000m³/s，水轮机转轮公称直径需由 10.2m 加大到 11.0m。

通过三次水轮机模型同台对比试验及两次模型优化，制造厂研发的公称直径为 11m 的全球形转轮基本满足增容目标要求，在 17m 水头下，水轮机单机过机流量达到 1040m³/s，机组功率可达到 150MW，在 18.6m 水头时，机组额定功率达到 160MW，转轮的空化性能及稳定性能等主要参数能够满足机组安全稳定运行的要求。

方案需对水轮机的转轮、转轮室（含底环）及其附件、尾水锥管上锥段、支持盖下锥体、固定导叶流道局部、导叶传动机构部分、主轴密封、水导轴承进行更换改造；对发电机的转子磁极绕组、定子铁芯、定子绕组进行改造。此外，新增滑环室粉尘吸收装置、受油器油雾吸收装置、制动器粉尘吸收装置等。

扩大转轮室方案的难点是全球形转轮室的设计、制造与安装。球形转轮室结构如图 2.1-1 所示。

球形转轮室结构具有转轮叶片与转轮室间隙均匀一致的特点，减小了叶片进水边与转轮室之间的间隙，有利于提高容积效率及流场稳定性。因转轮室是球形结构，其底环与上环均为可拆卸式设计，用于机组转轮检修，可考虑在尾水锥管进入廊道上开挖出一条通向转轮室的廊道。

据了解，目前国外已投运的最大尺寸球形转轮室结构为美国的 Wanapum 水电站机组，其转轮室直径为 7747mm，机组额定功率为 111.9MW。国内已投运的最大尺寸球形转轮室结构为三门峡水电站机组，其转轮室直径为 6100mm，机组额定功率 60MW。设计、生产、安装 11000mm 直径的全球形转轮室，尚无相关经验借鉴。

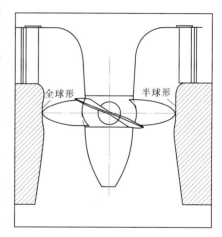

图 2.1-1　球形转轮室结构

三、146MW 改造方案

该方案主要是对机组进行复核、计算，研究原机组的性能、各部件刚强度以及设计指标的裕度，在不进行大改造的前提下，进一步发掘原机组的增容潜力。通过水轮机模型试验表明，采用对叶片切割、修型的方法，优化水轮机性能，同时对发电机进行改造，更换定子铁芯、定子和转子绕组，可将 125MW

机组的单机功率提高到146MW。该方案改造范围最小，投资规模相应也较小，但该方案改造不彻底，未能更为全面地消除设备的安全隐患，且汛期水能利用率较其他方案偏低。

四、方案比选

不同方案的发电机改造方案基本相同，均是对发电机的定子铁芯、定子线棒和转子绕组进行更换，增加其额定功率至150MW或160MW。因此改造方案的比选主要是水轮机选型的比较。各方案水轮机主要参数对比见表2.1-2。

表2.1-2　　　　　　　　各方案水轮机主要参数对比

名称	原125MW	146MW方案		160MW方案		150MW方案	
		机型一	机型二	机型一	机型二	机型一	机型二
水轮机型号	ZZ500	ZZA146c	ZZ500A	—	—	ZZA1156	ZZD673
额定水头/m	18.6	18.6	18.6	18.6	18.6	18.6	18.6
额定转速/(r·min^{-1})	62.5	62.5	62.5	62.5	62.5	62.5	62.5
额定功率/MW	129.0	149.5	149.5	163.0	163.0	153.0	153.0
额定流量/(m^3·s^{-1})	825.0	922.6	923.0	1022.0	1010.0	947.8	923.1
额定单位流量/(m^3·s^{-1})	1.8387	2.0562	2.0571	2.16	2.1227	2.113	2.058
额定点效率/%	89.10	89.12	89.36	85.81	87.43	88.79	91.15
模型最高效率/%	89.50	91.12	91.35	91.55	91.68	92.60	92.31
加权平均效率/%	—	—	—	91.70	92.35	93.02	93.27
转轮 叶片数/个	5	5	5	5	5	5	5
转轮 轮毂比	0.440	0.440	0.440	0.408	0.4106	0.415	0.415
额定点比转速/(m·kW)	581	626	626	708	708	633	633
比速系数	2506	2700	2700	2919	2919	2730	2730
桨叶中心高程/m	36.60	36.60	36.60	36.17	35.82	36.60	36.60
吸出高度/m	−7.35	−7.35	−7.35	−10.83	−11.23	−7.35	−7.35
电站空化系数 σ_p	0.930	0.930	0.930	1.226	1.246	0.930	0.930
额定点临界空化系数	0.670(σ_s)	0.800(σ_s)	0.800(σ_s)	1.029(σ_1)	0.841(σ_1)	0.805(σ_1)	0.753(σ_1)

由表2.1-2可知，模型转轮最高效率由高到低排序为：150MW方案、160MW方案、146MW方案。加权平均效率150MW方案较160MW方案有较大提高。3个改造方案的临界空化安全系数均满足大于1.15的要求。150MW方案、160MW方案因采用全新转轮，消除了机械性能方面的安全隐患，增加了机组使用寿命。146MW方案因仅对水轮机叶片进行修型，无法完全消除机

械性能方面的安全隐患。

　　从能量特性来分析（见图 2.1－2），从单机出力限制线来看，机组额定功率越大，在同一水头下单机的出力越大。160MW 方案和 150MW 方案在低水头段的机组功率较改造前均有较为明显的增加，160MW 方案最高。但从电站整体运行的角度来看，如前所述，机组发电水头与电站流量成反比，当电站流量小于机组额定水头对应流量时，电站总发电量取决于上游来水流量及机组对水能的转换效率，单机容量的增加对电站整体发电量基本没有影响。只有在低水头大流量运行区域，提高水轮机的预想功率才有意义，但此时因水头的降低，机组的出力已无法达到额定功率。经研究，葛洲坝电站上游在 64.5m 水位运行时，当电站流量达到 22000m³/s 时，机组水头已接近 17m，发电机额定功率设定在 150MW 即可满足 160MW 方案水轮机在低水头运行区域的出力要求，发电机的额定功率设定到 150MW 有利于减小发电机及电气出口设备的改造成本。

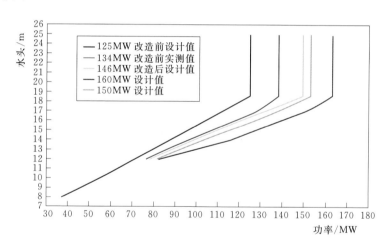

图 2.1－2　各方案机组出力限制线

　　总体来说，146MW 方案不换转轮，主要部件也不作大的改动，仅对水轮机叶片切割修型，该方案实施后机组额定功率可以由 125MW 改造增容至 146MW，但机组机械性能方面的安全隐患仍然存在。160MW 方案采用扩大转轮室公称直径的方法增容，该方案突破了常规设计，利用技术创新取得了较好的水轮机技术参数，但其改造范围广，技术难度大，施工工艺复杂，工期在 280 天以上，尤其是对转轮室和尾水锥管过渡段的改建，涉及土建结构的运行安全，工程风险较大。机组过流能力及额定功率虽然大幅增加，但因发电效率并没有较大改善，非弃水期发电量增加较少。150MW 改造方案的转轮直径不变，主要采用更换转轮及支持盖下锥体的方法改造增容，是在不改变流道和转轮直径的前提下改造增容，提高了在低水头段的机组功率，高水头段发电效率也明显提高，消除了机组机械方面的安全隐患，综合评分最优。

各方案水轮机改造增容优缺点及难点汇总见表 2.1-3。

表 2.1-3　　　　　各方案水轮机改造增容优缺点及难点汇总

方　案	优　点	缺点及难点
146MW 方案	仅对叶片进行修型，改造方案简单；改造时间短；投资较少	对于已运行 30 年的老机组，改造不彻底，未能更为全面的消除设备安全隐患，且汛期水能利用率较其他方案偏低。由于仅对叶片修型，其效率偏低
160MW 方案（全球形）	转轮直径由 10.2m 扩大到 11.0m，水轮机过流能力，尤其是低水头的过流能力加大；能量指标有所提高，空化性能有所改善；利用当今先进的技术、材料和工艺，对机组进行较完善的改造，重新建立了整机的机械性能，消除了长期运转带来的安全隐患，机组使用寿命长。将已运行 30 年的老机组改造成为具有当代水力设计水平的新机组	需要将原转轮室和部分尾水管锥管拆除，施工难度大；转轮室直径扩大后，二期混凝土最小结构尺寸较小，转轮室与土建的连接、力的传递等具有不确定性；全球形转轮室中环及上环为活动式结构，运行时的稳定性难以判断；转轮在机坑里的挂装或支撑难度较大；安装和检修难度大、工序复杂；世界上还没有类似葛洲坝电站大尺寸水轮机改造为全球形转轮室的经验；投资大，经济指标相对较差；改造时间约 280 天，无法在枯水期完成改造工作，会造成弃水损失
150MW 方案	利用当今先进的技术、材料和工艺，对机组进行较完善的改造，能重新建立整机的机械性能，消除了长期运转带来的安全隐患，机组使用寿命长；将已运行 30 年的老机组改造成为具有当代水力设计水平的新机组；能量指标有所提高，空化性能得到改善，水轮机平均效率较高，能充分发挥新转轮的优势；低水头段的发电能力较 146MW 方案提高约 4.5%；改造时间相对较短，在枯水期可完成单台机组的改造工作	投资较 146MW 方案大

第二章 153MW 水轮机改造增容方案

第一节 水轮机 CFD 分析

CFD 是 Computational Fluid Dynamics 的英文缩写，即计算流体动力学。在水轮机水力设计阶段，可利用 CFD 方法，对水轮机内部的三维黏性流场进行数值模拟，计算水轮机内部的速度场、矢量场、压力场。

国内水轮机水力设计，因三峡电站的建设，学习引进了国外流体动力分析 CFD 后，迈上新台阶。CFD 分析较传统设计，缩短了水轮机的开发周期，提高了水力设计的质量和技术含量。

葛洲坝电站水轮机改造对蜗壳、固定导叶、活动导叶、转轮及尾水管进行 CFD 计算分析，以了解通道性能，为转轮优化设计和后续模型试验做准备。

水轮机通道流线分布见图 2.2-1。

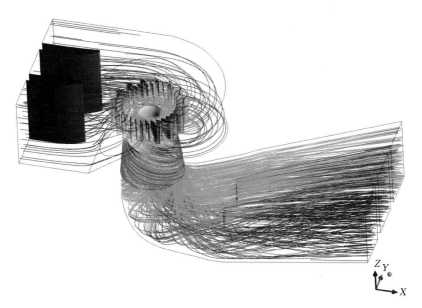

图 2.2-1 水轮机通道流线分布图

通过 CFD 分析和计算，当转轮采用不同叶片时，在水轮机效率、空化性能及设备造价方面存在一定的差异：叶片数增加，转轮轮毂比增加，转轮效率略下降，空化性能好，设备造价提高。也就是说，当采用 5 叶片或 6 叶片转轮时，由于水轮机临界空化系数的降低，在相同空化安全系数的前提下，可以提高额定单位流量，水轮机功率比 4 叶片转轮有所提高。采用不同叶片时主要参数的趋势性变化见表 2.2-1。

表 2.2-1　　　　　　　采用不同叶片时主要参数的趋势性变化

转轮叶片数	水轮机出力/MW	额定效率/%	设备造价/%
4 叶片	152.1	89.6	−5~−10
5 叶片	153.0	89.7	0
6 叶片	158.5	89.1	+5~+10

表 2.2-1 中的水轮机主要参数是临界空化系数为 0.82，额定水头为 18.6m 时的设计值。根据葛洲坝电站水位、流量的实际情况，以及三峡电站建库后的水质变化，葛洲坝电站的运行条件有所改善，在保证机组安全稳定的前提下，临界空化系数可以适当提高，当水轮机额定点临界空化系数由 0.82 调整到 0.84，额定单位流量可以适当增加，从而提高水轮机功率。

目前国内外轴流式水轮机设计的趋势是提高材料性能，改善空化性能和适当调整轮毂比，以提高转轮的使用水头和能量指标。通过水电设备制造厂 CFD 分析计算及工程经验认为，在葛洲坝电站水头条件下，5 叶片转轮的轮毂比为 0.41~0.42。

机组改造增容的主要途径是加大水轮机的过流量和提高水轮机的效率。加大水轮机流量主要受水轮机流道和空化性能的限制。机组改造增容的原则之一是水轮机流道不变，在流道不变的情况下，水轮机流量的增加，将会使蜗壳流速系数上升。原 125MW 机组的额定流量为 825m³/s，蜗壳内的平均流速为 3.66m/s，流速系数为 0.85，与国内外同类型水轮机蜗壳相比，其流速系数是适中的。

葛洲坝电站空化系数原设计约为 0.93，根据 2005—2006 年度葛洲坝入库流量及上下游水位资料，实际电站空化系数约为 1.0，因此水轮机的运行环境比原设计要好。葛洲坝电站机组首次改造增容，将 125MW 机组改造增容至 146MW 的水轮机额定点单位流量为 2.06m³/s，对应的空化系数为 0.8，此次改造增容的单位流量为 2.1m³/s，预判空化系数不会大于 0.84，其安全系数为 1.11~1.19（对应电站空化系数为 0.93~1.0），水轮机运行是安全的。

为了兼顾水轮机在高水头和低水头的运行范围，提高水轮机综合效率，本次水轮机改造增容将最优单位转速和最优单位流量适当提高。

借助 CFD 计算分析，葛洲坝电站机组改造增容提前获取水轮机改造预想方案的总体参数性能指标和改造范围，为水轮机模型的研制提供方向和目标。

第二节　水轮机模型试验

根据相似理论，在专门的试验台上，利用模型水轮机确定原型水轮机各种特性，检验原型水轮机 CFD 水力设计计算的结果，优选性能良好的水轮机，提供原型水轮机的制造依据和保证参数；利用模型试验所得出的综合特性曲线，绘制出原型水轮机运转特性曲线。模型试验的主要内容应包括：效率试验、功率试验、空化试验、压力脉动试验、飞逸转速试验及其他试验。

一、模型试验台基本要求

模型水轮机的能量、空化、压力脉动和飞逸试验应在同一试验台上进行。模型试验台所有试验参数，如：模型尺寸、试验水头、雷诺数均满足 IEC 有关规程的规定。模型试验台的原级测试设备，必须有国家或权威检测部门有效期内检测的精度证书，次级仪器设备应具有率定文件，且试验台的综合误差不超过 $\pm0.25\%$，模型效率重复性测试误差不超过 $\pm0.10\%$。

试验台所有仪表、变送器和其他设备都应以可能的最高速度，每隔一定时间采样并打印水头、流量、水温、模型水轮机的转速、转动力矩、轴向负荷、尾水管进口压力、尾水管压力脉动、蜗壳测压管压差。

二、模型试验装置

(一) 模型试验装置组成

水轮机模型装置包括蜗壳、座环、固定导叶、顶盖、活动导叶、转轮、转轮室、底环和尾水管等在内的整个流道。模型水轮机与原型水轮机几何相似，转轮与转轮室之间的间隙严格按照 IEC 规程要求设置。模型机组除尾水管锥管段部位采用了透明的非金属材料外，整套模型水轮机的制造材料为金属材料，转轮室均采用透明的有机玻璃制造，以便容易观测到整个转轮叶片的空化发生及发展情况。

(二) 模型试验装置技术保证

模型水轮机的水力设计包括全部通流部件。模型水轮机的尺寸偏差不大于 IEC 有关规定的允许偏差的较小值。对模型通流部件的全部重要尺寸均进行精确的测量，并记录下来，以便验证与原型的几何相似性。

模型装置设有通过光纤窥镜直接观察转轮叶片进、出口边空化气泡的装置，以便从外部观察转轮叶片及其进、出口的空化气泡是否产生。尾水管直锥段采用透明材料，能在闪频灯光下肉眼观察空化发展和尾水管涡带现象。

在模型水轮机上设置测压点。压力脉动测点包括：在尾水管锥管距转轮桨叶中心线 $0.65D_1$（D_1 为转轮标称直径）处 $+Y$、$-Y$ 方向设置两个测量压力脉动的测点。在顶盖上适当位置布置两个顶盖压力脉动的测点。压力脉动传感器的安装满足 IEC 标准的要求，其测量表面与过流面齐平。

空化试验、飞逸转速试验及尾水管压力脉动试验均在电站空化系数条件下进行，其参考面高程为桨叶中心线。电站空化系数按下式计算：

$$\sigma_{\mathrm{p}} = (9.959 - H_{\mathrm{s}}) / H_{\mathrm{n}}$$

式中　H_{n}——净水头，水头范围 9.1～27.0m；

　　　H_{s}——吸出高度，额定水头时下游尾水位为 43.95m。

葛洲坝电站水轮机模型试验见图 2.2-2。

图 2.2-2　葛洲坝电站水轮机模型试验

三、效率试验

(一) 试验内容

效率试验在非空化工况下进行，在每个桨叶开度下，流量、功率、水头和转速，应按导叶开度从空载至 130% 的额定开度每相隔 2°测量并记录一次，每个开度至少 12 个转速。全部试验在整个运行水头范围内进行。在电站空化系数条件下进行，其参考面高程为桨叶中心线高程。原型水轮机的效率应根据模型试验对应的效率换算确定，效率修正公式如下（效率修正值与模型水轮机效率相加后作为原型水轮机效率）：

$$\eta_{\mathrm{p}} = \eta_{\mathrm{M}} + \Delta\eta$$

$$\Delta\eta = 0.6(1 - \eta_{\mathrm{Mmax}})\left[0.7 - 0.7(D_{1\mathrm{M}}/D_{1\mathrm{p}})^{0.2}(H_{\mathrm{M}}/H_{\mathrm{p}})^{0.1}\right]$$

式中　η_{p}——原型水轮机效率计算值；

η_M——模型水轮机效率；

$\Delta\eta$——效率修正值；

η_{Mmax}——模型水轮机的最优效率；

D_{1p}——原型水轮机转轮公称直径，m；

D_{1M}——模型水轮机转轮公称直径，m；

H_p——原型水轮机水头，m；

H_M——模型水轮机水头，m。

（二）试验结果

各典型水头下的水轮机效率见表 2.2－2。

表 2.2－2 各典型水头下的水轮机效率

水头/m		12	14	16	17	18.6	19.3	21	23	25
效率	机型一	0.824	0.855	0.860	0.860	0.877	0.888	0.914	0.924	0.928
	机型二	0.8537	0.8686	0.8824	0.8832	0.8902	0.8988	0.9140	0.9210	0.9202

在不改变转轮名义直径的情况下，通过对模型转轮的优化，各水头下的水轮机效率均满足设计要求。

四、功率试验

（一）试验内容

以水轮机模型试验确定的水轮机效率协联关系曲线为基础，计算和绘制各个原型水头下的原型效率、出力和流量的关系曲线，即水轮机综合特性曲线。并计算得到各水头下原型保证出力，以及保证出力工况点的各项参数。原型水轮机流量和功率用下列公式计算：

$$Q_p = Q_M (H_p g_p / H_M g_M)^{0.5} (D_{1p}/D_{1M})^2$$

$$N_p = N_M \rho_p / \rho_M (H_p g_p / H_M g_M)^{1.5} (D_{1p}/D_{1M})^2 (\eta_p / \eta_M)$$

式中 Q_p——原型水轮机流量；

Q_M——模型水轮机流量；

H_p——原型水轮机水头；

H_M——模型试验水头；

D_{1p}——原型水轮机转轮公称直径；

D_{1M}——模型水轮机转轮公称直径；

g_p——电站所在地加速度（$g_p = 9.793\text{m/s}^2$）；

g_M——试验台所在地加速度；

N_p——原型水轮机功率；

N_M——模型水轮机功率；

η_p——原型水轮机效率；

η_M——模型水轮机效率；

ρ_p——电站水密度；

ρ_M——试验水密度。

（二）试验结果

经过计算，厂家的原型机预想功率均满足投标要求值，即：水轮机在净水头 14.0m、额定转速下运转时，水轮机预想功率为 103.0MW，满足不小于 103.0MW 的要求；水轮机在净水头 16.0m、额定转速下运转时，水轮机预想功率为 126.0MW，满足不小于 126.0MW 的要求；水轮机在净水头 17.0m、额定转速下运转时，水轮机预想功率为 138.0MW，满足不小于 138.0MW 的要求；水轮机在额定水头 18.6m、额定转速下运转时，水轮机额定功率为 153.0MW，满足不小于 153.0MW 的要求。

五、空化试验

（一）试验内容

空化试验应在电站空化系数条件下进行，其参考面高程为桨叶中心线高程。原型水轮机的空化特性要在对应的水头、尾水位和负荷条件下由模型试验来确定。水头、尾水位和负荷要足以覆盖整个运行范围，并包括具体保证值规定的条件。每一次模型试验，净水头要保持恒定，但尾水位要逐渐减小以改变空化系数，对于每一运行工况下的空化系数 σ 要超出临界值。还应根据测量结果绘制具有初生空化系数 σ_i（初生空化系数 σ_i 定义为一个桨叶上刚出现因空化产生的气泡所对应的空化系数）和临界空化系数 σ_1（与无空蚀工况的效率相比，效率降低 1% 时的空化系数，即 σ_1）的曲线。在曲线上应标出电站空化系数 σ_p 并进行说明。在空化试验期间，试验人员需要做以下记录：

（1）用内窥视镜观测模型转轮叶片进口边和出口边的初生气泡和空化现象。

（2）在闪频灯光下观察尾水管涡带和空化的发展情况，并对其作出评价。

（3）观察给定空化系数（包括电站空化系数和临界空化系数附近的空化系数值）下典型空化特性显示的空化程度、位置、类型，并以拍照和录像的形式记录典型空化特性。

（4）在整个水轮机运行范围内，确定初生气泡点处的空化系数值。

（5）观察并用仪器自动记录在尾水管进口、顶盖、蜗壳测量与不稳定流或涡带有关的压力脉动。

水轮机空化系数按下式计算：

$$\sigma = (h_a - h_{va} - H_v - h_s)/H_n$$

式中 h_a——大气压折合成试验水温下的气压水柱高度，m；

h_{va}——饱和蒸汽压力折合成试验水温下与汽化压力相对应的水柱高度，m；

H_v——尾水管出口水面上的真空值相对应的水柱高度，m；

h_s——吸出高度，m；

H_n——净水头，m。

（二）试验结果

临界空化系数 σ_1 值定义为与无空蚀工况效率相比，效率降低 1% 时的空化系数；空化系数定义为随着吸出水头的减少，在转轮一个叶片表面出现可见气泡所对应的空化系数；为保证水轮机增容改造后安全稳定运行，水轮机临界空化系数安全裕量不小于 1.15，即 $k_1 = \sigma_p/\sigma_1 \geqslant 1.15$，初生空化系数安全裕量不小于 1.0，即 $k_i = \sigma_p/\sigma_i \geqslant 1.0$。

经过试验，机型一的模型转轮额定点的临界空化系数为 0.805，机型二的模型转轮额定点的临界空化系数为 0.753。在水轮机全部运行范围内，临界空化系数安全裕量 $\sigma_p/\sigma_1 > 1.15$，初生空化系数安全裕量 $\sigma_p/\sigma_i > 1.00$，满足合同要求。

六、压力脉动试验

（一）试验内容

压力脉动试验在水轮机全部运行水头和功率范围内、电站空化系数条件下进行，空化系数参考面高程规定为桨叶中心线高程。

压力脉动试验应同时测量和记录与压力脉动有关的力矩摆动，要观测整个运行范围内水轮机模型尾水管涡带及叶片进口边的脱流的产生及其发展程度；要对整个运行范围内压力脉动测量结果进行定量分析。

所有试验用压力传感器应在试验前后进行率定。

试验数据采用 FFT 分析软件进行幅频特性分析，试验结果应给出各测点的时域图、频域图和瀑布图及相关试验表格。时域图中幅值示值和取值方法采用混频双振幅幅值（峰—峰值），压力脉动值用 $\Delta H/H$ 表示。混频双振幅幅值取值方法采用 97% 置信度。

（二）试验结果

试验结果表明：转轮在各水头下，空载的保证功率区运行时，水轮机尾水管压力脉动值 $\Delta H/H$（ΔH 为相应运行水头 H 下的上游或下游侧单测点混频双振幅值）不大于 6%；在 35%～60% 的保证功率区运行时，压力脉动值 $\Delta H/H$ 不大于 7%，在 60%～100% 的保证功率区运行时压力脉动值 $\Delta H/H$ 不大于 8%。改造后的机组能够在电站水头 12.0～27.0m 范围内长期安全稳定运行；在 9.1～12.0m 范围内也能够安全稳定运行。

七、飞逸转速特性试验

模型的飞逸特性试验一般在电站空化系数为 0.93 的条件下进行。本项目在整个运行水头范围和全部导叶开度范围内，按照导叶和桨叶协联关系保持和破坏两种情况下，分别对飞逸转速进行测定。

八、其他试验

（一）流态观测

通过目测观察转轮叶片进口正、背面空化初生线，并根据观测结果在水头和出力关系图中绘制叶片进口正、背面空化初生线。

通过目测尾水管涡带，并根据观测结果在水头和出力关系图中绘制无涡区。

通过目测观察转轮叶片间隙脱流空化及发展情况。

（二）力特性试验

力特性试验包括水轮机轴向水推力、导叶水力矩试验和桨叶水力矩试验。

为了能准确地在全部运行范围内（包括正常工况和飞逸工况）可靠地推算原型水轮机水推力，并验证原型水轮机最大水推力保证值，应在模型水轮机试验中确定水推力特性。

为了确定最大导叶转动力矩，应在整个导叶开度范围内，在模型水轮机上测定导叶转动力矩，并且验证导叶开度范围内的水力平衡。应在位于蜗壳不同象限内不少于 4 个导叶上测定导叶转动力矩。要观察和测量与其他导叶失去同步的导叶引起水力不平衡而造成的水力影响结果。应对所有桨叶在全部开度范围内测定其水力矩。

（三）水轮机转轮强度试验

试验应在全部运行水头范围内，正常工况和飞逸工况条件下进行，并求得模型转轮的综合应力特性曲线。

九、中立试验台模型复核试验

（一）概述

模型复核试验目的是通过模型复核试验查明和验证设备制造厂提出的模型试验报告成果的真实性。

（二）模型复核试验内容和要求

（1）试验按有关技术保密协议的要求，根据 IEC 水轮机模型验收试验国际规程及有关规程的规定，对设备制造厂模型试验台上已完成的试验内容进行全面复核试验，以评价其水力性能是否真实可靠。

（2）在模型复核试验中，电站空化系数其参考面高程为桨叶中心线高程。模型复核试验与模型试验相同，同时应包括如下几个方面：检查仪器仪表的原级计量证书是否在有效期内，检查传感器的安装，水头测点位置、吸出高度测点位置、水压脉动测点位置等。核查使用软件的准确性。复核试验前后应对流量进行原位率定，在试验前后对所有传感器进行率定，每天试验前后应对水头、测功力矩传感器进行原位率定或抽查，对转速测量进行校核。

效率试验复核，试验在电站空化系数下进行，试验前对前一天的试验结果进行部分复核。

空化试验复核，进行初生空化系数及临界空化系数试验，在电站空化系数下进行转轮叶片空化观测、录像和描绘，试验前对前一天的试验结果进行部分复核。

压力脉动试验复核，试验在电站空化系数下进行，试验内容应包括：检查压力传感器的安装，压力传感器的率定，压力脉动试验及高部分负荷压力脉动试验，不同空化系数下压力脉动试验，不同测试水头对压力脉动的影响。

第三节　水轮机部件及附属系统复核

水轮发电机组改造增容是对水轮机发电机结构进行优化改造以达到更新改造的目的，改造部件及未改造部件均需复核是否满足机组改造后运行要求。葛洲坝电站机组改造增容对水轮机部件、机组调速系统、水系统、油系统、气系统等设备系统，以及桥机的吊装能力均进行复核。

一、主要部件强度与刚度校核

葛洲坝电站水轮机改造至153MW后，水轮机原主要结构部件：推力支架、支持盖、顶盖、主轴、活动导叶等，其刚度和强度情况，使用有限元法进行校核，刚度和强度情况如下。

（一）推力支架、支持盖、顶盖情况

葛洲坝电站采用轴流式水轮机转轮结构型式，推力支架、支持盖、顶盖联合承担着机组的载荷。结构分析时采用推力支架、支持盖、顶盖整体建模方法计算推力支架、支持盖、顶盖的应力分布。

正常工况下，推力支架＋支持盖＋顶盖整体分析的最大等效应力为162.99MPa，最大等效应力出现在支持盖处。紧急关机工况下，推力支架＋支持盖＋顶盖整体分析的最大等效应力为139.39MPa。

推力支架、支持盖、顶盖的材料为 GB912 - Q235A 钢，许用应力187.5MPa，应力满足标准要求。应力分布及变形分布见图2.2-3和图2.2-4。

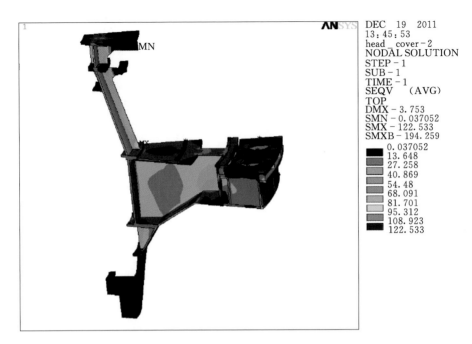

图 2.2-3　正常运行工况的应力分布图（单位：MPa）

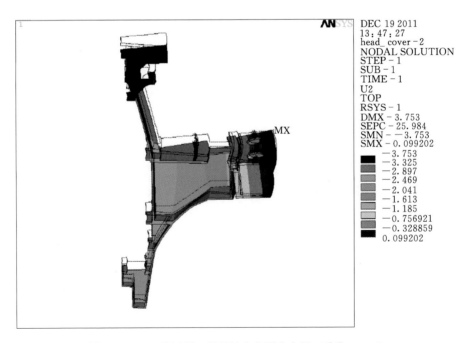

图 2.2-4　正常运行工况的轴向变形分布图（单位：mm）

（二）主轴情况

根据水轮发电机组参数、主轴材料特性及许用应力，计算得出，主轴的最大剪应力、最大拉伸应力、拉—扭最大复合应力值等，利用有限元法建立主轴模型，计算出主轴的应力及变形情况。根据有限元计算分析情况，主轴强度满足要求。最大应力分布及变形分布见表2.2-3和图2.2-5和图2.2-6。

表 2.2-3　　　　　　　　　　最大应力分布及变形分布

名　　称	拉	扭	拉—扭	许用应力
轴身最大应力/MPa	32.6	81.5	87.8	105
上法兰根部最大应力/MPa	36.4	83.7	91.3	126
下法兰根部最大应力/MPa	69.4	83.6	103.1	126
轴领处最大应力/MPa	38.3	108.6	115.4	126
总体最大变形/mm	1.90	8.96	9.16	—

图 2.2-5　改造后主轴应力分布图（单位：MPa）

（三）活动导叶情况

对活动导叶建立有限元模型，进行刚强度分析。紧急停机时，导叶受到的水压力、关闭导叶时的操作力均达到最大，为正常运行时的最危险工况，所以选择紧急停机作为计算工况。通过有限元计算，紧急停机工况时活动导叶应力

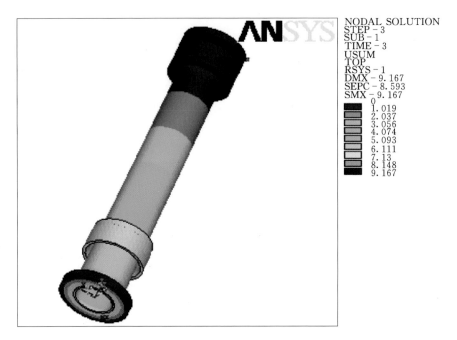

图 2.2-6　改造后主轴变形分布图（单位：mm）

分布比较均匀，活动导叶的平均应力水平都低于许用应力值，活动导叶满足强度要求。

二、调速系统压油装置

根据葛洲坝电站机组改造增容压油装置设备本身的要求、相关标准及调频需求，对压油装置系统进行了计算校核研究。通过对原 125MW 机组压油装置的现状分析，校验压油装置的容量、效率、用电负荷，结合机组更新改造参数变化的要求，对每台机组须增加一个 $10m^3$ 气罐，改造后的压油装置能够满足机组改造增容后的运行要求。核算过程如下。

根据波依耳定律可知，气体压力 P 和体积 V 之间满足方程式 $P_i V_i^k =$ 常数。实际工程中，多变指数 k 值一般取 1.3，则有：

$$(P_{0min} + 0.1)V_{air}^k = (P_R + 0.1 + b)(V_{air} + V_u)^k$$

式中　P_{0min}——工作油压下限；

$\quad\quad V_{air}$——P_{0min} 时对应的油罐中气体体积；

$\quad\quad P_R$——最低操作油压；

$\quad\quad V_u$——工作油压下限 P_{0min} 至最低操作油压 P_R 之间的压力油罐可用油体积。

V_u 通常按照下式计算：

$$V_u \geqslant 3V_D + (1.5 \sim 2.0)V_Z = 6.63(\text{m}^3)$$

式中　V_u——可用油体积，m^3；

V_D——导叶接力器总容积，m^3；

V_Z——桨叶接力器总容积，m^3。

同样：

$(P_{0\min}+0.1)V_{air}^k = (P_{0\max}+0.1)(2V/3)^k$　（按油气体积比为 1：2 计算）

式中　V——油气罐总容积；

$P_{0\max}$——压油罐最高压力。

则
$$V = \sqrt[1.3]{\frac{P_{0\min}+0.1}{P_{0\max}+0.1}} \times \frac{3}{2}V_{air}$$

由公式便可以求出油气罐的总容积。

在补偿量 b 取不同取值时，计算 V 值进行对比，见表 2.2－4。

表 2.2－4　　　　　　　　　　油气罐容积对比计算表

名　　称		方案一	方案二	方案三
导叶接力器容积/m^3		1.12		
桨叶接力器容积/m^3		2.18		
压力油罐可用容积 V_u/m^3		6.63		
系数 K		1.3		
补偿量 b/MPa		0.1	0.2	0.3
事故停机压力 P_R+b/MPa		2.8	2.9	3.0
按 IEC 公式计算得到油气罐容积/m^3	油气比（1：2）	44.59	52.49	63.03
	油气比（1：3）	39.63	46.66	56.02

接力器的关闭最低操作油压为 2.7MPa，考虑到管路的损失，并留一定的压力余量，选取补偿量 b 为 0.2MPa，则油罐的最低压力取 2.9MPa（相对值），此时，按照 IEC 公式计算得出的油气罐容积均大于 40m^3，需要增加油气罐的容积。按照 IEC 公式计算得出的油气罐容积约为 46.66m^3（油气比 1：3）和 52.49m^3（油气比 1：2）。据此，确定油气罐总容积为 50m^3，即在现有油气罐的基础上，增设一个 10m^3 的气罐。

通过对调速系统的分析计算，机组改造增容后导叶开口和桨叶转角没有大的变化，导叶接力器不改造，桨叶接力器的直径和行程略有变化，水轮机流量增大。原设计的调速器主配压阀直径等满足改造后的要求，水轮机导叶接力器和桨叶接力器均能正常操作，因此调速器系统能满足机组改造增容后的运行要求。

三、水系统

（一）技术供水系统

葛洲坝电站机组技术供水系统采用单机自流—水泵混合供水方式。水轮发电机组的用水部位主要是：空气冷却器、推力轴承油冷却器、上导轴承油冷却器。主要的用水对象是空气冷却器，约占机组总用水量的79%。葛洲坝电站陆续对技术供水泵和滤水器进行了更新或改造，原设计单台125MW机组的冷却水量约为1110m³/h，通过对原供水系统的过滤器已更换为ϕ500的全自动过滤器，其过水能力达2100m³/h。通过核算葛洲坝电站机组改造增容后水泵额定流量为1260m³/h，因此技术供水系统的设备供水能力，能够满足机组改造增容后的要求。

（二）厂房排水系统

由于机组改造增容对水工建筑及水轮机流道均没有改变，因此电站的排水方式及排水量均没有影响。厂房排水系统，能够满足机组改造增容后的运行要求。

四、油系统

葛洲坝电站透平油系统主要供给机组及调速器用油。由于机组各轴承油槽和导叶接力器不变，因此机组轴承和导叶接力器用油量基本不变。机组改造增容后，转轮轮毂比由0.44改为0.415，因此桨叶活塞直径有所变化，原桨叶活塞直径为2750mm，改造增容后机型一和机型二的桨叶活塞直径分别为2800mm和2850mm，桨叶接力器容积分别比原来增加0.085m³和0.076m³，增加的相对值约3.6%，用油量变化很小，透平油系统满足改造后设备的运行需求。

五、气系统

厂内气系统包括中压气系统和低压气系统。低压气系统的主要供气对象为机组制动用气和工业用气。葛洲坝电站已对原设计的气系统及其设备进行了更新改造，并增设中压冷干机。二江电站机组制动用气和工业用气由分开设置改为集中设置，共用空压机。大江电站中压空压机由2台改为8台。厂内中、低压气系统设备已进行的更新换代能够满足电站机组改造增容后的运行要求。

六、厂房桥机

大江电站内起重设备为4台双小车桥式起重机，其中2台型号为（260t/50t＋260t/50t）/10t，另2台型号为30t/5t，4台桥机分2层布置，小桥机布置在下层。二江电站内起重设备原设计为 2 台双小车桥式起重机，其中一台型号为 (250t/50t＋250t/50t)/10t，另一台型号为 (300t/50t＋300t/50t)/10t。

机组改造增容后，水轮机转轮体与活塞缸均为一体结构，转轮翻身需要带活塞缸。桥机单钩起重量由转轮翻身重量控制，因此要求转轮翻身重量均不超过 260t，使其翻身重量控制在桥机额定起重量范围内。其他主要部件的重量和尺寸均满足起重量要求，起吊高度均在桥机起吊范围内。因此，桥机的起吊能力能满足主要部件和设备的吊装要求。

第四节　水轮机主要改造范围

水轮机改造增容改造范围，主要是根据水轮机改造模型试验以及 CFD 计算流体方法，结合水轮机改造增容限制性条件，以及对各部件的刚强度和参数校核来确定。在改造增容时，上述因素必须考虑外，还要兼顾其他相关部件的配套改造工作。最终水轮机改造增容的范围为：转轮、导流锥、主轴密封、水导轴承、压油装置等主要部件以及配套附件。

一、转轮

为满足机组改造增容的要求，在水轮机流道不变情况下，本次改造采取重新设计制造，更换转轮的方式，以减小轮毂比，加大水轮机的过流量和提高水轮机的效率。另外，为了确保新转轮能够与旧大轴同轴配合，必须将新转轮缸盖与旧大轴同镗扩铰。更换后的新转轮名义直径为 10.2m，轮毂比为 0.415，水轮机额定出力为 153MW。转轮体铸造材料为 ZG20SiMn，轮毂全表面增加 10mm 厚的不锈钢层；叶片铸造材料为 ZG04Cr13Ni5Mo 不锈钢，VOD 精炼铸造，采用五轴数控机床加工制成，外缘设置裙边；叶片密封由单层 λ 密封（二江电站机组）、λ—V 组合密封（大江电站机组）改为 KB 密封；活塞与活塞轴采用过盈配合，活塞密封由活塞环改为导向带加组合密封环形式；操作机构由连杆结构改为双连板加耳柄结构；叶片转角由 $-10°\sim+20°$（二江电站机组）、$-12°\sim+20°$（大江电站机组）改为 $-14°\sim+18°$。

二、导流锥

为满足新流道的要求，新导流锥采用钢板焊接结构，结构型式与原机结构相似，通过螺栓与支持盖锥体上环连接，葛洲坝电站水轮机改造后，转轮轮毂直径减小，原支持盖锥体上下环外部流线与转轮轮毂流线不相匹配，需要对原支持盖锥体下环进行改造。改造后下导流锥分瓣组合面间增加密封条，组合面渗水的风险进一步降低，但需定期对该密封进行更换，以保证密封的有效性。

三、主轴密封

葛洲坝电站原水轮机主轴工作密封为双层橡胶平板结构，本次将工作密封改造为自补偿型轴向端面密封结构。检修密封结构不变，仍采用空气围带式密封。

工作密封工作原理为：密封圈把合于浮动环上，浮动环与密封圈设有进水孔，工作时依靠浮动环的重力、浮动环与上盖间的弹簧力以及密封腔内的水压力，使密封圈与抗磨板之间产生一层有压水膜，阻止江水进入支持盖从而达到密封效果。同时清洁水膜能润滑、冷却密封圈与抗磨板的接触面，防止因干摩擦磨损密封圈。由于浮动环与上盖之间设计有弹簧，可以补偿密封圈磨损量，确保密封圈与抗磨板之间的间隙合格，保证良好的密封性能。

使用原清洁压力水系统，并更换新的主轴护盖，配合主轴密封抗磨板的安装。

四、水导轴承

水导轴承间隙原设计是通过支顶螺钉进行调整，由于支顶螺钉尺寸大，现场空间狭小，导致水导间隙调整困难，严重耗费人力，且危险程度高。因此，决定借助水轮机改造的机会对机组水导轴承进行改进。通过结构对比选型，改进后水导轴承仍为稀油润滑油浸分块瓦式，冷却方式不变，而将水导瓦支撑方式由抗重螺栓支撑改为斜楔支撑。水导轴承改造主要是更换轴承体、轴瓦等部件，轴承其余部件（包括支持盖锥体上环）仍使用原机部件。用斜楔和抗压块代替抗重螺栓和铬钢垫进行抱瓦，并调整水导瓦与主轴轴领间隙。

冷却方式仍采用边壁冷却方式。当机组在正常油位运行时，轴承体内热油被旋转的大轴甩起并沿回油管流入外油箱，借助外油箱外侧流动的江水冷却。由于外油箱油位升高，与内油箱之间形成高差，在高差的作用下，冷却的透平油沿着进油管流入内油箱，再通过轴领上的油孔、托环与主轴间隙进入轴承体内形成油循环。

五、压油装置

机组改造增容后，叶片操作功及操作的压力油量随之增加，对每台改造增容机组增加一个 $10m^3$ 的压力气罐，可以增加机组的可操作油量及降低机组调节时油压的下降率。

第三章 150MW 发电机改造增容方案

第一节 发电机电磁参数选择

发电机改造增容后，额定有功功率由 125MW 增容至 150MW。发电机容量的改变对电站主要电气设备及发电机电压回路设备均会带来影响。因此，应结合电站的具体情况，对改造后发电机的主要参数进行选择。

一、功率因数的选择

发电机功率因数是发电机的额定有功功率 P_N 与额定容量 S_N 的比值。发电机功率因数的选择与电站接入电网的方式及电网的安全稳定运行要求有关。

葛洲坝电站二江电站接入 220kV 系统，大江电站接入 500kV 系统，改造后二江电站发电机功率因数取 0.875，大江电站发电机功率因数取 0.9。

二、额定电压的选择

额定电压是一个综合性参数，它与机组容量、转速、冷却方式、合理的槽电流和发电机电压配电装置的选择等都有密切的关系。

水轮发电机的额定电压，需要进行综合的技术经济比较。提高发电机额定电压，可以降低发电机电压回路的额定电流和短路电流，降低发电机定子温升，但需更换发电机电压回路的母线、发电机出口断路器、隔离开关、电压互感器、厂用变压器等设备，转子参数水平也需相应提高。由于发电机绝缘方面的原因，往往希望选择低一级的额定电压。一般情况下，额定电压低的方案，发电机的经济指标要好一些。

为了合理选取发电机主要参数，在原机组的基础上，发电机电压按 13.8kV 和 15.75kV 两个电压等级分别进行计算和比较，发电机额定电压采用 13.8kV 和 15.75kV 均可行。采用 13.8kV 方案，发电机的经济指标较好，实施也更为容易，因而发电机额定电压仍采用 13.8kV。

三、槽电流的选择

槽电流的太大或太小均会对发电机的经济性产生不利影响。槽电流太小，表明发电机有效材料的利用较差；槽电流太大，将导致铜损及附加损耗增加，从而使槽绝缘温差增大，同时在工艺上由于线圈表面增大，使制造较复杂。空气冷却水轮发电机的槽电流与额定容量的关系见表 2.3－1。

表 2.3－1　　　　　　　　　槽电流与额定容量的关系

S_N/MVA	I_S/A	S_N/MVA	I_S/A
10～120	2500～4200	300～600	5500～6500
130～300	4000～6000	600～1000	6200～7500

根据增容容量范围，并从控制热负荷考虑，葛洲坝电站 150MW 发电机合理的槽电流取值范围为 4000～5000A。

四、电负荷 A 的选择

电负荷 A 是水轮发电机的主要技术、经济参数之一，它对发电机的主要尺寸、电抗和绕组温度等有直接影响。为控制发电机的主要尺寸，必须合理采用电机的利用系数，其表达式为：

$$C = KAB_\delta \quad (kVA \cdot m^3 \cdot r/min)$$

式中　A——定子电负荷，A/cm；

　　　B_δ——气隙平均磁通密度，Gs；

　　　K——常数，$K = 1.35 \times 10^{-6}$。

A 值的大小决定了定子内圆单位表面积所产生的绕组铜损的大小，因而直接影响温升和效率的高低。A 的取值与每极容量、绝缘等级以及冷却方式有关。随着冷却技术的进步和绝缘材料性能的提高，A 值较以往有较大提高。

葛洲坝电站原 125MW 水轮发电机利用系数约为 6.39，对应电负荷 A 值为 670A/cm；而增容至 150MW，利用系数相应增大 20%，考虑到 B_δ 提高范围有限，则电负荷 A 的取值范围可相应增大到 800A/cm 左右。

五、气隙平均磁通密度 B_δ 的选择

在发电机容量、电负荷、定子铁芯内径和高度确定后，B_δ 也就确定了。根据设计和制造经验，在不更换铁芯材料的条件下，发电机增容至 150MW 后 B_δ 选择为 8000Gs 左右较为合理。

六、定子电密 J 的选择

定子绕组电流密度的合理选择直接影响定子铜线和定子冲片的重量，即直接影响发电机的经济性，同时决定了绕组温升和效率。发电机冷却方式不同，定子电密 J 选择范围也不同。对于大型空冷水轮发电机，定子电流密度为 2.5～3.5A/mm² 较为合理。

七、定子绕组热负荷的选择

热负荷是有效控制定子绕组温升及确定发电机冷却方式的重要参数。其数值为定子绕组电流密度与电负荷的乘积。全空冷水轮发电机热负荷不宜选取过高，较高的热负荷将导致槽绝缘内温差增大，绕组温升增高。

根据前文电流密度与电负荷的取值范围，发电机增容至 150MW 后定子绕组热负荷值不大于 $2500\text{A}^2/(\text{cm} \cdot \text{mm}^2)$。

八、短路比的选择

短路比是根据电站输电距离、负荷变化情况等因素提出的。短路比的大小对水轮发电机的影响较大，短路比大，负载变化时发电机电压变化小，可提高发电机在系统运行的静态稳定，减小电压变化率；短路比大，则发电机的充电容量也相应增大（可接入输电线路长度增大），但需增大气隙，增大励磁磁动势的安匝，使发电机转子用铜量增加，成本提高。

根据统计资料，水轮发电机的短路比一般为 $1.0 \sim 1.3$。发电机增容至 150MW 后短路比可按不小于 1 考虑。

九、直轴超瞬变电抗 X''_d 的选择

X''_d 大小主要影响短路电流的数值，从电站电气设备选择角度来看（特别是发电机出口断路器的选择）应选择较大的 X''_d，使短路电流减小。然而 X''_d 主要取决于发电机阻尼绕组漏抗，发电机阻尼绕组漏抗值较小，故 X''_d 不可能在很大范围内变动。

根据统计资料，X''_d 选择范围一般在 $0.16 \sim 0.28$ 之间，考虑到发电机出口断路器短路开断电流限制，发电机增容至 150MW 后，X''_d 不应小于 0.26。

十、直轴瞬变电抗 X'_d 的选择

直轴瞬变电抗 X'_d 是根据电力系统稳定计算确定的，X'_d 越小，动态稳定极限越大，瞬态电压变化率越小，但减小 X'_d 要增加定子铁芯的重量，从而使发电机的外形尺寸增大，成本提高。

在保证葛洲坝电站增容水轮发电机动态稳定前提下尽量提高发电机利用系数，发电机增容至 150MW 后，X'_d 选择范围在 $0.35 \sim 0.45$ 是合理的。

十一、允许温升值的选择

葛洲坝电站原 125MW 发电机为 B 级绝缘。发电机增容至 150MW 后，在结构尺寸改变条件下，包括定子铁芯、线棒、转子磁极等主要部件均需改造更

换，增容后发电机定子、转子的耐热绝缘水平由原 B 级提高为目前普遍采用的 F 级，滑环装置的耐热绝缘水平由 B 级提高为 H 级。

从保证发电机长期安全运行和延长整体绝缘寿命考虑，葛洲坝发电机增容至 150MW，发电机各主要部位的温升值仍应按原 B 级绝缘温升限值考虑。发电机主要部件温升限值应满足表 2.3 - 2 的要求。

表 2.3 - 2　　　　　发电机主要部件温升限值　　　　　单位：K

水轮发电机部件	不同等级绝缘材料的最高允许温升限值		
	B 级		
	温度计法	电阻法	检温计法
空气冷却的定子绕组	—	80	85
定子铁芯	80	—	85
转子绕组	—	80	—
滑环装置	80	—	—

第二节　发电机部件校核

机组改造增容工作中，对改造部件的校核工作是必不可少的。根据前期方案的比选，确定 125MW 机组改造增容到 150MW。发电机部分的改造增容途径是多方面的，主要还是根据所改发电机的自身条件出发，来确定具体实施的途径。本节主要介绍发电机机械部分的刚度、强度校核和各部件的性能指标复核情况，以及在 4 号、8 号机组进行通风试验的情况，从而了解发电机各部件是否满足改造增容所需的刚度、强度、参数性能指标等，为发电机改造增容确定实施途径提供依据。

一、发电机主要部件刚强度校核

葛洲坝电站机组主要由两个厂家设计制造，对部件机械刚度、强度校核工作主要委托两个厂家进行相应的校核计算工作。机械设备刚度、强度校核主要对上机架、定子机座、转子支架等部件进行校核。

（一）上机架与定子机座校核

考虑到上机架安装在定子机座上，所以在校核时采用联合校核来分析。利用 ANSYS 程序建立上机架和定子计算模型，分别从额定、半数磁极短路、两相短路、地震 4 种工况进行了校核计算。

结构刚度、强度计算情况，根据有限元结果应力考核标准：

（1）正常工况：最大综合应力不大于 2/3 材料屈服极限。

（2）事故工况：最大综合应力不大于材料屈服极限。

各工况定子及上机架应力和变形计算结果见表 2.3－3 和表 2.3－4。结构最大应力位于局部应力集中位置，仅为少数热点。

表 2.3－3　　　　　　　各工况定子结构应力和变形计算结果

工　　况	最大综合应力 /MPa	许用综合应力 /MPa	总变形 /mm	合格否
额定	126.00	143.3	2.28	合格
半数磁极短路	176.70	215.0	2.35	合格
两相短路	142.16	215.0	2.20	合格
临时过载地震	123.98	215.0	2.26	合格

表 2.3－4　　　　　　　各工况上机架结构应力和变形计算结果

工　　况	最大综合应力 /MPa	许用综合应力 /MPa	总变形 /mm	合格否
额定	29.60	143.3	1.96	合格
半数磁极短路	64.83	215.0	2.25	合格
两相短路	29.86	215.0	1.74	合格
临时过载地震	29.43	215.0	2.07	合格

另外计算得到：上机架径向刚度 $K=1.24\times10^6$ N/mm，有限元强度计算结果表明：结构存在局部高应力热点，实践经验表明，不影响机组安全稳定运行，结构应力均满足强度要求。结构振动分析：定子固有频率要求避开由转频 2.33Hz 存在的径向晃动振型频率的 20%，即定子径向晃动形式固有频率应避开的范围是：$1.87\text{Hz}\leqslant f\leqslant 2.8\text{Hz}$，定子在此频率范围内无径向晃动振型。

综上可知：定子和上机架联合结构关键振动模态频率均有效避开了机组相应的激振频率，满足振动标准要求。

（二）转子支架刚强度计算

应用 ANSYS 程序对发电机转子支架刚强度计算校核，分别对发电机静止、额定运行、飞逸转速 3 种工况进行有限元计算，分析转子支架刚强度。通过有限元计算，发电机转子支架的最大垂直挠度出现在发电机静止工况下为 －1.47mm，满足 GB/T 7894—2001《水轮发电机基本技术条件》要求。

静止工况轴向变形分布见图 2.3－1。

二、发电机主要部件性能指标校核

（一）上导轴承的校核

上导轴承暂作为不更换部件，在计算时，参考的参数按照原上导轴承的参

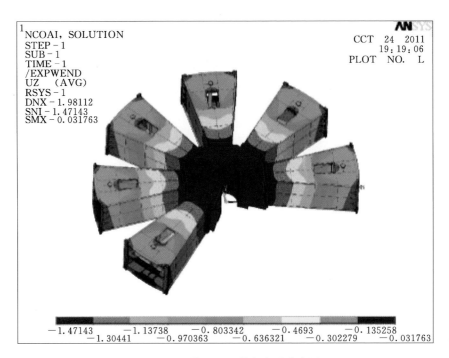

图 2.3-1　静止工况轴向变形分布图

数进行计算，经复核计算，上导轴承在额定工况下，运行最小油膜厚度、最高运行瓦温等主要数据都满足相关技术规范的要求。

（二）空气冷却器的校核

空气冷却器是发电机的热交换部件，现在机组安装的空气冷却器都改造为针刺式结构，每台机安装有 12 个空气冷却器，其外形尺寸与原厂家设计尺寸没有变化，在复核计算时，结合制造厂家提供的试验报告进行计算。发电机需冷却带走的损耗为 2389kW，设计风量为 $95.65\text{m}^3/\text{s}$，根据冷却器技术改造说明和试验报告计算冷却器传热余量，发电机冷却器能够满足要求。

葛洲坝大江、二江电站发电机均采用双路径向无风扇结构，冷却空气由转子支架、磁轭、磁极旋转产生的风扇作用进入转子支架入口，流经磁轭风沟、磁极极间后一部分空气经气隙、定子径向风沟；另一部分空气经定子绕组端部、机座回风孔，两部分空气在定子背部汇集进入冷却器，在与冷却水热交换散去热量后，重新分上下两路进入转子支架，构成密闭自循环。

2012 年 4 月，分别在葛洲坝大江电站 8 号、二江电站 4 号机组进行通风试验，实验测得大江电站 8 号机组总风量为 $109.5\text{m}^3/\text{s}$，二江电站 4 号机组总风量为 $100\text{m}^3/\text{s}$。通过计算分析，实际测得机组总风量大于设计风量 $95.65\text{m}^3/\text{s}$，满足机组增容到 150MW 容量的运行要求。

（三）推力轴承润滑校核

推力轴承承受整个机组转动部分重量和轴向水推力，推力轴承的安全可靠运行至关重要。此次厂家计算复核时，考虑水轮机转轮进行改造，轴向水推力在原基础上有变化，经厂家复核计算，以及对推力轴承及冷却器的计算分析，推力轴承能够满足发电机正常运行要求。

（四）发电机轴系频率校核

葛洲坝电站机组大轴采用单轴结构，大轴将转轮和转子连接，且机组导轴承只设计为两部轴承的结构，委托两个厂家通过有限元计算分析，得出水轮发电机轴系频率校核满足设计要求。

（五）发电机定转子温度场校核

厂家根据发电机通风的特点，考虑到结构的对称性，定子温度场模型取半齿半槽进行分析计算，轴向选择包括上下端部线圈在内的整个区域。转子部分，把转子求解区域定为从磁极端部到磁极铁芯段轴向中心面的半个磁极区域。把磁极分析的各部分损耗作为模型的热源，结合发电机的冷却方式，选择合理的边界条件，对定子和转子三维温度分布进行计算。温度场计算原理，采用变分原理和剖分插值相结合，来求解数理方程的数值计算方法进行有限元分析。通过温度场数值分析，获得了定子和转子温度分布结果，计算显示发电机定子和转子各部位温度分布合理，温度在允许范围内，可以满足发电机长期可靠运行的要求。

第三节　发电机相关电气设备选择及复核

发电机增容后，发电机容量、回路电流和短路电流均会发生变化。因此，需要根据电网目前及远景发展情况，结合机组增容后的发电机主要技术参数，对发电机出口主回路的额定电流、短路电流等参数进行计算。然后对现有的发电机电压回路的电气设备，包括主母线、发电机出口断路器、电流和电压互感器、励磁变压器、发电机中性点消弧线圈、厂用变压器等电气设备的匹配性进行复核和选择，以确定发电机电气设备的改造范围，从而保证发电机改造增容后发电机回路能安全可靠地运行。

大江电站电气主接线图见图 2.3-2。二江电站电气主接线图见图 2.3-3。

一、发电机电压母线短路电流计算

结合地区负荷发展及电网规划，中南电力设计院进行了相应的接入系统设计，对 2015 年和 2020 年的葛洲坝 220kV 开关站及 500kV 开关站母线短路电流进行了计算。从计算结果看，葛洲坝 500kV 母线三相短路电流不会超过 30kA，

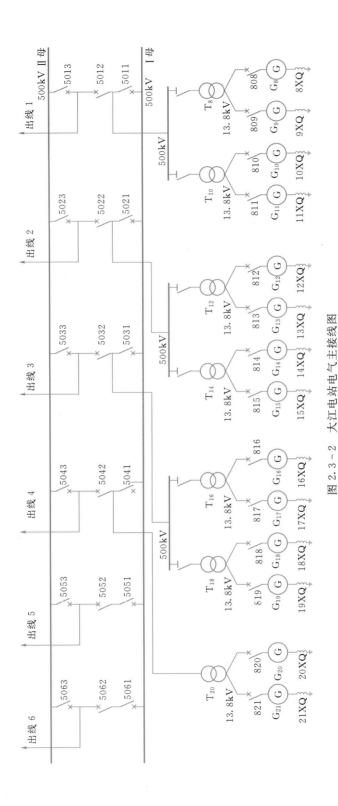

图 2.3-2 大江电站电气主接线图

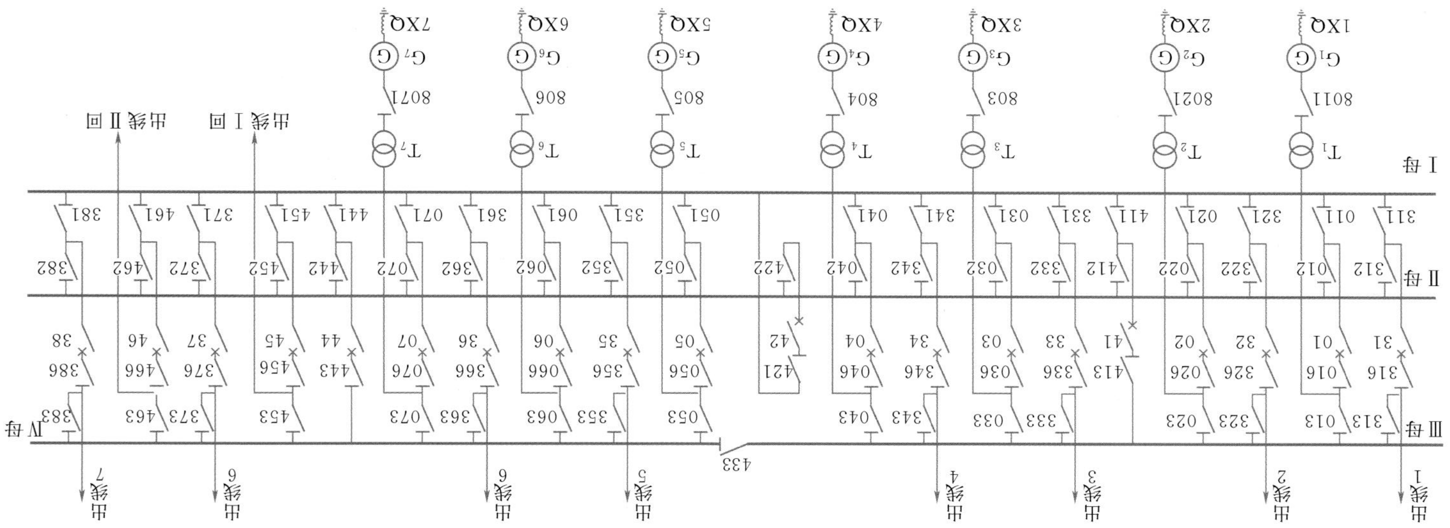

图 2.3-3　二江电站电气主接线图

220kV 母线三相短路电流不会超过 40kA。根据接入系统设计成果及机组增容后的发电机主要技术参数，二江电站、大江电站发电机（150MW）电压母线三相短路电流值见表 2.3-5 和表 2.3-6。

表 2.3-5　　二江电站发电机 150MW 电压母线三相短路电流值

发电机电压			13.8kV				
220kV 系统短路容量			40kA				
发电机、变压器参数	短路电流分量	周期分量 /kA	非周期分量 /kA				峰值电流 /kA
发电机 150MW，$X''_d=0.283$；主变压器 180MVA，$X_b=12.78\%$	短路时间/s	0	0	0.01	0.06	0.07	0.01
	本台发电机供	27.85	39.39	39.90	31.27	30.09	77.29
	主变压器侧供	54.09	76.50	69.66	43.62	39.72	146.16
	合计	81.94	115.89	109.56	74.89	69.81	223.45

表 2.3-6　　大江电站发电机 150MW 电压母线三相短路电流值

发电机电压			13.8kV				
500kV 系统短路容量			30kA				
发电机、变压器参数	短路电流分量	周期分量 /kA	非周期分量 /kA				峰值电流 /kA
发电机 150MW，$X''_d=0.261$；主变压器 360MVA，$X_b=16\%$	短路时间/s	0	0	0.01	0.06	0.07	0.01
	本台发电机供	29.36	41.52	39.68	31.61	30.21	81.20
	主变压器及其他发电机供	112.78	159.49	149.10	106.74	99.90	308.59
	合计	142.14	201.01	188.78	138.35	130.11	389.79

二、发电机主母线复核选择

大江电站和二江电站发电机电压母线原设计均采用敞露式槽形铝母线。二江电站和大江电站的敞露母线均为双槽形铝母线，二江电站和大江电站机组的母线规格分别为 2×（200mm×90mm×10mm）和 2×（200mm×90mm×12mm），母线宽度和高度一样，支持瓷瓶均为 20kV 等级。

当机组改造增容由 125MW 增至 150MW 后，二江电站发电机（cosφ＝0.875）额定电流为 7172A，最大工作电流为 7531A，经复核，二江电站发电机母线截面偏小，不满足稳定运行要求。大江电站发电机（cosφ＝0.9）额定电流为 6973A，最大工作电流为 7322A。大江电站发电机母线满足稳定运行要求。

因此将二江电站母线规格改为 $2\times(200\text{mm}\times90\text{mm}\times12\text{mm})$，母线金具相同，不需更换，只换母线规格。这种方式实施简单，施工相对容易。在最大工作电流时母线过载能力为 1.01%，能满足稳定运行要求。原有母线采用的支持瓷瓶为 20kV 级，不需更换。增容后发电机主母线复核见表 2.3-7。

表 2.3-7　　　　　　　增容后发电机主母线复核

序号	内　　容	3~7 号机组 （150MW）母线 （二江电站）	8~21 号机组 （150MW）母线 （大江电站）
1	发电机功率/MW	150	
2	额定电压/kV	13.8	
3	功率因数	0.875	0.9
4	回路额定电流/A	7172	6973
5	最大工作电流/A	7531	7322
6	母线允许电流/A	7417	
7	母线规格/(mm×mm×mm)	$2\times(200\times90\times12)$	
8	母线截面积/mm²	8080	
9	母线允许电流/A	7417	
10	支持瓷瓶型号	ZNE-20MM	
11	瓷瓶允许荷载/N	17652	
12	支持瓷瓶跨距/cm	100	
13	瓷瓶最大荷载/N	14641	
14	母线过载量复核	1.01	0.99
15	母线动热稳定复核	母线截面大于热稳定截面，满足热稳定要求	

三、发电机断路器复核

（一）二江电站发电机断路器复核

当机组改造增容由 125MW 增至 150MW 后，发电机电压回路最大工作电流为 7531A，三相短路电流周期分量为 54.09kA，按分闸时间 60ms 考虑，主变压器侧提供三相短路电流直流分量为 43.62kA，三相短路峰值电流为 146.16kA。

二江电站机型一原单机额定容量均为 125MW。其中 4 台机组安装有由 ABB 生产的发电机断路器，断路器型号为 HECI3 型。其最大工作电压 25.3kV，最大工作电流 9000A，额定短路开断电流 100kA，直流分量 75%，额定分闸时间 60ms，耐受峰值电流为 300kA。

从上述对比分析，二江电站发电机断路器满足要求。

（二）大江电厂发电机断路器复核

当机组改造增容由 125MW 增至 150MW 后，发电机电压回路最大工作电流为 7332A，三相短路电流周期分量为 112.78kA，按分闸时间 60ms 考虑，主变压器及其他发电机一起提供三相短路电流直流分量为 106.74kA，三相短路峰值电流为 389.6kA。

大江电站原单机额定容量均为 125MW。发电机出口断路器为 ABB 的 HECI5 型，其额定电压为 24kV，额定电流为 10000A，额定短路开断电流为 120kA，直流分量为 75%，额定分闸时间为 60ms，耐受峰值电流为 360kA。

从上述对比分析，大江电站 HECI5 型发电机断路器满足要求。

四、电流、电压互感器复核

二江电站和大江电站原所配电流互感器额定电流及变比均为 8000/5A，机组增容后，发电机额定电流为 6110～7172A，小于 8000A，电流互感器能满足机组增容的要求。

（1）二江电站发电机出口和中性点原所配电流互感器不更换，每台发电机增加横差保护用的 600/1/1、5P20/5P20 的电流互感器两台。

（2）大江电站每台发电机增加横差保护用的 600/1/1、5P20/5P20 电流互感器两台。

（3）电流互感器均采用环氧树脂浇注、母线式、15kV 级、容量 10VA。

五、隔离开关选择

原隔离开关额定电流为 6000A，增容后不能满足要求，应更换为技术参数满足要求的 GN23－20/8000，额定电流 8000A。

六、厂用变压器选择

葛洲坝发电机增容至 150MW 后，由于调速器油压装置用电负荷基本不变，发电机需要的冷却水量与原机组一致，可以不考虑技术供水负荷对厂用变压器的影响，并且增容后主变压器总损耗较原变压器总损耗还低，主变压器增容后变压器的冷却用电负荷不会增加，因此大江电站和二江电站厂用电负荷基本不变，原厂用变压器容量满足要求。

七、励磁变压器选择

增容后机组发电机励磁方式按自并励励磁方式设计。励磁顶值电压倍数按电力系统要求及《大中型水轮发电机静止整流励磁系统及装置技术条件》（DL/T 583—2006）规定取 2.0 倍。励磁变压器的容量及其低压侧电压按增容后的发电机参数及励磁系统的强励顶值电压倍数要求进行设计计算与选择。为了减少机端三相短路的几率，励磁变压器采用户内、自冷、环氧树脂浇注干式整流变压器。变压器绝缘等级采用 H 级。

根据增容后机组的参数计算，干式励磁变压器的数据选择如下：容量 2100kV·A，变比 13800/785V，相数 3，频率 50Hz，绝缘等级 H，防护等级 IP20，阻抗压降 7%。

八、发电机中性点接地方式复核

大江电站和二江电站发电机中性点接地方式原设计中采用油浸式消弧线圈接地。考虑到电站长期采用这种运行方式，运行人员熟悉且运行经验丰富，所以机组增容后，发电机中性点接地方式不改变，仍采用经消弧线圈接地。

因原消弧线圈运行多年，又为油浸式，所以在本次增容中将其改成干式消弧线圈，并按照目前机组参数估算，适当增大消弧线圈补偿电流调整范围，以满足机组稳定运行的要求。

第四节　发电机主要改造范围

发电机改造增容改造范围，主要是根据水轮机改造增容出力设计范围，结合发电机改造增容限制性条件以及对各部件的刚强度和参数校核来确定。在改造增容时，上述因素必须考虑外，还要兼顾其他相关部件的配套改造工作。综合分析校核、设计计算，发电机改造增容确定的范围为：定子铁芯、绕组、转子磁极线圈等主要部件以及配套附件需要改造。

一、发电机定子部分

1. 定子铁芯

根据前期对定子机座校核，可以不进行更换，考虑发电机容量由 125MW 提升到 150MW，定子线棒槽数增加，发电机绝缘等级要求提升到 F 级，定子铁芯必须更换。更换定子铁芯冲片，材质选用低损耗的 50W270 无取向硅钢片；改变定子铁芯六瓣结构，采用现场整圆叠片；定子铁芯采用双鸽尾筋定位，防止铁芯热膨胀造成定子铁芯翘曲变形；通风槽钢和铁芯压指采用非磁性材料；更换铁芯相关附件等。

2. 定子绕组

葛洲坝发电机线圈绝缘已严重老化，在运行中多处出现电晕、线棒端部绝缘盒开裂、绝缘盒内灌注胶开裂等缺陷，某些机组还存在电磁振动。因此在本次改造中对发电机线棒进行全部更换。发电机容量由 125MW 增容到 150MW

后，定子绕组采用双层条式波绕组，Y形连接，F级绝缘。采用全新F级绝缘，并采用全模压一次成型工艺。绕组的绝缘水平及线棒尺寸均处于国内外先进水平。定子均采用792槽设计，有效地解决了发电机100Hz电磁振动过大的缺陷。

二、发电机转子部分

为了使改造后的转子励磁回路电流密度与绝缘要求都能够达到改造增容后设计标准，并能增强定转子通风冷却效果，转子改造内容为：转子支臂增加挡风板结构；集电环装置、转子引线整体更换；转子磁极线圈更换。改造后的励磁绕组采用F级绝缘，并增加了绕组截面，磁极线圈采用异型铜排，使绕组外表面形成带散热翅的冷却面。

三、滑环装置及碳粉吸收装置

滑环装置由原敞开式结构改为半封闭式结构，升级为H级绝缘。集电环接触平面为螺旋槽结构，电刷每极由半圆布置改为整圆布置，增加了电刷个数，进而增大了电刷接触面尺寸，减小了接触电密，以降低集电环表面温升。并新增了碳粉收集装置，以利于碳粉吸收，保证电刷刷架的清洁。

四、发电机灭火装置

此次改造中，对灭火装置从结构布置方面没有变化，材质方面做了更新，采用不锈钢管，喷水口采用了喷雾嘴结构。

第四章　主变压器改造增容方案

第一节　主变压器参数选择及复核

发电机改造增容后，额定有功功率由 125MW 增容至 150MW。发电机容量增加后，发电机回路电流及短路电流均会增大，对电站主要电气设备及发电机电压回路设备均会带来影响。因此，应结合电站的具体情况，综合考虑技术参数的先进性、经济性，及对系统安全运行、运输和安装空间等方面的影响，对增容后主变压器的主要参数进行选择。

一、主变压器主要技术参数的选择

（一）主变压器容量选择

主变压器额定容量是指输入到主变压器的视在功率值，一般根据发电机的额定功率及其功率因数确定。机组增容后，主变压器的容量应相应变化。二江电站发电机与主变压器采用单元接线，原 125MW 发电机配 150MVA 的变压器；大江电站发电机与主变压器采用两机一变的扩大单元接线，2 台 125MW 发电机合用一台 300MVA 变压器。当发电机由 125MW 增容为 150MW 后，主变压器容量复核与配套容量见表 2.4 - 1。

表 2.4 - 1　　　　　　　　主变压器容量复核与配套容量

电　站	二江电站	大江电站
发电机功率/MW	150	150
功率因数	0.875	0.900
发电机容量/MVA	171.4	166.7
主变原容量/MVA	150	300
主变原容量过载	1.14	1.11
主变匹配容量/MVA	≥171.4	≥333.4
主变选择容量/MVA	180	360

由表 2.4 - 1 看出，二江电站和大江电站发电机增容后，原变压器过负荷为 14％、11％，因主变压器已接近变压器的正常使用寿命，再要求过负荷运

行，将难以满足要求。由于变压器生产年代早，与现在生产的变压器相比技术性能较差，因而主变压器应更换新的、技术性能优越的变压器。二江电站和大江电站新变压器容量分别选为 180MVA 和 360MVA。

（二）其他主要技术参数选择

在选用变压器的技术规范和参数时，一般按 GB/T 17468《电力变压器选用导则》和 GB/T 6451《油浸电力变压器技术参数和要求》的规定来选择。如有其他要求，应与厂家协商后在技术规范中规定。选择后的主变压器主要技术参数见表 2.4-2。

表 2.4-2　　　　　　　选择后的主变压器主要技术参数

名　称	二江电站	大江电站
发电机功率/MW	150	150
功率因数	0.875	0.900
主变压器额定容量/MVA	180	360
主变压器额定电压/kV	$242\pm2\times2.5\%/13.8$	$550-2\times2.5\%/13.8$
阻抗电压	$12\%\sim14\%$	$\geqslant16\%$
连接组别	YNd11	YNd11
冷却方式	ONAN/ONAF	ODAF

新主变压器中性点接地方式不变，仍采用原接地方式。二江电站主变压器中性点经隔离开关接地，大江电站主变压器中性点经电抗器接地。

二、主变压器结构设计

主变压器结构设计主要依据买方技术要求进行设计。确保设计的主变压器能够满足现场的原有接口及空间尺寸要求，满足运输及安装轨道基础承重要求。

主变压器结构设计的边界条件如下：主变压器为户外三相双绕组风冷铜绕组升压变压器，布置在电站尾水平台。变压器高压侧均采用油/空气套管与架空软导线连接，500kV 主变压器低压绕组共有两组（每相有两个）端子，采用油/空气套管与两台发电机的两组敞露式双槽形铝母线连接，高压侧中性点采用油/空气套管引出并经小电抗器接地；220kV 主变压器低压侧采用油/空气套管与发电机的敞露式双槽形铝母线连接，高压侧中性点采用油/空气套管引出并经隔离开关接地；主变压器运输轨道及安装位置承重结构不变；主变压器原有的轨道路线、轨道间距不变。

变压器采用芯式结构。铁芯为三相五柱结构，主柱和旁轭采用斜接工艺，铁芯及夹件接地线在油箱顶部通过套管分别引出接地，并能便于变压器运行时测试铁芯及夹件的接地电流。器身主绝缘采用薄纸板小油隙配以成形角环的超高压产品结构；高、低压绕组间及高压绕组与油箱间主绝缘采用薄纸筒小油隙结构，各绕组间的所有接线在变压器油箱内完成。高压绕组采用分级绝缘，低压绕组采用全绝缘。高压套管 B 相中心与变压器中心重合，中性点套管在变压器长轴中心线靠 A 相的一端，并在低压出线套管侧。

油箱采用钟罩式结构，U 形加强铁，合理加强油箱，保证油箱能承受真空（残压小于 133Pa）及 0.1MPa 的正压。箱顶为微拱或斜面形，以使气体继电器动作可靠。油箱设有一个或多个进人孔和手孔，以方便安装和检查。在油箱和箱顶的适当位置，设置温度计测温探头插座。油箱上设置适当数量的吊耳和牵引点。油箱的内壁在适当的部位设置磁屏蔽和电屏蔽。低压升高座及其箱盖法兰采用无磁钢材料来解决油箱局部过热问题。

每台变压器配置两套压力释放装置并分别设置在箱盖两端。变压器采用胶囊密封式储油柜，为便于装卸和移动，变压器底部有带钢轮的钢结构底座。

500kV 主变压器低压套管采用顶部出线方式，低压套管设两组（每组为 a、b、c 三相，每相有两个套管），分别与两台发电机的双槽型铝母线相连接。两组共 6 个套管之间距离为 800mm，面对变压器低压套管从右到左为 c2、b2、a2、a1、b1、c1。b2 套管和高压 B 相套管在同一轴线上。变压器冷却方式为强迫油循环风冷。变压器风冷系统由油泵和足够容量的风扇式冷却器组成。风冷却器可与变压器整体一同进行抽真空和承压。

220kV 主变压器低压套管采用顶部出线方式，并与发电机的双槽型铝母线连接。变压器低压套管相间距离为 900mm，b 相套管和高压 B 相套管在同一轴线上。冷却方式为自循环风冷。变压器风冷系统由片式散热器和冷却风扇组成，风冷式片式散热器为可拆卸式结构，吹风装置为底吹式。

三、主变压器布置及土建结构复核

（一）主变压器布置

二江电站原使用的 5 台容量为 150MVA 的变压器均是 20 世纪 70 年代末 80 年代初沈阳变压器厂的产品，在重量及外形尺寸方面均较大，其主要原因是铁芯材质和制造工艺较差。增容后变压器容量为 180MVA，按新产品的制造技术水平，重量较轻，尺寸较小。

大江电站原使用的 7 台 300MVA 的变压器，其中 3 台为日立产品，4 台为西安变压器厂产品。日立生产的变压器重量及外形尺寸较小，西安变压器厂生产的重量及外形尺寸较大。增容后变压器容量为 360MVA，按新产品的制造技术水平，重量也较轻，尺寸也较小。

根据新主变压器的参数选择及同时期的主变压器制造水平，得出新主变压器的近似外形尺寸及重量，新旧主变压器重量及尺寸对比见表2.4-3。

表 2.4-3　　　　　　　　　新旧主变压器重量及尺寸对比

电　站		二江电站		大江电站	
主变压器		更换前	更换后	更换前	更换后
额定容量/MVA		150	180	300	360
额定电压/kV		220	220	500	500
总重/t		199	183	295	269.1
油重/t		42	35.4	58.6	55
运输重/t		134	125	207	195.6
外形尺寸 /m	长	10	9.5	15.3	12.0
	宽	8.8	6.0	7.6	5.4
轨距 /mm	长轴	1505	1505	1505	1505
	短轴	2×2070	2×2070	2×2070	2×2070

从表2.4-3中数据可看出，更换后的变压器重量较轻，尺寸较小，由此可知：

（1）按照原变压器的重量，增容后二江电站及大江电站更换后的主变压器重量均在控制值以内，所以满足电站内运输、起吊等要求。

（2）更换后的变压器重量没有超过原变压器，外形尺寸也较小，能够满足原场地的布置要求，变压器的运输轨距相同，即受力点分布相同，因此原土建设计的运输道、变压器坑等的强度及尺寸可以满足增容后的要求。

（3）更换后的变压器的千斤顶位置应与现有变压器基本相同，应布置在变压器运输道附近，以满足土建结构强度和变压器顶起要求。

（二）主变压器土建结构复核

1. 复核内容

根据主变压器更换的要求，土建结构复核主要是对大江电站、二江电站主变压器下部的承载结构复核，包括主变压器坑下部承载梁板及主变压器运输轨道下部承载结构的复核。

（1）主变压器坑下部承载梁板复核。葛洲坝电站主变压器位于其机组段下游侧的尾水平台上，露天布置。主变压器下部为预制及现浇的叠合结构，其中大江电站主变压器下部主要承载结构为4根预制的钢筋混凝土大梁，该大梁为两端简支的不等跨的两跨预制连续梁，二江电站主变压器下部主要承载结构为3根预制的钢筋混凝土梁，该大梁为两端简支的预制梁。变压器大梁是支撑主变压器及集油坑的主要结构物，其所承受的荷载有：①大江电站、二江电站新主变压器重量分别按 270t 和 190t 进行校核；②楼板恒荷载包括卵石重量、现浇板自重及预制板自重；③活荷载为 12kN/m³。

更换引起的荷载变化主要是主变压器重量变化，以及集油坑改建引起的荷载的变化。其中，新的变压器预计总重为 270t（大江电站主变压器）及 183t（二江电站主变压器），较旧主变压器总重 295t（大江电站主变压器）及 199t（二江电站主变压器）有所减少，而集油坑改建引起荷载变化很小，因此原主变压器梁所受的楼板传力荷载可维持原值不变。荷载分析表明，主变压器更换引起的荷载变化对主变压器下部承载结构的影响在原设计允许范围内。

（2）主变压器运输轨道下部承载结构复核。主变压器运输轨道（下游挡水墙上部轨道）下部为副厂房下游挡水墙。下游挡水墙宽 2m，贯穿整个尾水平台，大江电站高程从 61.00m 至基础，二江电站高程从 60.50m 至基础，是葛洲坝电站下游副厂房的下游侧挡水建筑物。

该运输轨道在更换及安装期将作为被更换的旧主变压器的临时停放场地，更换引起的荷载变化主要是主变压器运输中的变化，新变压器的运输重为 195.6t（大江电站主变压器）及 125t（二江电站主变压器），较旧变压器运输重 207t（大江电站主变压器）及 134t（二江电站主变压器）有所减少，主变压器更换引起的荷载变化对下游挡水墙上部轨道承载结构的影响在原设计允许范围内。

2. 复核结论

通过对变压器梁及轨道下部挡水墙的计算复核，在原有边界条件下，其结果满足新荷载作用下的要求。且在主变压器更换期间，可暂时用于停放更换下来的旧主变压器。

第二节　主变压器改造范围

主变压器改造主要包含的项目有：主变压器更换；配套中性点设备更换；变压器集油坑挡坎及中性点设备基础土建改造；设备基础埋件、接地埋件及电气埋件施工。

一、主变压器更换

主变压器更换包括变压器本体及附件、事故排油管道及与本体连接的电缆等设施拆除及新主变压器安装。

变压器及附属设备的安装应严格按照设备厂家的安装说明书并参照 GB 50148、GB 50149、GB 50150 等相关标准的有关规定进行。

二、配套中性点设备更换

新变压器中性点设备包括电抗器、隔离开关、避雷器、支柱绝缘子、构架等。其中隔离开关、避雷器及支撑构架配套成一体结构。新的中性点设备在新变压器安装期间进行安装。在中性点设备安装之前应先进行设备基础螺栓的安装，再安装设备构架及中性点设备。设备构架安装后，在适当的时候，再浇筑设备构架的基础混凝土。

变压器中性点设备的安装应按照设备厂家的安装说明书和相关标准的规定进行。

三、主变压器集油坑挡坎及中性点设备基础土建改造

土建改造包括原集油坑挡坎的拆除及新建、中性点设备基础的拆除及新建。

原变压器集油坑挡坎经过多年的运行及使用，发生了开裂破损的现象，影响到变压器事故情况下的挡油效果，因此需对原挡油坎进行拆除，然后根据新变压器的使用要求，重新修建挡油坎。

原隔离开关和避雷器基础为钢筋混凝土结构，新设备自带钢结构底座。根据新设备布置要求，重新选择基础形式，并进行设计。

对于大江电站主变压器设备还涉及原支柱绝缘子基础的拆除及新建、原电抗器的拆除及新建、原国产变压器冷却器基础拆除、原中性点基础左侧砖砌凸台的拆除。

四、设备基础埋件、接地埋件及电气埋件施工

在进行土建结构改造施工的同时应进行主变压器及中性点设备的基础埋件、接地扁钢和电气埋管等的施工。施工应按照有关施工图和有关规程规范的要求进行，不再赘述。

第三节 开关站容量复核

根据对葛洲坝电站改造增容项目接入系统的设计，结合地区负荷发展及电网规划，考虑葛洲坝电站机组增容后，预计 2020 年，葛洲坝电站 500kV 母线三相短路电流为 29.9kA，220kV 母线三相短路电流为 33.1kA，500kV 系统和 220kV 系统分别按短路电流 30kA 和 40kA 考虑进行开关站断路器开断能力复核。考虑机组及主变压器容量的增加还需对大江电站和二江电站开关站的进线、出线及站内设备进行容量复核。

一、二江电站 220kV 开关站容量复核

开关站单回进线导线 40℃时的载流量为 598A，125MW 发动机增容至 150MW 后 220kV 侧单回进线电流为 450A，未超过导线的允许载流量，进线回路导线容量可满足机组增容载流能力的要求。

开关站出线导线主要采用双分裂导线，有 $2\times240mm^2$、$2\times300\ mm^2$ 等，按单根 $300mm^2$、载流量 598A 计，220kV 开关站送电能力可以满足机组增容载流能力的要求。

开关站内的设备，断路器、隔离开关、铝管母线等载流能力都很高，断路器额定电流至少为 3150A，隔离开关额定电流为 2000A，电流互感器为 2600A，铝管母线通流为 2130A，均具有很强的通流能力。开关站内的设备和母线均可以满足机组增容载流能力的要求。

220kV 断路器额定短路开断电流为 50kA，满足开关站开断短路电流大于 40kA 的要求。

因此 220kV 开关站设备及导体通流容量及开断能力均满足机组改造增容的要求。

二、大江电站 500kV 开关站容量复核

大江主变压器至开关站间线路 40℃时载流量为 1000A，125MW 发动机增容至 150MW 后 500kV 侧单回线路电流为 423A，未超过导线的允许载流量，进线回路导线容量可满足机组增容载流能力的要求。

开关站已完成技术改造，由户外敞开式设备改为户内 GIS 配电装置，GIS 额定电压为 550kV，主母线额定电流为 4000A，进出线及串中回路设备和导体额定电流为 3150A，断路器额定短路开断电流为 63kA，满足 500kV 开关站开断短路电流大于 30kA 的要求。

机组改造增容期间 GIS 配电装置已投入运行，GIS 设备通流能力更强，能满足机组改造增容的要求。

第三篇

水轮发电机组改造增容
结构设计

通过确定改造增容的目标及基本条件，从经济的合理性、施工的可行性、风险性较小的角度考虑，对多种可行方案进行比选，最终确定了葛洲坝电站水轮机发电机改造增容方案。另外，通过对水轮机相关部件的校核，确立了水轮机改造增容的范围，并利用水轮机 CFD 计算流体方法和模型试验等先进科学技术，优化水轮机水力及结构设计，设计出既能提高发电量，又能满足刚强度、稳定性及空化等指标的转轮，结合改造增容的机会，将主轴密封及水导轴承的结构进行优化改造。发电机在定子机座不变、发电机出口及中性点引线位置不变的条件下进行改造。转子主要对磁极线圈、转子引线及滑环装置进行改造，并在转子支臂增加挡风板，其余结构不变。

第一章　水轮机改造增容结构设计

根据葛洲坝电站水轮机最终确定的改造方案，水轮机轮毂比由 0.44 改为 0.415，出力由 129MW 改造至 153MW。在机组埋入部件及流道维持不变的情况下，依靠科技进步，对水轮机转轮结构重新设计。由于改造后转轮尺寸发生变化，且原主轴密封和水导轴承结构运行不够稳定、检修不够方便，因此需对主轴密封、水导轴承及支持盖导流锥结构重新设计，保证机组改造后能够安全、稳定、高效运行。

第一节　转　　轮

转轮是水轮机的核心部件，其作用是进行能量转换，将水能转换为旋转机械能，当水流流过转轮时，通过主轴带动发电机旋转将机械能转换为电能。根据水轮机转换水流能量方程式的不同，水轮机可分为反击式和冲击式。反击式包括混流式、轴流式、斜流式和贯流式。葛洲坝电站机组水轮机为轴流转桨式，其转轮由转轮体、叶片、叶片操作机构及密封装置、泄水锥等主要部件组成。经过多年的运行，葛洲坝电站水轮机转轮老化严重，且部分结构存在优化改进空间。随着科学技术的发展，中国长江电力股份有限公司与厂家一起充分研究与分析，利用新技术、新工艺、新材料，重新对转轮结构进行了设计，以达到机组改造增容的目的。

根据水轮机最终确定的改造增容方案，该次转轮改造主要对转轮体、叶片、叶片操作机构等部件进行优化改进，转轮改造前后结构对比见图 3.1-1。

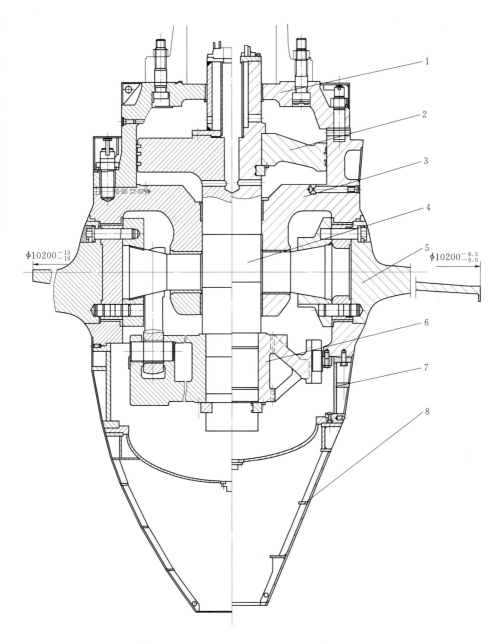

$\phi10200^{-13}_{-16}$

$\phi10200^{-8.5}_{-9.0}$

图 3.1-1 转轮改造前后结构对比（单位：mm）

1—缸体；2—活塞；3—轮毂体；4—活塞杆；5—叶片；6—操作架；

7—连接体；8—泄水锥

一、转轮结构改进

(一) 轮毂

在水轮机流道及转速保持不变的情况下，增加水轮机出力的最佳途径是提高机组的单位过流量，而增加单位过流量的主要措施是增大转轮流道的过流断面面积，即减小转轮的轮毂比。经过模型试验对比，新转轮轮毂比由 0.44 调整为 0.415。

轮毂为铸件结构，从葛洲坝机组运行 30 多年的情况来看，转轮轮毂表面出现了不同程度的磨蚀现象，为了控制其表面磨蚀现象的危害，改造后转轮体表面增加了 10mm 厚的不锈钢层。

(二) 叶片及其线型

根据改造后转轮开发模型对叶片线型进行调整，叶片整体过流面积增大，叶片进水边和出水边外缘圆弧增大，过流量增大，同时，调整叶片进水边肩部型线，进水流态得到改善，且叶片的固有频率有效避开了机组振动频率，防止叶片共振的发生。

为了减小容积损失，转轮改造后叶片外缘与转轮室间隙减小，可有效地提高水轮机的效率。

(三) 叶片密封

转轮叶片原密封结构有 3 种形式，分别为单层 λ 型密封（见图 3.1-2）、λ—V 型组合密封（见图 3.1-3）和多层 V 型组合密封（见图 3.1-4）。随着先进的技术工艺及新材料的发展，在保证密封零泄漏以及便于检修的要求下，长江电力与厂家不断总结经验，在各自原有密封结构基础上进行了大胆改造。机型一的转轮叶片密封结构改为 KB 型双向密封（见图 3.1-5），该密封材料为 NM59/80，密封在内外压力作用下，唇口受力张开，能够有效起到密封油

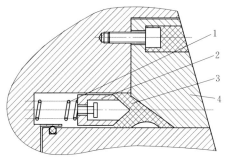

图 3.1-2　单层 λ 型密封
1—弹簧；2—顶紧环；3—λ 型
密封；4—压板

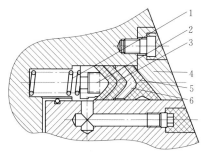

图 3.1-3　λ—V 型组合密封
1—弹簧；2—顶紧环；3—V 型密封；
4—压板；5—λ 型密封；6—垫环

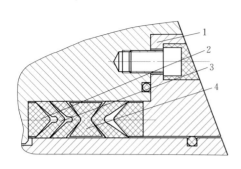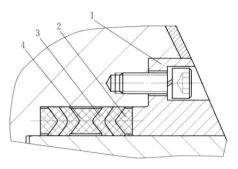

图 3.1-4　多层 V 型组合密封

1—压板；2—支承环；3—V 型密封；4—垫环

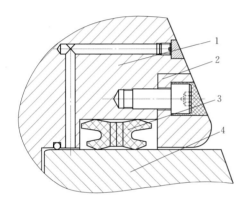

图 3.1-5　KB 型双向密封

1—转轮体；2—压板；3—KB 型密封；

4—叶片

水作用。KB 型密封相比于 λ 型或者 λ—V 型密封有如下优点：对于密封沟槽及密封压板的加工精度要求较低，密封粘接可靠方便，密封所受摩擦力小，且密封的补偿进给量较大，磨损后能够自动调整。机型二的转轮叶片密封结构仍为多层 V 型组合密封（见图 3.1-4），该密封材质为新型耐油耐水聚氨酯，相比于原有三层 V 型，密封的尺寸精度更高，且运行后密封效果较好。

（四）叶片操作机构

转轮叶片原传动机构结构简单（见图 3.1-6），由于原轮毂直径大，操作架和连杆的尺寸大，重量大。转轮改造后，轮毂直径减小，转轮内部传动机构的尺寸也进行了相应调整。其中机型一的叶片传动机构由连杆结构改为双连板耳柄结构（见图 3.1-7），该结构紧凑，转臂和连板的受力情况好，叶片相对开度偏差减小，叶片转角控制精度高。由于该结构耳柄螺栓与操作架采用加热拉伸预紧方式，需占用大量时间对耳柄螺栓进行加热，且很难一次加热完成。

（五）操作架

转轮操作架原导向滑块座设计是通过螺栓与连接体固定，导向滑块安装在滑块座上，由于其紧固螺栓位于连接体外侧，螺栓长期浸泡在水中，极易发生锈蚀损坏造成渗漏油现象。利用此次改造增容机会，对操作架的滑块座和滑块结构进行了改进。机型一的新转轮结构优化后，将滑块座通过螺栓固定在轮毂下法兰面上（见图3.1-8），有效地解决了漏油隐患。机型二的新转轮滑块座由螺栓连接改为直接与连接体焊接，该改进方式同样彻底消除了漏油风险。

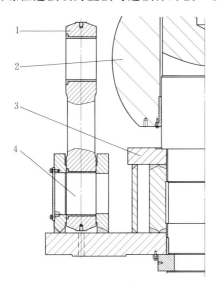

图 3.1-6　连杆结构

1—连杆；2—转轮体；3—操
作架；4—连杆销

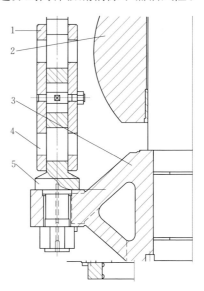

图 3.1-7　双连板耳柄结构

1—连板；2—转轮体；3—操作架；
4—连杆销；5—耳柄

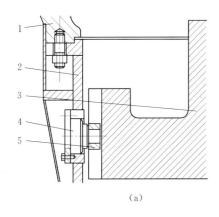

（a）

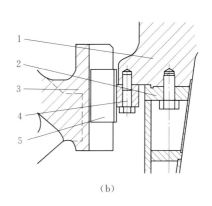

（b）

图 3.1-8　改造前后导向滑块结构对比

（a）改造前；（b）改造后

1—转轮体；2—连接体；3—操作架；4—滑块座；5—滑块

（六）活塞密封

转轮活塞密封原设计为三道活塞环式密封（见图3.1-9），密封材质为铸铁，该结构密封环与缸体内壁相互摩擦，容易造成密封间隙不均匀，导致开关腔串油，影响机组叶片开度快速调节。随着新材料技术的发展，在保证活塞密封不泄露的要求下，葛洲坝机组将密封环形式改为复合材质组合式密封（见图3.1-10），密封上下各设有导向环。新密封采用优质耐磨、耐油材质，与缸体贴合度较好，密封效果好，有效解决了开关腔串油问题。

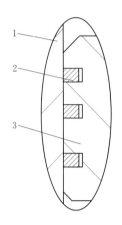 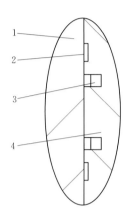

图3.1-9　三道活塞环式密封　　　　　图3.1-10　复合材质组合式密封
1—缸体；2—密封环；3—活塞　　　1—缸体；2—导向环；3—组合密封；4—活塞

（七）活塞

转轮活塞与活塞杆原设计为整体锻造结构，铸造尺寸大，生产周期较长。为了保证水轮机改造增容平稳有序地进行，利用先进的加工制造工艺和新材料，将整体锻造结构改为活塞和活塞杆单独铸造，加工后采用过盈配合工艺，大大降低了制造成本，缩短了供货周期。

（八）联轴螺栓堵板

转轮原设计结构中联轴螺栓头部与堵板间隙较大（见图3.1-11），主轴吊装时与联轴螺栓间存在摩擦力，且在联轴螺栓自重的作用下，联轴螺栓容易下沉对堵板受力，使得堵板焊缝开裂，导致缸体渗漏油。为了有效解决该问题，将原挡块改为L形挡块，联轴螺栓重量作用在L形挡块上，堵板焊接后与L形挡块贴紧（见图3.1-12）。为了提高密封效果，改造后在联轴螺栓与缸体之间增加一道密封。

（九）下盖放油阀

改造前，下盖放油阀阀芯未设置弹簧结构（见图3.1-13），检修排油时，如果阀芯发卡，将很难安装排油管路，易造成透平油流失。改造后，放油阀阀体采用不锈钢材质，阀芯装设有弹簧（见图3.1-14），使其具有自动复归功能，提高了机组运行可靠性和检修安全性。

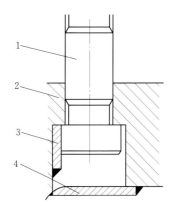

图 3.1-11 改造前联轴螺栓堵板

1—联轴螺栓；2—缸体；

3—挡块；4—堵板

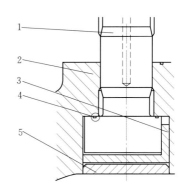

图 3.1-12 改造后联轴螺栓堵板

1—联轴螺栓；2—缸盖；3—L形

挡块；4—O形密封圈；5—堵板

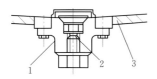

图 3.1-13 改造前放油阀

1—放油阀；2—阀芯；3—下盖

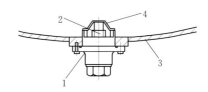

图 3.1-14 改造后放油阀

1—放油阀；2—阀芯；3—下盖；4—弹簧

二、转轮改造前后参数对比

转轮改造前后主要结构、材质及重量对比见表3.1-1。

表 3.1-1　　　　　转轮改造前后主要结构、材质及重量对比

比较项目	改造前	改造后
轮毂比	0.44	0.415
转轮体材质	ZG20SiMn	ZG20SiMn（轮毂全表面增加0Cr13Ni5Mo不锈钢层）
叶片材质	ZG0Cr13Ni4Mo	ZG04Cr13Ni5Mo、ZG06Cr13Ni5Mo
叶片转角	$-10°\sim+20°$、$-12°\sim+20°$	$-14°\sim+18°$、$-15°\sim+15°$
叶片密封	单层λ型、λ-V型组合、三层V型	KB型密封、四层V型
活塞结构	活塞与活塞杆整体锻造	活塞与活塞杆采用过盈配合
活塞密封	金属活塞环	导向环＋组合密封环
传动机构	连杆结构	双连板＋耳柄结构、连杆结构

比较项目	改造前	改造后
轮毂重量/t	99、101	116、115
转轮装配/t	421.0、425.5、423.1	389.5、414.8
叶片重量（单个）/t	22.5	21.1、23.3

三、改造与未改造设备安装接口

由于本次水轮机设备未进行全部改造，因此需考虑改造部件与未改造部件的安装连接问题，以下主要介绍转轮部件的安装接口。

（一）转轮与主轴连接

通过对主轴进行 CFD 分析和刚强度计算校核，其满足改造要求，故主轴不需进行改造。为了保证主轴与改造后转轮在止口和螺栓方面的连接可靠，需采用同钻铰方式来实现。

（二）转轮与操作油管连接

为保证改造后转轮与原操作油管可靠连接，新转轮活塞导管上法兰面螺栓孔分布与原下操作油管下法兰面螺栓孔分布尺寸、止口及密封结构须保持一致。

（三）转轮的安放

转轮改造后轮毂比变小，轮毂直径由 4480mm 改为 4233mm，为保证转轮表面流线型设计，转轮上法兰面及下盖外缘直径需相应减小。由于葛洲坝电站转轮检修坑是拆装转轮的专用场地，为了充分利用现有资源，现有转轮检修坑内径大于改造后转轮法兰面外径，不能安全放置，因此需设计一套专用过渡环，解决转轮检修放置问题。大江电站和二江电站转轮检修坑示意图见图 3.1－15。

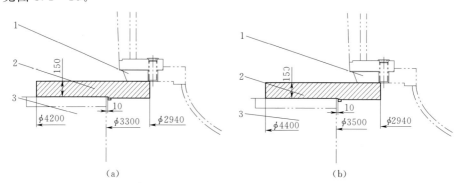

图 3.1－15 大江电站和二江电站转轮检修坑示意图（单位：mm）

（a）大江电站转轮检修坑；（b）二江电站转轮检修坑

1—转轮下盖；2—过渡环；3—基础

第二节 主 轴 密 封

水轮机原设计的双层橡胶平板结构式的主轴密封包括工作密封和检修密封。工作密封的作用是通过对密封之间注入清洁压力水，防止水轮机转轮室内的水在压力的作用下进入水车室，造成水淹水导等事故，保证机组的正常稳定运行；检修密封的作用是在对工作密封进行检修时，对检修密封内部充气使其膨胀，密封转动部件和固定部件之间的间隙，从而起到临时防水的作用。

葛洲坝电站机组改造前主轴密封结构见图 3.1－16 左半部分。该主轴密封主要由底座、水箱、密封环、上平板、下平板等部件以及各紧固螺栓组成。其中底座和水箱体固定在支持盖上，上平板固定在水箱上；密封环、下平板固定在主轴上，随主轴一起转动。上下平板为橡胶材质，具有一定的耐酸、碱、油性能，硬度为 65～70 度（邵氏），抗拉强度大于 6MPa，设计厚度为 8～10mm；抗磨板为不锈钢材质，厚度为 20mm，表面加工精度等级为 N7，上、下平板与密封环的间隙设计值为 (1±0.5)mm。

机组运行时，通过供水管路向水箱内（即上、下平板之间的密封腔）通入 0.10～0.15MPa 压力清洁水，在水压的作用下，使上、下平板分别与密封环、底座的抗磨面贴合，从而形成一个密闭压力腔，防止江水进入水箱内。同时清洁水起冷却、润滑的作用，防止平板磨损或者烧结。

检修密封按其结构型式可以分为空气围带式、机械式和抬机式检修密封。但在实际中大多数运用空气围带检修密封。它主要由固定环和橡胶空气围带组成，在工作时，向空气围带充入 0.4～0.7MPa 的压力空气，使空气围带橡皮膨胀，抱紧主轴，防止水进入；当开机时，将空气围带里的压缩气体排除，使其收缩，让空气围带与主轴之间保持 1.5～2.0mm 的间隙。该检修密封结构简单，操作容易，密封效果好，大多数机组检修密封都用此种结构。

双层平板密封具有结构简单、易安装、成本低等特点，但该结构密封易受机组运行工况、水头、导叶开度、水质的影响。当机组开机或甩负荷时，因转轮室压力会增大或产生负压，使平板贴紧密封环与底座的抗磨面而产生干摩擦，造成平板磨损严重或磨穿，使密封失效、漏水量变大造成水淹水导事故；当机组汛期运行时，夹杂泥沙的浑水渗入压力腔，加剧平板磨损。另外，由于平板固定在相对静止的部件上，平板磨损后无法对其进行补偿，易造成平板磨穿现象，从而需频繁检修与更换平板，严重影响机组安全稳定运行，并增加了维护、检修成本。

目前，国内大中型电站水轮机的工作密封结构主要有平板密封、径向密封、盘根密封、迷宫环密封、自补偿性轴向端面密封等。由于平板密封具有结构简单、易安装、运用成熟、成本低等特点，绝大多数大中型轴流式机组通常采用平板密封结构。自补偿性轴向端面密封主要应用于新建的大中型混流式机组上，如三峡电站、溪洛渡电站、向家坝电站、小湾电站等，而轴流式机组很少采用该密封结构。相比平板密封，端面密封具有结构紧凑、运行稳定、检修周期长、使用寿命长等优点，且在大多数电站机组上应用得非常成功。

鉴于以上原因，经过深入研究和分析，借葛洲坝电站机组改造增容机会，首次将原双层橡胶平板密封结构改为自补偿性轴向端面密封结构。

葛洲坝电站机组改造后主轴密封结构见图 3.1-16 右半部分。由转动部件与固定部件组成，转动部件抗磨环通过螺栓安装在主轴螺栓护盖上，密封块上设计有环形密封水槽，并用螺栓固定在浮动环的下端面上。浮动环与支撑环之间装有数个弹簧，通过压紧螺母将弹簧固定在浮动环与支撑环之间，浮动环与密封块内设有通水孔，通过供水管路引入清洁水，主轴密封工作时依靠浮动环的重力、浮动环与支撑环间的弹簧压力以及清洁水压力，使密封块与抗磨环之间形成 0.05～0.10mm 厚的润滑水膜。

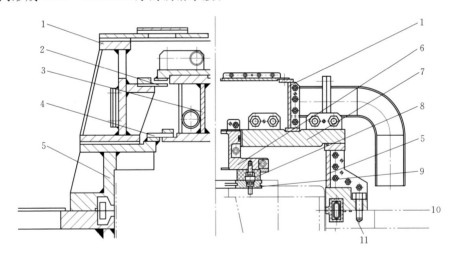

图 3.1-16 改造前后主轴密封结构对比（机型一）
1—水箱；2—上平板；3—密封环；4—下平板；5—底座；6—浮动环；7—支撑环；
8—密封块；9—抗磨环；10—主轴螺栓护盖；11—支持盖

机组运行时，转轮室内的江水由支持盖与主轴螺栓护盖之间的间隙进入主轴螺栓护盖与支撑环形成的江水腔内，并在该腔内形成一定的压力。工作密封清洁水通过供水管进入密封块与抗磨环所形成的空腔内，并分两部分流出，其中一部分通过抗磨环与密封块之间的间隙流入江水腔，另一部分则经过主轴螺栓护盖与主轴之间的间隙流入水箱内，再通过排水管流入集水槽。同时，流动的清洁水会在密封块与抗磨环之间形成 0.05～0.10mm 厚的润滑水膜，将江水阻止在江水腔内，不能流入机组内部，从而达到密封效果。润滑水膜使密封块与转动的抗磨环不发生直接接触，且清洁水压力大于江水的压力，江水不会进入接触面，清洁水在接触面流动时对密封块起到润滑与冷却的作用。另外，在浮动环与支撑环之间对称装有两个限位装置，工作时浮动环沿支撑环内圆上下浮动，可以补偿密封块的磨损量，并通过限位装置限制密封块的机械磨损量，确保密封块与抗磨环之间的间隙合格，从而保证良好的密封性能。

以葛洲坝电站水轮发电机组的基本参数、工作密封水源供水压力及其结构设计参数为边界条件（见表 3.1-2），对工作密封的水膜厚度（浮动环浮动量）、工作密封的漏水量及工作密封的总供水量进行设计计算。

表 3.1-2　　　　　　　　　　　工作密封计算边界条件

参　数	选　值	参　数	选　值
R_1/mm	870	水源供水压力 P_5/MPa	0.2
R_2/mm	900	机组转速 ω/（r·min^{-1}）	62.5
R_3/mm	935	水头损失系数 K	1.09×10^{11}
R_4/mm	955	动力黏滞系数 μ/（Pa·s）	1×10^{-3}
R_5/mm	882	弹簧刚度/（N·mm^{-1}）	5.3

根据浮动环受力分析（见图 3.1-17）及能量守恒，可列方程如下：

$$F_1 + F_2 + F_3 = F_4 + F_5 + F_R \tag{3.1-1}$$

$$Q_总 = Q_1 + Q_3 \tag{3.1-2}$$

$$Q_总 = \sqrt{\frac{P_5 - P_2}{K}} \tag{3.1-3}$$

$$Q_1 = \alpha_1 \Delta P_{11} t^3 \tag{3.1-4}$$

$$Q_3 = \alpha_3 \Delta P_{13} t^3 \tag{3.1-5}$$

$$\alpha_1 = -\frac{\pi}{6\mu \ln\left(\dfrac{R_1}{R_2}\right)} \tag{3.1-6}$$

$$\alpha_3 = \frac{\pi}{6\mu \ln\left(\dfrac{R_4}{R_3}\right)} \tag{3.1-7}$$

式中　F_R——浮动环重量＋弹簧作用力；

　　　$Q_总$——工作密封总供水量；

　　　Q_1——工作密封漏水量；

t——工作密封水膜厚度；

α_1、α_3——动能修正系数。

由式（3.1-1）～式（3.1-7）可得：

工作密封水膜厚度　$t = \sqrt[3]{\dfrac{\sqrt{\dfrac{P_5 - P_2}{K}}}{\dfrac{\pi\Delta P_{13}}{6\mu\ln\left(\dfrac{R_4}{R_3}\right)} - \dfrac{\pi\Delta P_{11}}{6\mu\ln\left(\dfrac{R_1}{R_2}\right)}}}$

工作密封漏水量　$Q_1 = \dfrac{\ln\left(\dfrac{R_4}{R_3}\right)\sqrt{\dfrac{P_5 - P_2}{K}}}{\ln\left(\dfrac{R_4}{R_3}\right)\Delta P_{11} - \ln\left(\dfrac{R_1}{R_2}\right)\Delta P_{13}}$

工作密封总供水量　$Q_\text{总} = \sqrt{\dfrac{P_5 - P_2}{K}}$

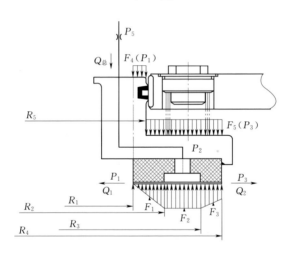

图 3.1-17　工作密封受力分析

葛洲坝电站水轮机主轴密封改造换型已全部完成，经过多年运行跟踪分析研究，其运行效果明显优于原设计结构，密封性能好、水压稳定、使用寿命长，提高了机组运行的可靠性与稳定性。该结构首次在大型轴流转桨式机组使用，为国内外其他大中型电站轴流转桨式机组主轴密封改造提供了宝贵的借鉴价值。

第三节　水　导　轴　承

水导轴承是水轮机的关键重要部件，其主要作用是：使水轮发电机组保持在一定中心位置运转并承受径向力。这种径向力主要是转子本身的静不平衡、

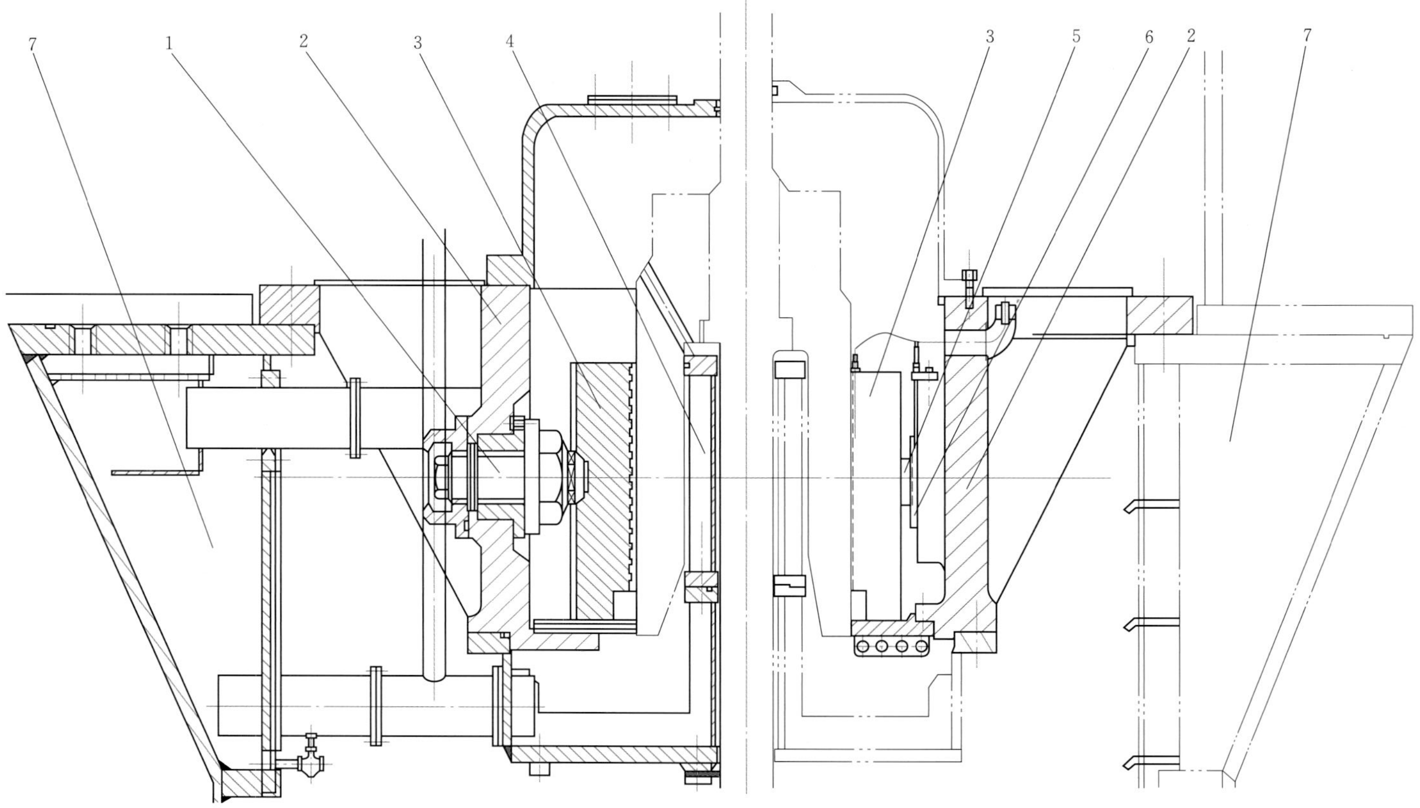

图 3.1-18 改造前后水导轴承结构对比（机型一）

1—支顶螺钉；2—轴承体；3—水导瓦；4—油箱筒；5—抗压块；6—楔子板；7—外油箱

动不平衡和磁拉力不均匀，动水流的不均衡和空蚀真空所产生的振动，以及发电机在非工况下运行时所产生的振动，使机组主轴在轴承的间隙范围内稳定运转。

水导轴承结构形式，有浸油分块瓦式、筒式和斜楔式 3 种。目前，国内大多数大型水电厂的水轮发电机均采用浸油分块瓦式水导轴承；筒式水导轴承已很少使用，只在中小型水轮机水导轴承上和卧式机组上应用；斜楔式水导轴承于 1983 年末在大化水电厂的水轮发电机上首次采用。

葛洲坝电站改造前水导轴承结构为稀油润滑油浸分块瓦式结构，主要由轴承体、水导瓦、支顶螺钉、油箱筒等部件组成（见图 3.1-18 左半部分）。水导瓦支点位置在中间，瓦衬为巴氏合金材料。当机组在正常油位运行时，轴承体内热油被旋转的大轴甩起并沿油管流入外油箱，借助外油箱外侧流动的江水冷却。由于外油箱油位升高，与轴承体内油位之间形成高差，在高差的作用下，冷却的透平油沿着油管流入轴承体内形成油循环。

改造前水导轴承间隙是通过支顶螺钉进行调整，由于支顶螺钉尺寸大，现场空间狭小，导致水导间隙调整困难，严重耗费人力，且危险程度高。因此，决定借助水轮机改造这次机会对机组水导轴承进行改进。通过结构对比选型，改进后水导轴承结构仍为稀油润滑油浸分块瓦式结构，冷却方式不变，而将水导瓦支撑方式由支顶螺钉支撑改为楔子板式支撑。

水导轴承改造主要更换轴承体、水导瓦等部件，用斜子板代替支顶螺钉进行抱瓦并调整水导瓦与主轴轴领间隙（见图 3.1-18 右半部分）。相比改造前的结构，斜子板式具有结构简单、精度高、易调整、检修维护方便、安全性高等优点。改造后各参数均达到设计要求，提高了水导轴承工作的稳定性，为国内外同类型机组水导轴承的改造提供参考和借鉴。

第四节　支　持　盖

支持盖是大型轴流式水轮机的重要部件，主要传递机组轴向水推力、转动部件重量及水导轴承受到的径向作用力。

葛洲坝电站水轮机改造前支持盖锥体上、下环为钢板焊接结构（见图 3.1-19 左半部分），其外部与顶盖和转轮一起构成过流面，内部安装有水导轴承和主轴密封，同时，锥体上环内壁焊有水导轴承外油箱，通过管路与轴承体连接形成回路，对水导轴承润滑油进行冷却。

葛洲坝电站水轮机改造后，转轮轮毂直径减小，原支持盖锥体上、下环外部流线与转轮轮毂流线不相匹配，需要对原支持盖锥体上下环进行改造。

改造后的导流锥采用钢板焊接而成，结构形式与改造前机组结构相似，外

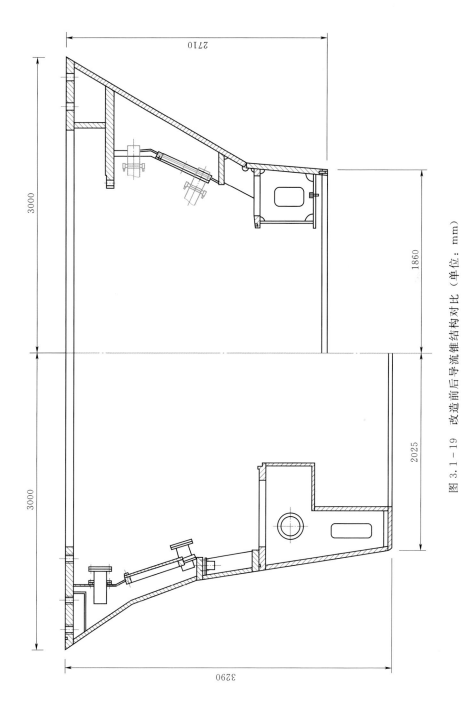

图 3.1-19 改造前后导流锥结构对比（单位：mm）

1—锥体上环；2—锥体下环；3—导流锥；4—止推环

形尺寸满足新流道的要求（见图 3.1-19 右半部分）。机型一只改造锥体下环，机型二对锥体上环和锥体下环进行改造。支持盖导流锥主要有以下改进。

二江电站机组水轮机原锥体下环最小内径小于主轴最大外径，机组拆装时，需要分解锥体下环，改造后锥体下环内径增大，不需要分解即可顺利拆装。

机型一改造后锥体下环分瓣组合面间增加密封条，组合面渗水的风险进一步降低，但需定期对该密封进行更换，以保证密封的有效性。机型二导流锥分瓣组合面密封形式改为水密焊缝，焊接后需进行 PT 探伤检查。

机型二原水导轴承外油箱进出油管为伸缩式带压盖密封结构，改造后，进出油管与导流锥内壁油箱为焊接结构，消除了原结构形式可能发生漏油的风险。

葛洲坝电站机组改造后止推环位于导流锥下端，能够有效减小机组抬机时对支持盖的冲击力。

第二章　发电机改造增容结构设计

发电机是把机械能转换为电能的设备，主要由定子、转子及相关配套设备组成。葛洲坝电站原 125MW 机组共有 19 台，分为两种机型。原 125MW 机组定子均为分瓣结构，在生产厂家进行叠片、嵌线，分瓣运往葛洲坝电站总装。葛洲坝电站发电机改造增容为部分改造，保留原定子机座、转子支臂、磁轭、磁极铁芯等部件，更换定子铁芯、定子绕组、磁极线圈及部分配套设备。通过对更换部件的重新设计和保留部件的合理优化，将发电机额定功率由 125MW 增加至 150MW。

第一节　定　　子

一、定子机座

定子机座是水轮发电机定子部分的主要结构部件，其作用是用来固定定子铁芯。定子机座的结构设计要求能承受定子绕组短路时产生的切向力和半数磁极短路时产生的单边磁拉力，同时还要承受各种运行工况下的热膨胀力，以及额定工况时产生的切向力和定子铁芯通过定位筋传来的交变力。由于上机架安装在定子机座上，葛洲坝电站机组定子机座还需要承受上机架及安装在上机架上的其他部件的重量。因此定子机座必须有足够的强度和刚度，以抵抗运行中出现的应力和应变。

在发电机改造时，更换的新定子铁芯应与原定子机座相适应。定子机座刚强度对大型水轮发电机定子的受力至关重要，厂家对原定子机座刚强度的校核计算结果满足改造后的使用要求。考虑到葛洲坝电站定子机座已经使用 30 多年，在改造过程中很有必要进行相关的检查和处理，主要有：①对分瓣组合面进行封焊或焊接加强板；②在原定子铁芯拆卸完成后，对定子机座进行仔细检查，各分瓣组合面之间间隙应不大于 0.50mm，对超出部分通过再次紧固螺栓的方式进行处理；③对定子机座连接螺栓的止动焊缝进行检查，确保无开裂现象。

二、定子铁芯

定子铁芯由扇形片、通风槽片、定位筋、上齿压板、下齿压板、拉紧螺杆及托板等零部件组成，见图 3.2-1。用硅钢片冲成的扇形片叠装于定位筋上，定位筋通过托板焊接在机座环板上，并通过上、下齿压板用拉紧螺杆将定子铁芯压紧成一个整体。定子铁芯是定子的重要部件，是安放绕组的设备，也是发电机磁路的主要组成部分，发电机运行时将受到机械力、热应力及电磁力的综合作用。

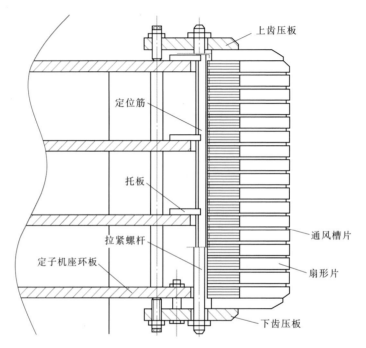

图 3.2-1 原 125MW 机组定子铁芯结构示意图

葛洲坝电站发电机定子改造整体更换定子铁芯，新定子铁芯在发电机机坑内叠装成整圆，与原定子机座相匹配。在定子铁芯尺寸基本不变的情况下，为了满足改造增容后的运行要求，采取了使用浮动式定位筋结构、拉紧螺杆上部使用碟簧结构、优化通风结构等一系列优化措施。

（一）定位筋

大容量水轮发电机在运行中，可能会出现定子铁芯热膨胀而造成定子铁芯翘曲变形的情况，影响机组安全运行。葛洲坝电站原 125MW 发电机采用固定式定位筋结构，定位筋与焊接在定子基座上的托板焊接在一起（见图 3.2-2）。当变形不一致时，定子铁芯与定子机座之间存在挤压应力，可能导致定子铁芯翘曲变形。为了防止定子铁芯因热膨胀而造成翘曲变形，葛洲坝电站发电机改造时将原来的固定式定位筋全部改为浮动式定位筋，在定位筋背部与托板之间设计一定的间隙（见图 3.2-3）。采用浮动式定位筋后，当定子铁芯热膨胀时，可以防止机座与铁芯之间的挤压应力，防止铁芯翘曲变形。

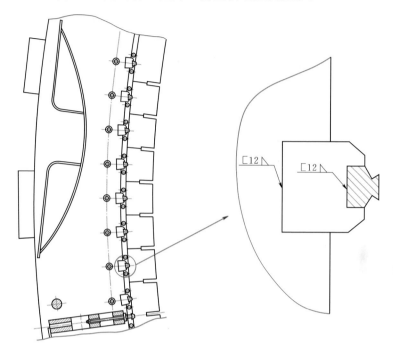

图 3.2-2　原 125MW 机组定位筋及托板示意图

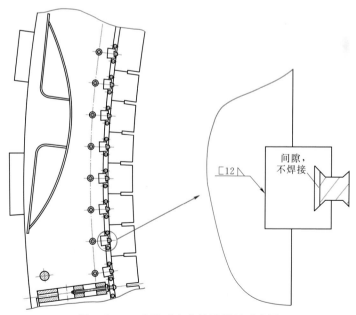

图 3.2-3　改造后定位筋及托板示意图

（二）通风结构

葛洲坝电站原 125MW 发电机都是采用双路径无风扇通风结构，冷却空气由转子支架、磁轭、磁极旋转产生的风扇作用进入转子支架进风口，流经磁轭风沟、磁极极间后，一部分空气经气隙、定子径向风沟，另一部分空气经定子绕组端部、机座回风孔，两部分空气在定子背部汇集进入冷却器，在与冷却水热交换散去热量后，重新分上下两路进入转子支架，构成密闭自循环。

图 3.2-4 转子支臂增加腹板图

水轮机发电机的通风系统直接影响发电机的运行性能，具有良好的通风系统是保证发电机能得到充分冷却的前提。生产厂家经过改造定子铁芯的通风结构，改变了通风沟高度和铁芯分段数，使机组额定功率增加后，空气的流动顺畅平稳，铁芯冷却均匀充分，风阻损耗最小。

转子改造时保留原转子支架、磁轭及磁极铁芯，其通风结构基本不变。根据通风结构优化设计，在转子 8 个盒式支臂间的进风口增加上、下腹板共 16 块，缩小了进风口面积（见图3.2-4）。

（三）拉紧螺杆

葛洲坝电站原定子铁芯拉紧螺杆紧固后，螺母直接焊接在齿压板上（见图3.2-5）。改造后采用具有碟簧及垫圈的铁芯紧固结构（见图3.2-6），利用碟簧的变形补偿铁芯运行时的收缩。

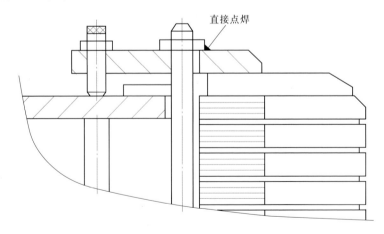

直接点焊

图 3.2-5 改造前定子铁芯拉紧螺杆上部结构

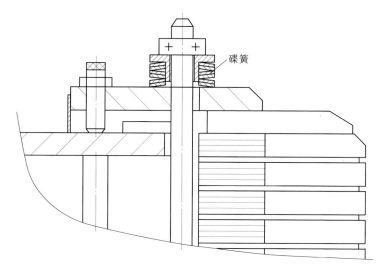

图 3.2-6　改造后定子铁芯拉紧螺杆上部结构

（四）材质选择

改造前，机型一的扇形片材质为热轧硅钢板 D43（二江电站）、冷轧硅钢板 W315-50（大江电站），机型二的扇形片材质为热轧硅钢板 D43。改造后，机型一的定子铁芯扇形片材质为 50W270 冷轧硅钢板，机型二的定子铁芯扇形片材质为 50WW290 冷轧硅钢板。

改造前后定子铁芯主要部件材质对比见表 3.2-1。

表 3.2-1　　　　　改造前后定子铁芯主要部件材质对比表

机组类型	机型一		机型二	
	改造前	改造后	改造前	改造后
扇形片	二江电站：热轧硅钢板 D43 大江电站：冷轧硅钢板 W315-50	冷轧硅钢板 50W270	热轧硅钢板 D43	冷轧硅钢板 50WW290
压指	40Mn18Cr3	40Mn18Cr3	酸洗钢板 B3	40Mn18Cr3
拉紧螺杆	冷拉圆钢 45	42CrMo	冷拉圆钢 45	42CrMo
定位筋	A3 钢	St52-3K	A3 钢	St52-3K
通风槽	A3 钢	1Cr18Ni9Ti	A3 钢	1Cr18Ni9Ti

三、定子绕组

定子绕组是构成发电机电回路的基本元件，也是产生电磁感应作用的重要零件。决定定子绕组使用寿命的主要有制造和安装两个方面。在葛洲坝电站发电机改造增容中，主要对定子绕组的绝缘（防晕）结构以及换位角度和股线规格进行了优化设计，电接头的焊接方式也由原来的并头块锡焊优化为对接式中频感应焊接。

定子绕组为双层波绕组，节距为 1-8-17，上下层定子绕组通过端部电接头及跨线形成 9 个支路，每个支路由 130 根普通线棒、14 根斜跨线棒、30 根跨线线棒、2 根引出线棒组成，每 3 个支路通过汇流排并联形成 A、B、C 三相，定子绕组出口经软连接、出口母线及断路器与主变相联，中性点经过消弧线圈直接接地。

（一）绝缘结构

定子绕组的绝缘主要包括股间、匝间、排间、主绝缘及防晕层等（见表 3.2-2）。

表 3.2-2 高压定子绕组绝缘结构

绕组形式	绕组结构图	序号	名　称	材　料
条式		1	股间绝缘	双玻璃丝/涤纶双玻璃丝
		2	排间绝缘	环氧浸渍玻璃坯布
		3	主绝缘	B、F 级环氧桐马粉云母带
		4	防晕层	半导体漆或带
		5	换位绝缘	环氧桐马柔软云母板
		6	换位凹坑填充	粉云母换位填充板

1. 股间绝缘

大中型水力发电机组一般采用 SBEB-40/155 电磁线。也有部分机组采用涤玻烧结电磁线，股线绝缘厚度也由 0.4mm 降低到 0.2mm 左右，电磁线的股间绝缘是在导体外用无碱玻璃丝双层反向绕包，经绝缘漆浸渍、烘焙而成。

2. 匝间绝缘

水轮发电机组绕组按连接方式一般分为圈式叠绕组和条式波绕组两种，叠绕组是由多匝线圈组成，每匝是由一股或多股并联的双玻璃丝扁铜线编织而成。绕组除了股线需绝缘外，每匝也同样要单独进行绝缘。这种绝缘必须能承受因输电线路受雷击而引起的冲击电压。发电机在运行中，会受到大气过电压的冲击或因操作不当而造成的内部过电压，一般匝间过电压要比工作电压高出数倍，有时可能使匝间绝缘击穿，造成匝间故障。严重的可引起发电机两相或三相短路。因此，加强匝间绝缘，是确保多匝线圈安全可靠运行的关键。

3. 排间绝缘

水轮发电机组的定子绕组通常由多股电磁线编织换位组成，在绕组直线段，股线通常分成2层（也可称为2排，排间绝缘亦可称为层间绝缘），层间通常选用合适厚度的环氧玻璃多胶粉云母板隔离，在直线段固化成型过程中与电磁线形成整体。葛洲坝电站发电机定子绕组改造前后排间均采用多胶云母板作为绝缘。

4. 主绝缘

水轮发电机组定子绕组对地绝缘（主绝缘），根据直线段和端部是否采用相同结构可分为连续式和复合式两种。连续式按材料和处理工艺，又可分为多胶模压成型体系及少胶VPI无溶剂胶后模压成型体系。主绝缘厚度主要与储备系数、许用工作场强和电老化寿命等因素有关，其绝缘结构按厂家绝缘规范进行。葛洲坝电站发电机定子绕组改造前主绝缘采用的是以环氧玻璃粉云母为主的B级绝缘系统，经过多胶模压工艺一次成型，改造之后主绝缘采用F级桐马环氧粉云母带连续包绕的多胶模压体系。

5. 防晕层

水轮发电机定子绕组防晕层按部位可分为直线段防晕和端部防晕，端部防晕根据位置不同又可分为全防晕和半防晕结构。防晕材料通常有带材和漆材两种，按照电阻率的不同，又可分为低阻、中阻、高阻3个类型。防晕结构的设计按照制造厂的绝缘规范进行。

（二）换位角度

由于水轮发电机的定子绕组通过电流往往较大，一般采用多股导线并联。在定子绕组中存在两种环流：第一种环流，在每一股线导体中流通，产生集肤效应，使导体内的各点电流密度分布不均匀，从而使附加铜耗及交流电阻增加。一般采用较薄的股线可以减少这种环流；第二种环流，是存在于任意两根股线所组成的回路中，使各股线电流呈现不均匀现象，其原因是由于各并联股线处在不同位置，它们的磁链也不相同，因而产生的电势也就不同，因此在各股线回路中形成了电势差，就出现了环流。由于回路中直阻很小，它可能比第一种环流要大得多。这种环流，既增加了定子附加铜耗，又使股线出现过热点，将直接危害线圈绝缘寿命，限制电机出力的提高。为了消除或减少环流所引起的损耗，通常定子绕组采用不同方式的换位。

大、中型水轮发电机定子绕组通常是采用单匝条式线棒。目前，单匝条式线棒的换位方式常采用0°/360°/0°正常换位。主要特点是，线棒的股线在定子铁芯全长度上进行换位，而线棒的端部（上、下端部）不进行换位。0°/360°/0°换位会导致股线间的温差较大，最高温差达 30～40℃。通常水轮发电机定子绕组中采用新的换位方式，对降低线棒的最高温度和减小股线间的温差是有效的。葛洲坝电站发电机定子绕组改造前采用的是 360°完全换位，改造后采用的是不完全换位，这样可以减小股线间环流，使得股线间温度均匀，改善线圈股线温差，从而降低线圈最大温升，减小定子绕组由于端部漏磁而引起的附加损耗，并延长线圈寿命。

线棒换位见图 3.2－7，图中 A～E 为具体的设计尺寸。

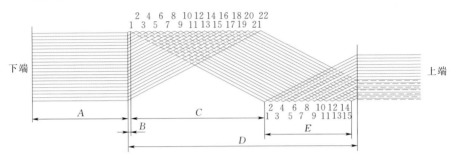

图 3.2－7　线棒换位图

（三）股线规格

葛洲坝电站发电机改造增容后，定子槽电流大幅增加，原定子线棒的股线规格及数量已不能满足要求，为保证合理的电流密度，需增加定子线棒导流面积，改造增容前，葛洲坝电站定子绕组股线规格为 2.5mm×6.5mm，共 40 股，改造后，股线规格为 2.5mm×8mm，共 44 股。

（四）绕组连接

定子绕组常常通过端部电接头连接形成支路，电接头的连接通常有并头块或直接连接，一般用中频感应焊机进行焊接，葛洲坝电站定子绕组改造前采用的是并头块烫锡工艺，操作工艺复杂，且直流电阻值较大，改造后，采用新的电接头对接焊接结构，利用中频感应焊机直接焊接，工艺简单，返工率少，大大节约了时间，也使得电接头焊接质量提高，并尽可能地减少了因焊接产生的高温对线棒端部绝缘的影响。

（五）定子绕组分布

葛洲坝电站定子绕组改造增容前后均为波绕组，改造前采用均匀布置的方式，改造后采用集中布置的方式。由于定子绕组的每支路独立分布在周向的一个区域，在转子存在偏心的情况下，靠近转子的支路绕组将感应高一点的电势，反之感应低一点的电势。3 个支路感应的电势的微小差别，将产生微小的环流，该环流将抑制转子的进一步偏心。这将有利于轴系的稳定性，其直接的益处是提高机组的临界转速、减少发电机各部位的摆度值、增加机组动态稳定性能。由于发电机电磁刚度属于破坏刚度,采用集中绕组可以降低此刚度,从而有利于发电机的稳定。

(六)定子工艺结构

葛洲坝电站定子绕组改造前槽衬结构方式是在线棒与铁芯之间根据间隙垫半导体垫条,改造后线棒与铁芯之间采用多层槽衬纸 U 形包裹,每层槽衬纸之间涂刷半导体粘接胶,固化后在线棒表面形成弹性层,使之与定子铁芯槽紧密结合。槽楔紧固方式也由普通内外楔紧固改为带有波纹板的弹性槽楔紧固,这些措施可以有效地降低槽电位,提高线棒抗电晕能力,同时有利于减小线棒与铁芯之间的热阻。

第二节 转 子

转子(见图 3.2-8)是水轮发电机的转动部件,也是励磁系统重要组成部分,在机组运行中,直流励磁系统将直流电流输送到转子绕组上,转子绕组周围产生磁场,当主轴带动转子旋转时,在发电机转子与定子的空气间隙间会产生旋转磁场,切割定子绕组,在定子绕组间感应出电动势,输出电能。转子主要由中心体、支臂、磁轭、磁极、转子引线以及滑环装置等组成。经过多年的运行,葛洲坝电站发电机转子励磁绕组老化严重,且部分结构存在优化改进空间。为了使改造后的转子励磁回路电流密度与绝缘等级都能够达到改造增容后设计标准,在葛洲坝电站机组改造增容过程中,对转子磁极、转子引线、滑环装置分别进行了改造工作。

图 3.2-8 转子

一、转子结构设计

（一）磁极线圈

新磁极线圈绕组采用无氧退火铜质材料，通过绕制连续挤压塑性加工而成的铜排，经银铜焊接而成。磁极线圈（见图 3.2－9）匝间垫以 F 级绝缘材料，与铜排热压成整体结构；绕组匝间绝缘与相邻匝完全黏合且突出每匝线圈表面，首末匝与极身和托板间有防爬电的绝缘垫。为了更好地散热，磁极线圈采用异型铜排，使绕组外表面形成带散热翅的冷却面。

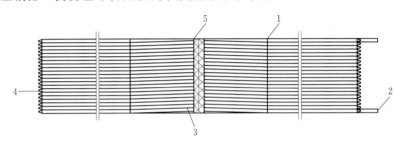

图 3.2－9　磁极线圈

1—铜排；2—引出头；3—匝间绝缘；4—散热翅；5—加固绑带

（二）磁极极身绝缘

转子磁极极身绝缘采用在铁芯表面绕包绝缘纸，层间涂刷室温固化环氧胶方式；为了保证磁极线圈良好固定，在运行中不会发生窜动现象，磁极线圈与铁芯间口部间隙采用以包裹层压玻璃布板的浸胶涤纶毡填塞间隙方式。为防止异物、粉尘、潮气进入磁极口部间隙影响磁极运行寿命及绝缘性能，在磁极线圈与铁芯口部间隙填塞后，磁极口部间隙采用完全封堵方式。

（三）磁极线圈限位方式

转子磁极绕圈由原铁芯两端限位块限位变为铁托板固定限位方式，增加了限位点，提高了限位能力。

（四）滑环

滑环用不导磁的高抗磨材料制成，采用支架式整圆结构，由绝缘螺杆固定在支架上，支架通过键固定在上端轴位置；采用 H 级绝缘材料，通过适当厚度的绝缘盘，将集电环、绝缘螺杆隔开，以保持所需的电气距离和爬电距离。滑环环面采用螺旋状沟槽结构，可增加散热面积，增强通风能力，亦不利于碳粉堆积。在滑环上下端面，加装导风叶，导风叶的安装，会增强滑环室内风量，不利于碳粉的堆积；同时，可增强滑环装置散热能力。

滑环见图 3.2－10。

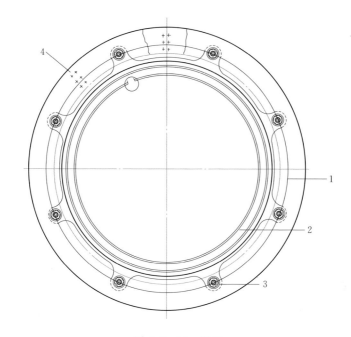

图 3.2-10　滑环

1—集电环；2—支架；3—绝缘盘；4—大轴引线连接部位

（五）刷架

刷架由导电环、刷握及插拔式电刷等部件组成，见图 3.2-11。

上下导电环均采用分瓣式整圆结构，由尺寸相同的 6 段拼接形成整体，通过绝缘螺杆固定在上机架中心体内或支架上，沿周面交错位置布置。

电刷的选择综合考虑了电刷材质、开口气孔率、密度、比重、最大线速度、允许电流密度等参数，最终选用适合低转速的 E468 电化石墨碳刷。电刷采用插拔式结构（见图 3.2-12），可在机组正常运行时取出或重新装入。

（六）电气连接部位工艺

为增强转子励磁回路的过流能力，所有转子励磁回路电气连接部位接触面均采用镀银工艺（见图 3.2-13）。

二、改造与未改造设备安装接口

为了尽可能在利用旧设备的基础上达到发电机转子改造后增容目标要求，同时增强整个定转子的通风冷却效果，通过系统的校核与计算，确定了发电机转子的改造方式：保留转子支臂，在转子支臂上增加挡风板；保留转子磁轭、上端轴以及转子磁极铁芯，将转子磁极线圈及其相关附件、转子引线及引线支

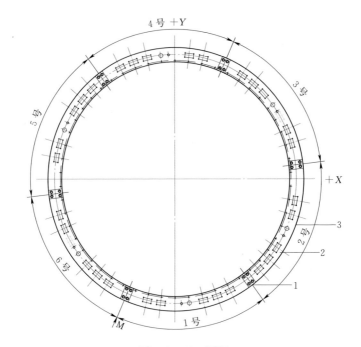

图 3.2 - 11　刷架

1—励磁电缆连接部位；2—刷握；3—导电环

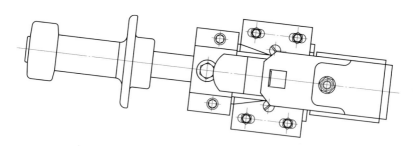

图 3.2 - 12　插拔式电刷

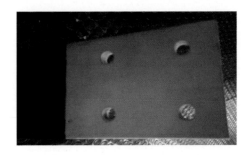

图 3.2 - 13　电气连接部位镀银

架、滑环装置全部进行更换，确保转子励磁回路电流密度、绝缘等级、冷却散热效果与机械强度都能够达到发电机改造增容设计标准要求。

第三节 发电机配套设备

一、推力轴承油雾吸收装置

葛洲坝电站机组是 20 世纪 70 年代设计的，原推力轴承没有设置油雾收集装置。推力油槽产生的油雾一部分通过油槽盖与大轴之间的间隙和呼吸器溢出，大量的油雾在转子旋转作用下随着气流进入定子，与风洞内的粉尘混合形成油泥沉积在铁芯及定子、转子绕组表面，污染了绕组和堵塞定转子通风沟，从而增加通风阻力，导致绕组散热效果下降，造成绝缘性能降低，影响机组正常运行甚至发生事故；一部分油雾冷凝后滴落在风洞内的通道和滑铁板上，造成行走不便，人员滑跌时有发生。因此，急需设计一套推力油雾吸收装置，收集推力油槽产生的油雾，防止油雾外泄影响机组安全运行，改善现场工作环境。

油雾吸收装置在结构设计上，考虑到空间尺寸有限，选取了静电过滤原理设计，尽可能满足安装条件。油雾吸收装置安装在油槽盖上方，高度与转动部分有200mm 间距，吸收管路与原油槽呼吸孔相连接，同时考虑因吸收负压对油槽油位造成波动影响，在其他呼吸孔上增加补气装置。油、气分离后，净化后的油通过装置下方的回油管流回到油槽，不会导致油槽油位波动。自油雾吸收装置投运后，风洞内的油雾情况得到改善，原油槽盖上面沉积的一层油的现象不见了，说明增设推力轴承油雾吸收装置是成功的。推力轴承油雾吸收装置见图 3.2 - 14。

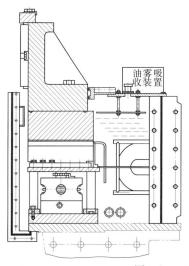
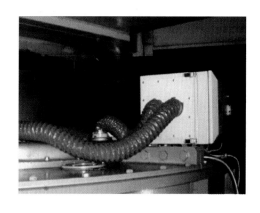

图 3.2 - 14　推力轴承油雾吸收装置

二、制动器及粉尘吸收装置

葛洲坝电站机组制动方式为机械制动。其机械制动器有两种结构：一种为自复归制动器（见图 3.2 - 15）；另一种为气复归制动器（见图 3.2 - 16）。

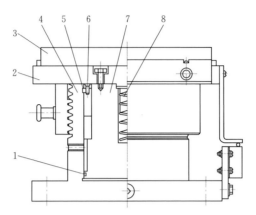

图 3.2 - 15　自复归制动器

1—O 形密封；2—制动托板；3—制动板；4—活塞缸；

5—弧键；6—沉头螺钉；7—活塞；8—弹簧

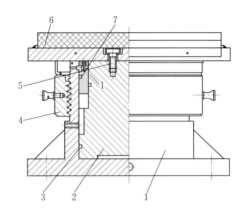

图 3.2 - 16　气复归制动器

1—活塞缸；2—活塞；3—O 形密封；4—锁定螺母；

5—螺栓；6—制动板；7—O 形密封

经过多年运行，制动器暴露出的问题较多，制动器在制动时产生大量的粉尘，粉尘与轴承油槽溢出的油雾混合后，附着在发电机定子、转子线棒和绕组上，严重影响到绝缘和使用寿命；机组停机制动后，出现卡涩无法复归，利用撬杠强行才能复位，从而造成机组开、停机工作时间延误，与电站无人值班

（少人值守）现代化管理要求极为不符，对制动器改造并增设粉尘吸收装置势在必行。

为提高机组制动自动化控制水平，在制动器改造时，既要考虑机械制动能力，为解决制动器卡涩问题，设置了导向键，增设了偏心力矩的设计，又要考虑到能实现自动化控制的功能。将所有制动器改造为带气复归制动器结构，见图 3.2-17。在行程上也做了改进，将制动器行程由 25mm 增加到 40mm。改造后的制动器经过几年的实际运行，各方面性能指标良好，检修维护量减少，未再次发生卡涩无法复位的现象，证明制动器的改造是成功的，达到预期目标。

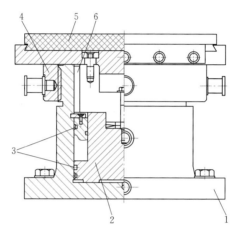

图 3.2-17　带气复归制动器结构

1—活塞缸；2—下活塞；3—O 形密封；4—锁定螺母；5—制动闸板；6—导向键

旧制动器未设置粉尘吸收装置，在制动器停机制动过程中，制动环与闸板摩擦产生的粉尘在风洞内循环，对定子、转子、风洞内其他设备产生污染，尤其与油雾混合后，附着在电气设备表面，对绝缘造成损伤，在制动器上增设粉尘收集装置很有必要。考虑到空间的限制，特设计制造一套整体式粉尘收集装置，整体式无尘制动装置主要由制动器、粉尘收集装置及多路集中控制箱组成，可实现水轮发电机组制动停机的同时有效的回收制动粉尘，从而真正实现无尘制动，为电站的自动化运行提供了更加可靠、有效的保证。制动器及粉尘吸收装置见图 3.2-18。

三、碳粉吸收装置

葛洲坝机组原滑环设计、制造是我国 20 世纪 70 年代的水平，为敞开式滑环装置。没有考虑滑环在运行中的自维护功能和电刷累积磨损后碳粉的堆集问题。在运行中很容易出现因碳粉堆集而引起的极间及接地短路故障，因集电环

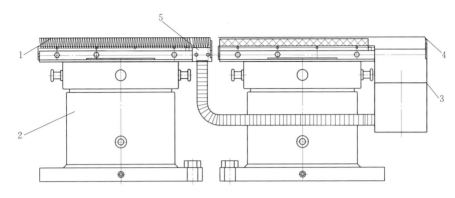

图 3.2-18　制动器及粉尘吸收装置

1、4—毛刷；2—制动器；3—整体吸尘装置；5—集尘盒夹板

与碳刷接触面温度过高引起的打火故障等隐患，一方面影响设备安全运行；另一方面给检修带来较大的工作量。

在本次改造中，将滑环装置由原敞开式结构改为半封闭式结构。增加碳粉收集装置后，利用集电环的旋转产生径向风压，并在隔离腔外加装抽风管道和抽风风机构成透风系统。沿集电环、隔离腔、抽风管道和抽风风机、过滤器、大气形成旋转风路。在运行中，将因磨损而产生的碳粉抽离滑环装置并吸收，并对滑环装置有冷却作用，从而保证滑环装置的清洁及温升正常，提高设备运行的可靠性。

改造前滑环装置见图 3.2-19。改造后增加碳粉吸收装置的滑环装置见图 3.2-20。

图 3.2-19　改造前滑环装置

图 3.2-20　改造后增加碳粉吸收装置的滑环装置

四、定子灭火装置管路改造

发电机定子灭火装置此次改造中，从结构设计方面没有新的变化，仍采用原结构，材质方面做了更新，旧灭火装置采用镀锌管材质，喷水口是在管道上打孔，此次改造中采用了不锈钢管，喷水口采用了喷雾嘴结构设计。

第四篇
水轮发电机组改造增容施工

水轮发电机组改造增容，往往需要很长时间，而且水轮发电机组安装质量的好坏将直接影响电能的性能和质量。要得到最佳的安装质量，在很大程度上取决于水轮发电机组施工中的工艺控制。因此，重视水轮发电机组的施工是非常必要的，同时需要全过程、全方位对改造增容过程进行把控。

本篇针对水轮发电机组改造增容工期控制、拆卸、安装过程及工艺控制等进行叙述。

第一章　水轮发电机组改造工期控制及流程

水轮发电机组改造工期为整个施工提供参考，工期的制定与实施受多方面的因素影响。设备制造、供货将直接影响机组改造工期，其决定着机组改造起始时间、改造周期和同时改造机组数量。同时，设备监造对工期也有着客观重要的作用，设备质量是否达到要求直接关系到改造过程进行是否顺利如期，而设备监造是设备质量把控的一个重要环节。

第一节　机组改造工期控制

一、工期控制原则

机组施工工期受多方面因素的影响，需要综合考虑。既要保证机组改造增容能够按照计划实施并完成，又要保证经济利益最大化。

（1）安装场限制，葛洲坝电站共有 3 个转子、转轮安装场（大江电站 2 个，二江电站 1 个）。

（2）厂房桥机的调度使用限制，葛洲坝电站二江电站厂房有两台 300t/300t 桥机，大江电站厂房有两台 260t/260t 桥机，两台 30t 桥机。

（3）受厂房空间场地的限制，考虑厂房内机组大部件摆放需要足够空间以便起吊、翻身等，同时各部件之间区域有交叉作业影响，要求同时施工机组相隔距离尽量远。另外，机组各部件摆放位置及数量需考虑厂房地面承重量。

（4）根据机组 A、B 级检修时间间隔的长短、机组状态评估得出的运行状况，以及当年来水情况，确定机组改造顺序。

（5）参考机组运行情况，考虑到机组存在运行缺陷的优先考虑改造。另外，葛洲坝电站 3 号机组、14 号机组水轮机优先考虑改造。在同等条件下，由于 3 号机组、14 号机组发电机已经改造完成，优先改造其水轮机可以获取更多电量，并检验水轮机增容的效果。

（6）在施工工期、场地允许的条件下，尽量安排水轮机、发电机同时改造，减少施工量。考虑到临时调换改造机组的可能性，要求两种改造机型的供货进度尽量均匀。

（7）根据实际工程量确定，水轮机部分的改造包括水导、主轴密封、转轮和导流锥等改造工作；发电机部分的改造包括定子铁芯、定子绕组、定子灭火装置、定子下挡风板、转子磁极线圈、滑环装置、相关 13.8kV 设备等改造工作。

二、水轮机改造、发电机改造及水发同改的工期

大江电站、二江电站一共有 3 个安装场地，在当初设计时是按照每个安装场同时满足一台机组扩大性大修（A 修）设计的，即葛洲坝区域能够同时满足 3 台机组的增容改造工作，葛洲坝电站机组数量较多，按照每年完成 3 台机组改造增容的速度进行测算，仅改造工程施工阶段就需要 7 年的时间，加上前期的可行性研究、水轮机转轮水力设计、改造部件结构设计、设备部件生产制造各环节，完成整个电站机组的改造任务需要 10 年以上时间。

在项目实施进度编制中充分利用二江电站和大江电站共设置有 3 个安装场的条件，考虑到葛洲坝电站机组更新改造的主要效益来源于水轮机汛期的低水头超发电量和高水头的效率电量，发电机容量的效益相对较少。另外，从制造周期考虑，水轮机制造周期 18 个月，发电机制造周期 12 个月，首年无法实施水发同改。因此确定先期改造水轮机，再水发同改，最后改造发电机的总体改造滚动计划。

根据工程设计、电站改造经验（尤其是葛洲坝电站 3 号机组、14 号机组改造经验）和葛洲坝电站机组改造范围，按照人员情况进行估算，单改水轮机计划工期 130 天左右，两台改造工期搭接量 10 天左右；单改发电机工期 180 天左右；水发同改工期 225 天左右。

三、施工过程工期优化

由于岁修期间有多台机组的 A 修及改造增容工作，存在工期搭接，同时单台机组在各个步骤的衔接和安排上存在工期搭接，所以对于单台机组的工期以及整个改造增容的总工期，都可以通过合理安排，在保证安全和质量的基础上进行优化，以达到更高的经济效益。具体从以下几个方面进行优化。

1. 增加两轮机组搭接工期

葛洲坝电站机组检修考虑以第一轮机组悬挂工具运出、第二轮机组悬挂工

具安装为搭接点，采用该原则需要考虑桥机的使用，由于第二轮机组搭设排架需要 2 台桥机，与第一轮机组回装阶段冲突，为保证总工期，需将排架搭设时间提前至第一轮机组转轮吊装前。

由于搭接工期较长，大江电站在短期内存在 4 台机组同时排水的情况，需严格提高上、下游门落门的质量、落门程序以及排水期间检修集水井的水位，防止水淹厂房事故；由于两轮机组搭接时间长，检修过程中连续吊转轮、转子以及拆装悬挂等情况较多，桥机、人力资源负荷较重，应提前做好安排。

2. 压缩主轴同铰时间

设备生产厂家能够保证主体设备在汛期到货，利用汛期时间提前进行新转轮组装。转轮提前预装机组的主轴同铰及联轴螺栓加工为直线工期，通过与制造厂沟通，要求其主轴同铰及螺栓加工工期控制在 25 天，比原计划 35 天减少10 天工期。

新转轮组装至缸盖时，需等待同铰及联轴螺栓加工，将占用 1 号检修坑，第一轮 1 号机组旧转轮占用 2 号坑，因此第一轮 2 号机组提前开工无检修坑放置转轮，开工时间需与第一轮 1 号机组相隔 15 天。

3. 优化工序

大江电站厂房可同时进行两台机组的水发同改，对其中 1 号机组工序进行优化，即在 1 号机组定子铁芯改造施工完成后，吊出定子检修排架和钢平台，然后进行机组回装。直至机组推力轴承回装完毕，再吊入定子检修平台，进行定子改造工作。

对 1 号机组工序进行优化后，使 1 号机组与 2 号机组停机间隔能够缩短至6 天（优化前需间隔约 15 天），错开了中频焊接工作，一定程度上避开用工高峰。

第二节　机组拆卸及回装流程

葛洲坝电站水轮发电机组改造增容主要包括水轮机部分及发电机部分改造，本节依据水发同改的情况以流程图的形式介绍机组拆卸及回装流程（见图4.1-1）。

葛洲坝电站机组改造增容水发同改主要包含 5 大部分：机组拆卸、新转轮组装、定子改造、转子改造、机组回装。在整个水发同改流程中，转轮安装拆卸、转子改造不占直线工期，可与其他工序同时进行。机组中心高程确定是整个流程的关键点，在机组拆卸、定子改造、转子改造、机组回装阶段，均涉及中心高程。对于机组中心高程的确定将在后续章节详细介绍。

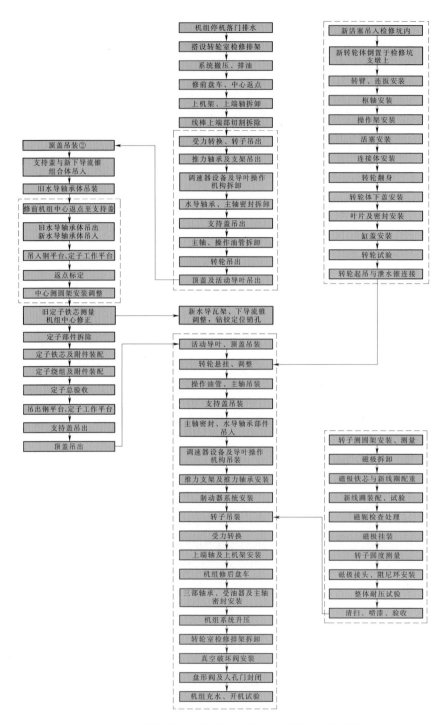

图 4.1-1　葛洲坝电站机组改造增容水发同改主要流程

第三节 机组改造中心及高程确定

在葛洲坝电站机组改造增容过程中，机组中心和高程的确定是关系改造增容能否成功的关键环节。葛洲坝电站机组已运行多年，转轮室、座环表面出现了不同程度的磨损和空蚀，常规的由转轮室中心往上返点的方法不可行，同时，以座环为基准确定改造部件安装高程的方式也不可行。因此，需要寻找简单、高效、准确度高的方法以确定改造设备安装的中心和高程。

一、中心高程的确定原则

水轮发电机组安装后，应保证机组转动部件与固定部件间隙、水平及高程均满足设计要求。葛洲坝电站原机组装机时，按照设计要求确定转轮室中心及高程，其他部件均以转轮室中心及高程为基准进行安装，以保证间隙、水平及高程满足要求。然而，葛洲坝电站机组经数十年运行后，转轮室表面出现了不同程度的磨损和空蚀，现中心与初装时中心存在偏差，因此不能以现转轮室中心为基准来确定改造部件的安装中心。

在拆卸前对机组进行盘车，通过水导及上导轴承调整机组轴线，直至镜板水平、定转子间隙、转轮室间隙和空气围带间隙均满足标准要求，以此时机组中心为基准来确定改造部件的中心，能够保证改造后各部件的同心度和水平满足要求。考虑修前盘车水导中心可精确测量，同时，以水导中心来返点有利于控制改造工期。因此，确定以机组修前盘车水导中心为基准对改造部件进行安装。

按照设计要求，改造后定子铁芯中心线高程应与转子磁极中心线高程一致。在葛洲坝电站发电机改造过程中，磁极铁芯不进行更换，其中心线高程在改造前后基本不变，因此可以以修前磁极中心线高程为基准来调整定子中心线高程。主要调整原则如下：

以改造前转子磁极中心线平均高程来确定新定子中心线目标高程，并计算出下齿压板压指安装高程。

根据计算出的下齿压板压指高程来安装下齿压板，在定子叠片完成后，测量改造后定子中心线实际高程，并根据该高程来安装调整磁极挂装高程。

二、机组改造中心返点

机组中心的确定是改造过程的关键技术环节，直接关系到改造的成功与否。机组改造中心以修前盘车合格后的水导中心为基准，确定改造部件（水导轴承体、主轴密封底座、导流锥、定子铁芯），中心返点流程见图 4.1 - 2。

水导轴承固定在支持盖导流锥上，为便于架设钢琴线测量水导中心，中心

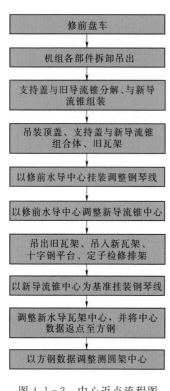

修前盘车

机组各部件拆卸吊出

支持盖与旧导流锥分解、与新导流锥组装

吊装顶盖、支持盖与新导流锥组合体、旧瓦架

以修前水导中心挂装调整钢琴线

以修前水导中心调整新导流锥中心

吊出旧瓦架、吊入新瓦架、十字钢平台、定子检修排架

以新导流锥中心为基准挂装钢琴线

调整新水导瓦架中心，并将中心数据返点至方钢

以方钢数据调整测圆架中心

图 4.1-2　中心返点流程图

返点时将求心器安装于支持盖上法兰面。为了保证中心返点过程中，支持盖的状态与机组运行时一致，在机组部件全部吊出机坑后，需将顶盖、支持盖、水导轴承体依次吊入机坑安装。同时，为了确定顶盖、支持盖、水导轴承体的状态是否与机组拆卸前一致，采取了以下措施：

（1）在顶盖与基础、顶盖与支持盖、支持盖与旧水导轴承体之间均对称焊接 4 个位移监测装置，见图 4.1-3 和图 4.1-4，用以监测旧水导轴承体相对基础的位移变化情况，即以旧水导轴承体为基准测量出的水导轴承中心与修前盘车时水导中心存在多大偏差。

（2）在支持盖吊出前，测量支持盖水平度，返点吊入支持盖时，监测水平度变化量，以确定支持盖与拆卸前的水平度是否一致。

机组拆卸完成后，依次吊入顶盖、支持盖与导流锥组合体、旧水导轴承体。确认监测数据正常后，通过修前水导中心（测点为盘车时轴承体上的测点）在支持盖中心架设钢琴线，钢琴线调整合格后，调整导流锥使钢琴线位于其中心位置，并测量导流锥上对称 4 个方向测点到钢琴线的距离，从而将水导中心返点至导流锥上。

再次吊出旧水导轴承体，并依次吊入新水导轴承体、十字钢平台、定子检

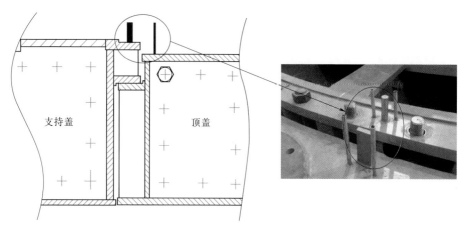

图 4.1-3　顶盖与支持盖位移监测点

修排架，并在十字钢平台上架设钢琴线，以导流锥中心为基准调整钢琴线。钢琴线调整合格后，调整新水导轴承体使钢琴线位于其中心位置。同时，分别测量十字钢平台上对称 4 个方钢到钢琴线的距离，该组数据可反映钢琴线相对方钢的位置。最后吊入定子测圆架，通过方钢上的测点中心确定测圆架的位置。定子测圆架调整时须兼顾其中心和垂直度要求。返点测量示意图见图 4.1-5。

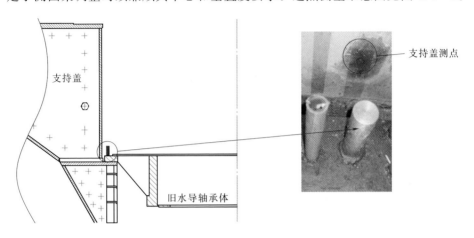

图 4.1-4　支持盖与旧水导轴承体位移监测点

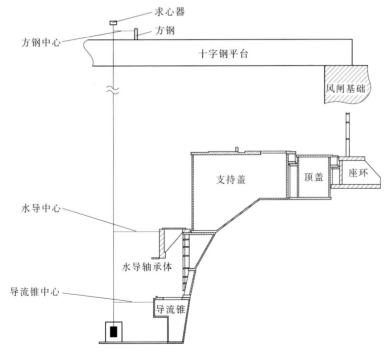

图 4.1-5　返点测量示意图

三、机组改造高程的确定

（一）改造前转子磁极中心线高程的确定

定子和转子高程的测量必须使用相同的测量基准点。在葛洲坝电站发电机改造增容过程中，选取风闸底板作为高程的测量基准点。实际操作时仅选取一个点作为基准点即可，但为了互为备用，一般选取互为 90°的两个测点作为高程测量的基准点。

在机组盘车合格后，制动器撤除情况下，分别测量风闸底板上 A 点到制动环上的最小距离，并将对应位置 B 点在制动环上标记清楚。当转子吊出后，用水准仪测量磁极中心线到 B 点的高度差 j。转子磁极中心线相对于风闸底板上测量基准点 A 的高程为 $h=j+m$，见图 4.1-6。

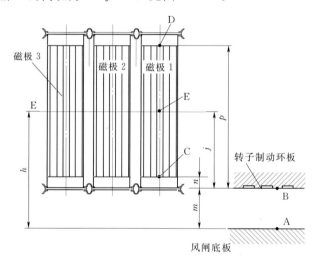

图 4.1-6　转子磁极中心线高程计算示意图

在测量高程前，需先将转子调整水平，满足上法兰面水平度在 0.02mm/m以内。用水准仪测量 96 个磁极中心线相对于制动环上 B 点的高度，计算磁极中心线相对风闸底板上基准点 A 的平均高程。

（二）改造后定子铁芯中心线高程的确定

改造后定子铁芯中心线高程应与改造前转子磁极中心线高程保持一致，而新定子铁芯中心线高程取决于下齿压板调整高程和铁芯最终的高度。因此，下齿压板调整高程需根据改造前转子磁极中心线高程进行计算，即：下齿压板高程＝$h_{改造前}$－新定子铁芯设计高度/2，见图 4.1-7。下齿压板高程测量以风闸底板 A 点为基准，通过水准仪测量并计算下齿压板上端面相对于 A 点的平均高度。根据改造经验，在葛洲坝电站机组安装过程中，考虑定子铁芯安装过程中的下沉以及转子运行时磁极中心线高程的升高，一般对下齿压板高程进行相应调整，但调整后的定子中心线高程和转子磁极中心线高程必须满足相应标准要求。

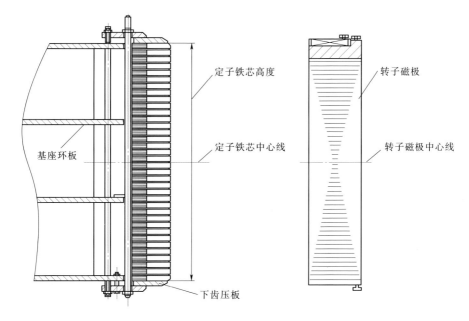

图 4.1-7　定子铁芯中心线高程确定示意图

（三）改造后转子磁极中心线高程的确定

由于发电机转子磁极线圈全部进行更换，因此在磁极回装时，其中心线高程需以改造后定子铁芯高度为基准，应保证新磁极中心线高程与新定子铁芯中心线高程一致，即：$h_{改造后}$＝下齿压板高程＋新定子铁芯实际高度/2。转子磁极改造后，定子中心线高程和转子磁极中心线高程需满足相应标准要求。

第四节　机组改造设备监造

为了掌握了解设备制造厂的生产进度及质量情况，对设备生产安排监造工作，通过监造工作对供货方（包括供货单位的外协单位）的质量保证能力进行审核，完成生产车间的见证和监督，对制造工艺和过程进行见证，对设备的缺陷全过程处理进行监督、见证；对供货范围内的全部设备和整个过程（从材料进厂检验到出厂检验）进行监造，重要工序关键节点参与验收工作；对设备制造质量和交货进度负责，即全过程对制造质量和交货期进行监督和纠偏，保证不合格产品不出厂、不发运，督促供货方按合同进度交货。主要监造方式有：文件审查，全过程驻厂见证，对设备缺陷的处理，现场目击装配、试验、检查的项目，设备包装发货现场指导监督。

水轮发电机及其附属设备制造过程中各部件质量控制点见表4.1-1。

表4.1-1　水轮发电机及其附属设备制造过程中各部件质量控制点

序号	检验部套	检验项目	设备检验形式			
			R	W1	W2	H
1	转轮体	(1) 材料检验（机械性能、化学成分）	√			
		(2) 无损探伤检查			√	
		(3) 精加工尺寸、粗糙度检查			√	
2	转轮叶片	(1) 材料检验（机械性能、化学成分）	√			
		(2) 无损探伤检查			√	
		(3) 叶片轴颈配合尺寸检查			√	
		(4) 叶片外圆尺寸检查				√
		(5) 叶片正、背面型线		√		
		(6) 叶片表面波浪度、粗糙度			√	
3	叶片操作机构	(1) 转臂材料检验（机械性能、化学成分）	√			
		(2) 叶片轴、转臂、连杆、铜瓦及活塞尺寸检查			√	
4	转轮厂内预装	(1) 叶片全开时与转轮体的间隙				√
		(2) 叶片安放角偏差				√
		(3) 叶片密封漏油试验				√
		(4) 转轮静平衡试验				√
		(5) 动作试验				√
		(6) 转轮接力器行程				√
5	水导轴承	(1) 材料检验（机械性能、化学成分）			√	
		(2) 主要零件尺寸检查		√		
		(3) 无损探伤检查		√		
		(4) 轴瓦表面粗糙度检查			√	
		(5) 厂内预装			√	
6	主轴密封	(1) 材料检验（机械性能、化学成分）	√			
		(2) 探伤报告	√			
		(3) 主要零件尺寸检查	√			
		(4) 局部装配			√	
		(5) 压力试验			√	

序号	检验部套	检 验 项 目	设备检验形式			
			R	W1	W2	H
7	导流锥	（1）材料检验（机械性能、化学成分）	✓			
		（2）探伤报告			✓	
		（3）主要零件尺寸检查			✓	
8	定子冲片	（1）硅钢片材质审查	✓			
		（2）首件尺寸检查		✓		
		（3）漆膜厚度抽查			✓	
		（4）绝缘电阻检查			✓	
		（5）外观检查			✓	
9	定子线棒	（1）铜线和主绝缘材质审查	✓			
		（2）尺寸检查		✓	✓	
		（3）绝缘成型后尺寸检查		✓		✓
		（4）介质检查		✓	✓	
		（5）表面电阻		✓	✓	
		（6）电晕、耐压试验		✓	✓	
		（7）击穿试验（根据合同规定）		✓	✓	
		（8）包装发运外观检查			✓	
10	磁极线圈	（1）铜排材质审查	✓	✓		
		（2）磁极线圈尺寸检查		✓	✓	
		（3）匝间试验		✓	✓	
		（4）匝间冲击出厂试验		✓	✓	
		（5）直流电阻		✓	✓	
		（6）外观检查		✓	✓	
11	鸽尾筋	（1）材质审查	✓			
		（2）长度检查		✓		
		（3）平直度检查		✓		
		（4）扭曲度检查		✓		
12	拉紧螺杆	（1）材质审查	✓			
		（2）尺寸检查		✓		
		（3）加工精度检查		✓		
13	油雾装置	出厂检查			✓	
14	碳粉吸收装置	出厂检查			✓	
15	集电环	尺寸、绝缘电阻检查			✓	

第二章 水轮发电机组拆卸

　　葛洲坝电站水轮发电机组改造增容拆卸阶段主要包括机组停机落门排水、搭设转轮室排架、系统撤压、修前盘车、中心返点、上机架拆卸、上端轴拆卸、受力转换、转子吊出、推力轴承及支架吊出、调速器设备及导叶操作机构拆卸、旧水导轴承及旧主轴密封拆卸、支持盖吊出、主轴及操作油管吊出、旧转轮吊出、顶盖及活动导叶吊出等工作。本章节介绍机组拆卸阶段主要工序标准及要求，简述机组拆卸的详细过程。

第一节　机组拆卸阶段检查及测量

　　葛洲坝电站机组拆卸阶段，从机组停机开始至转轮吊出，各个工序均有相应的测量项目及要求，部分测量数据作为检修依据及机组回装参考。对于不同工序设置不同标准质检点要求，以进行质量控制。本节详细罗列各工序需要检测、测量的项目及质检点要求。机组拆卸阶段主要检测项目及要求见表4.2-1。

表4.2-1　　　　　　　　机组拆卸阶段主要检测项目及要求

序号	主要工序	检测项目及要求	质检点
1	机组修前试验	测量导叶主配压阀紧急关机时间、导叶主配压阀紧急开机时间、轮叶主配压阀紧急关机时间、轮叶主配压阀紧急开机时间、主油源事故电磁阀停机时间、事故油源事故停机机时间、二段关闭装置投入点、二段关闭装置关闭时间、事故配压阀复归时间、锁锭投入时间、锁锭拔出时间、卸载时间、输油量、电流值（启动）、电流值（空载）、电流值（运行）、压紧行程测量	Ⓦ
2	活动导叶密封及间隙检查	记录分析检查结果	Ⓦ 📷
3	受油器浮动瓦配合间隙测量	测量上、中、下三部浮动瓦端面间隙，测量浮动瓦内径及受油器操作油管对应位置外径，计算配合间隙。对配合间隙不合格浮动瓦或者受油器操作油管在回装时进行更换	Ⓦ 📷

序号	主要工序	检测项目及要求	质检点
4	修前盘车数据记录	调整机组中心，通过多次盘车使机组中心及水平满足要求。测量上导绝对摆度、操作油管 $\phi 500$（或 $\phi 480$）铜瓦处绝对摆度、操作油管 $\phi 290$ 铜瓦处绝对摆度、水导绝对摆度、镜板水平、空气间隙偏差均满足要求	Ⓗ 📷
5	制动器及大轴高程数据测量	选取基准点，对称 4 个方向测量所有制动器和大轴法兰标高，记录测量结果，作为回装高程参考	Ⓦ
6	转子旧磁极高程及圆度测量	调整转子测圆架中心柱的垂直度，使其满足设计要求。测量并记录转子磁极圆度	Ⓗ
7	旧定子铁芯的内径、高度及中心线高程测量	记录测量数据	Ⓗ
8	推力瓦厚度测量	吊出推力瓦，按标准对推力瓦进行检查，不合格推力瓦进行更换	Ⓦ 📷
9	镜板粗糙度测量	测点做标记，记录测量数据	Ⓦ
10	支持盖水平测量	在支持盖上与推力支架安装法兰面 X、Y 方向测量支持盖水平，作为新部件预装参考。测点做标记，记录测量数据	Ⓦ
11	顶盖与支持盖位移监测数据测量	在顶盖与支持盖间、顶盖与机坑里衬间做位移监视点，测量记录监视点数据，供机组中心返点时参考。测点做标记	Ⓦ
12	转轮标高测量	记录测量数据作为转轮安装高程参考，基准点保护	Ⓦ
13	转轮室壁厚测量	测点做标记，记录测量数据	Ⓦ

第二节　机　组　拆　卸

本节详细讲述机组拆卸整体过程。按照葛洲坝电站机组实际拆卸流程逐步讲解各部件拆卸工艺、方法以及注意事项，以及拆卸过程中的重点环节和关键数据。

一、修前准备

在机组各部件拆卸、吊出之前，从工期、安全、质量等各方面考虑需做好相应的准备工作，以便机组安全顺利拆卸。

机组停机后，进行上机架盖板拆卸工作。拆除外围整圈盖板，拆除内圈 $\pm X$、$\pm Y$ 之间位置各两块盖板便于搭设排架、安装悬挂工具时桥机钢丝绳通过。拆卸后整齐摆放，并及时挂好安全网，机坑外围布置围栏，悬挂安全警示标识，做好安全防范工作。

上机架盖板拆卸及机坑围栏、安全网铺设见图 4.2-1。

图 4.2-1 上机架盖板拆卸及机坑围栏、
安全网铺设

待机组落门排水后，开启蜗壳进人门、尾水进人门、锥管进人门，各人孔门开启后，做好安全防护及照明工；拆卸真空破坏阀，用环吊将其吊起放置在支持盖空挡内，后期随支持盖一起吊出检修及维护。真空破坏阀拆卸后，放置位置不能遮挡转轮室排架搭设时钢丝绳通过；搭设检修排架，在尾水管将排架龙骨组装完成后通过桥机提升至转轮室下环，用葫芦固定在转轮室下环吊耳上，通过锥管进人门将木板送入并铺设固定在龙骨上；进行机组修前试验，修前试验数据作为后期回装参考，不合格项须在机组后期检修及回装中进行处理和调试；测量活动导叶立面、端面间隙；测量间隙前，在外围固定导叶架设整圈安全网，以防止作业人员跌落。

待机组各项修前准备工作完成后，全关转轮轮叶，焊接叶片挡块，机组撤压排油。

二、修前盘车

修前盘车主要为了了解机组修前运行状态，同时为机组中心返点、回装提供参考依据。

依次拆除机头罩、瓦套、受油器体、固定油盆、转动油盆。由于该部分未改造，各部件拆除时需要做好相应方位标记以便回装，拆除后及时做好维护保养、浮动瓦数据测量工作。拆卸完成后，分别在上操作油管＋X、＋Y 方向上、中、下浮动瓦处架设百分表。

上导排油后依次进行油槽盖、密封盖、分油板拆卸，拆卸时，均需做好相应记号，以便回装。将上导抗重螺栓旋出部分，确保未脱离瓦背面凹槽，防止盘车过程中上导瓦移动，用顶丝将上导轴承中心调整至修前中心并抱瓦，分别在上导瓦架＋X、＋Y方向架设百分表。

水导排油后，拆除油槽盖，将水导抗重螺栓松动后旋出部分，确保抗重螺栓未脱离水导瓦背面凹槽，防止盘车过程中水导瓦移动，用顶丝将水导轴承中心调整至修前中心并抱瓦，分别在水导瓦架＋X、＋Y方向架设百分表。

主轴密封需要将地脚螺栓拆卸后，水封整体用葫芦挂在下油盆上，将空气围带拆除，使其具备盘车条件。上压板、水箱、下压板等各部件可等盘车后再逐个分解拆卸，其不影响直线工期。

通过盘车工具让转子低速转动，测量上操油管摆度、上导摆度、镜板水平、水导摆度以及空气间隙、围带间隙、转轮室间隙。然后根据相应数据通过顶丝推上导、水导对机组轴线中心进行调整，以达到各项数据均在合格范围内的最优值为止。此时的轴线中心作为机组中心返点、回装的参考依据。摆度测量见图4.2-2。镜板水平测量见图4.2-3。

图4.2-2　摆度测量

图4.2-3　镜板水平测量

盘车数据合格后，通过盘车工具将叶片悬挂孔中心与转轮室上环悬挂孔中心对正，安装悬挂工具，见图4.2-4。

三、受力转换

由于转子与主轴连接，无法直接起吊转子，必须先将转子与主轴松开，在所有联轴螺栓全部松开之前，须将大轴及转轮放置在转轮悬挂上，也就是将大轴及转轮

图4.2-4　叶片悬挂安装

的重量由推力转换到转轮悬挂上。

用风闸将转子顶起一定高度,见图4.2-5(机型二的推力头由于直接用螺栓与转子进行连接,顶转子前需要先松掉转子推力头连接螺栓)。该高度值为转子止口高度+转子扰度+镜板与推力头之间间隙(该间隙为3~5mm,因为镜板背面有一道O形密封,推力头采用热套和卡环的形式与大轴过盈配合,该间隙为防止热套后的推力头与密封直接接触,高温引起密封失效,机型二的推力头没有热套,不需要考虑该间隙),顶起过程中,在推力头与推力油槽密封盖之间+X、+Y方向架设百分表监视其行程,见图4.2-6,以免超过计算顶起高度。

图4.2-5 风闸顶转子 　　　　图4.2-6 百分表监测位移

顶转子的过程中由于风闸行程所限,且制动环与风闸之间有一定距离,顶转子的过程要分多次,采用左右风闸加闸板交替顶转子的方式。

待转子顶起至设定高度后,调整转轮悬挂斜垫片使其与叶片背部基本吻合,旋紧悬挂螺杆两端螺母。

受力转换之前可先拆卸12颗转子联轴螺栓,在对称方向留4颗螺栓待受力转换时拆卸。转子联轴螺栓拆卸前,刨除螺母挡块并打磨平整,防止拉伸器底座不平引起拉伸头无法安装或丝扣粘牙。

将具有4同步的液压拉伸器分别安装到最后的4颗螺栓上分多次进行拉伸,螺栓每次被拉伸后,同时旋松4个螺母,要求螺母退掉的丝扣需一致且不应大于拉伸器的最大行程,以免损坏拉伸器。螺母松掉后将拉伸器泄压,这时主轴会连带螺栓一起随之下落,待拉伸器回复后,再重复前面所述拉伸动作,最终使主轴上法兰完全脱开,转轮和大轴的重量全部由悬挂承担为止。为保证主轴在下降过程中不倾斜,要设专人随时监视两法兰之间的开度和立面间距,使之在下降过程中各处近似相等。

四、上机架及上端轴拆卸

上机架为辐射式非负荷机架,共有12个可拆支臂。上机架消防水管、冷却水管、工字梁在盘车前可先拆卸。拆卸上机架千斤顶螺栓、地脚螺栓、立柱螺栓，吊出上机架并摆放至厂房大厅指定位置，见图4.2-7。

上机架吊出后进行上端轴拆除，吊出放置在厂房大厅指定位置进行维护保养，并在转子上方安装假轴，为转子起吊做准备。

五、转子吊出

转子部分仅进行磁极改造，转子吊出前，对转子与大轴销钉、方键均要做好相应记号，以便回装；转子支墩需要进行标高测定调整水平。安装好转子专用吊具，转子吊出后，放置在支墩进行后续改造工作。转子吊出见图4.2-8。

图4.2-7　上机架吊出　　　　　　　　图4.2-8　转子吊出

六、推导轴承部件拆卸

整个推力轴承安置在水轮机支持盖上，推力轴承采用液压式三波纹弹簧油箱支撑结构，轴承共有18块扇形瓦，在油槽内装有18个抽屉式油冷却器。

推力油槽排油后，先拆除附属设备。拆除推力油冷器，推导油槽密封板、盖板，分解外围推力冷却水管，推力油冷器及水管法兰用塑料薄膜包扎，以防进入杂质。再进行各主要部件的拆卸吊出。

（一）推力头镜板拆卸吊出

机型一的推力头采用热套和卡环的形式与大轴过盈配合，拆卸前先拆除推力头镜板连接螺栓，然后对推力头进行加热膨胀至与大轴有间隙之后将其吊出，随后将镜板吊出。机型二的推力头直接与转子连接，不需要加热。推力头加热见图4.2-9。镜板吊出见图4.2-10。

拆卸后，推力头均放置在支墩上进行维护保养；镜板进行翻身，放置在镜板研磨机上对工作面进行研磨处理。

（二）推力支架吊出

推力支架吊出之前，先进行风闸标高测量及拆卸、挡风板拆卸工作。该标高作为新风闸回装参考，标高测定完毕后，将风闸吊出，然后将下挡风板吊出放置在厂房大厅进行维护保养。

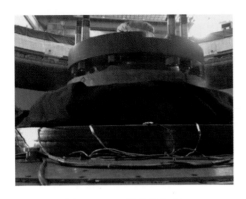

图 4.2-9　推力头加热

图 4.2-10　镜板吊出

拆除推力支架地脚螺栓，将推力支架吊出至一定高度后，将下挡风板支撑（牛腿）拆除并放置在外围通道内，推力支架吊出放置在厂房大厅进行维护保养。

推力支架吊出见图 4.2-11。

（三）推力内挡油筒拆卸

在推力头、镜板拆卸之前先将推力内挡油筒拆卸，用桥机放置在水导油槽盖上，分解为两瓣，待推力支架吊出后，将其吊至厂房大厅进行维护保养。

图 4.2-11　推力支架吊出

七、接力器、分油器及外围环管拆卸

接力器、分油器及外围环管不进行改造。拆卸前，各部件均要做好相应记号，以便回装。拆除接力器与控制环连接销子后，接力器、控制环随支持盖一并吊出，在厂房大厅再吊出检修。环管拆除分解后，待推力支架吊出，再吊出放置厂房大厅，以及其他接力器支管进行维护保养。

八、水车室部件拆卸吊出

水车室部件拆卸包括导水机构、水封水导各相关部分部件的拆卸，其拆卸工作盘车完成后均可进行，该部分拆卸工作不计入直线工期，各部件吊出工作在推力支架吊出之后进行，计入直线工期。

（一）导水机构各部件拆卸

导水机构为连杆式结构，采用销钉铆接，其包括端盖板、连杆销、分半键、拐臂。拆卸前与相对应导叶均要做好标记，以便回装。拆除端盖板、分半键，解开拐臂与活动导叶连接；用液压千斤顶拆除连杆销，解开连杆与拐臂连接，连杆随支持盖一同吊出；采用液压千斤顶将拐臂与导叶轴颈脱开，拆卸过程中注意保持拐臂水平状态。连杆销拆卸见图4.2-12。拐臂拆卸吊出见图4.2-13。

图 4.2-12　连杆销拆卸

图 4.2-13　拐臂拆卸吊出

　　分半键、拐臂拆卸可根据现场情况设计简易工装配套使用液压千斤顶，大大提高工作效率。

（二）水导水封各部件吊出

　　水导轴承部件包括油箱盖、水导瓦、水导瓦架、下油盆、内挡油筒及进回油管。内挡油筒与下油盆分解后，悬挂在大轴轴领内，其余各部件拆除分瓣后逐个吊出。

　　主轴密封部件包括上压板、水箱、下压板、底座、密封圈以及进水管、测压管、进气管。各部件拆除分瓣后逐个吊出。水导瓦架吊出见图4.2-14。

九、支持盖拆卸吊出

　　拆卸部分支持盖螺栓后，分别在±X、±Y方向安装导向杆，待全部螺栓拆卸完成后，用顶丝将支持盖与顶盖整圈均匀分离一定距离后，进行支持盖的吊出，见图4.2-15。

图 4.2-14　水导瓦架吊出

图 4.2-15　支持盖吊出

机型一只改造锥体下环，支持盖吊出之前，整圈均匀拆松锥体下环连接螺栓（不能完全拆除，该螺栓还需要承重），整体吊至厂房大厅后，将其与支持盖分离开，以便进行中心返点。

机型二的导流锥整体进行改造，导流锥螺栓待返点至支持盖后再松开，支持盖吊出后整体放置在专用支墩上。

十、主轴及操作油管拆卸吊出

（一）主轴拆卸

拆卸主轴护罩螺栓，吊出主轴护罩。将定子检修排架吊入机坑，便于主轴吊具、操作油管吊具的安装。大轴与转轮联轴螺栓用液压扳手拆卸，主轴与缸体法兰面由于重力等原因导致咬合力较大，可能引起桥机无法直接将主轴提升至与缸体法兰面脱开，需要在主轴法兰面侧面焊接挡块（数量视具体情况而定），挡块与缸体之间架设 100t 液压千斤顶辅助桥机将主轴与缸体法兰面脱开。联轴螺栓拆除见图 4.2-16。主轴吊出见图 4.2-17。

图 4.2-16　联轴螺栓拆除　　　　　　图 4.2-17　主轴吊出

（二）操作油管拆卸

操作油管吊出厂房大厅后，分段拆卸，进行维护保养以及组合面密封更换、螺栓止动处理。

十一、转轮吊出

先拆除缸体护罩螺栓，护罩吊出后，对缸体与转轮连接螺栓进行冲淤及除锈处理，便于后期螺栓拆卸。安装好转轮吊具，桥机将转轮提升使其与悬挂工具完全脱开后，拆除 M120 悬挂螺栓。起吊前松开泄水锥螺栓使其与下盖整圈均匀脱开（不能完全拆除，该螺栓还需要承重），转轮吊出后，将泄水锥放置在泄水锥拆卸专用工具上拆卸，转轮吊至检修坑进行拆卸作业。转轮吊出见图 4.2-18。

十二、套筒、顶盖及活动导叶拆卸吊出

（一）套筒拆卸

由于套筒吊出后顶盖部位存在很多孔洞，对整个检修作业形成安全隐患，故待各部件吊出之后，顶盖吊出之前进行，套筒螺栓及销子可在前期拆卸。顶盖上套筒拆卸为高空临边作业，需要将整个顶盖中间的孔洞用安全网覆盖。导叶套筒吊出见图 4.2-19。

图 4.2-18 转轮吊出　　　　　　　图 4.2-19 导叶套筒吊出

（二）顶盖拆卸吊出

顶盖螺栓可在支持盖拆除之前拆卸，顶盖吊出前，进行顶盖内部冲淤并将水晾干，防止其吊出放置厂房大厅时对厂房大厅造成污染。顶盖吊出见图 4.2-20。

图 4.2-20 顶盖吊出

（三）活动导叶拆卸吊出

顶盖吊出后，将 32 个活动导叶逐个吊出，活动导叶需要运出加工导叶立面密封槽，对于气蚀部分进行补焊处理，对活动导叶下轴套进行检查、更换处理。活动导叶吊出见图 4.2 - 21。

图 4.2 - 21　活动导叶吊出

第三章　水轮机主要部件改造

根据改造增容设计目标要求，为了使改造后的水轮机能够长期安全稳定运行，并借此改造增容机会，消除机组安全隐患，在水轮机改造过程中，主要对转轮、主轴密封、水导轴承、导流锥、活动导叶立面密封、真空破坏阀、蜗壳门及尾水门进行相关改造工作。

第一节　转　轮　改　造

一、转轮组装

（一）组装前的准备

（1）转轮改造设备到货后，及时开箱检查、清洗转轮装配所有零部件。清洗完后，对所有间隙配合处进行测量，如活塞杆、各铜瓦、枢轴的尺寸，并校核各配合间隙是否满足设计要求。转轮铜瓦内径的测量见图4.3-1。

（2）由于叶片螺栓尺寸较大，且为横向安装，为避免在安装叶片螺栓时出现粘牙、发卡的现象。安装前，将转臂平放，螺孔朝上，对叶片螺栓与转臂螺孔进行逐个预装，并进行对应编号。

（3）转轮安装过程中，由于空间限制，某些部件安装后，其安装螺栓无法进行点焊止动。因此，在转轮正式安装前，需对此

图4.3-1　转轮铜瓦内径的测量

类部件的螺栓进行防松动处理。如：在安装活塞前，对活塞与活塞杆套环螺栓进行防松动点焊处理；转臂安装前，对转臂连杆销定位螺栓和双连板定位螺母进行防松动处理（见图4.3-2），以保证该处螺栓在机组运行时不发生松动。

（4）改造后转轮轮毂直径变小，原转轮检修平台不适用于新转轮安装，为了便于现场施工，重新设计制作转轮检修平台（见图4.3-3）。

图 4.3-2　点焊止动后的连杆销　　　　图 4.3-3　置于轮毂上的转轮
定位螺栓和双连板定位螺母　　　　　　检修平台

（二）轮毂安放

轮毂吊至安装工位前，需将过渡环置于转轮检修坑中心位置。然后，将活塞倒立放置于检修坑内，根据活塞高度架设支墩，并在起吊过程中做好防磕碰措施。活塞放置后其键槽方位应与转轮操作架键槽方位一致，同时，转轮放置方位应便于转轮翻身吊具安装及桥机起吊翻身。转轮放置支墩高度的确定，应遵循便于枢轴及转轮翻身螺栓安装的原则，支墩上方需垫好铜板或者铝板，以保护转轮法兰面，支墩方位应避开转轮翻身吊具安装方位。转轮放置后，其活塞缸内圆必须置于过渡环内圆之内。轮毂安放示意图见图 4.3-4。

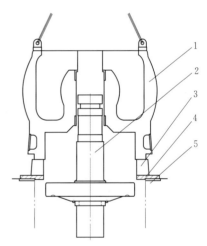

图 4.3-4　轮毂安放示意图
1—轮毂；2—活塞；3—支墩；
4—过渡环；5—检修机坑

（三）转臂耳柄枢轴安装

转臂耳柄枢轴严格按出厂编号安装，安装时转臂耳柄为整体吊装。转臂吊至轮毂对应位置时，在转臂上与轮毂接触面内圆对称选取 4 个点，分别测量 4 个点到轮毂铜瓦的距离（见图 4.3-5），以调整转臂中心孔与对应铜瓦的同心度满足要求，并使用转臂耳柄专用工具进行固定。枢轴安装后，应将其与转臂把合螺栓紧固，以防止转轮翻身过程中枢轴滑落。

（四）操作架安装

操作架是转轮操作机构中主要的传动部件，通过耳柄螺栓与各叶片相连接。为了补偿设备加工误差，保证操作架与各耳柄的动作同步性，需在操作架与耳柄间增加调整垫片。操作架安装前，必须严格按照设备出厂预装数据对各耳柄螺栓分配调整垫片。

由于操作架在与各耳柄螺栓连接后调整余量不大，且操作架与转轮滑块配合间隙较小。因此，在正式安装操作架时，需对操作架与耳柄和滑块座进行同步安装。首先，将调平后的操作架吊至轮毂上方，并调整方位。通过调位螺栓调整耳柄螺栓和操作架螺栓孔的同心

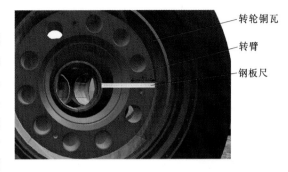

图 4.3-5　转臂安装同心度测量

度，缓慢下落操作架。当耳柄螺栓全部进入操作架螺孔，耳柄螺栓止口与操作架即将接触时，停止下落操作架，用千斤顶对操作架进行支撑（见图 4.3-6）。与此同时，按方位吊装滑块座，安装滑块座把合螺栓和圆柱销。然后，利用桥机逐个提升耳柄螺栓，桥机受力时，拆除转臂耳柄固定工具。如果耳柄螺栓止口与操作架螺栓孔不同心，则可用薄型液压千斤顶对耳柄螺栓方位进行调整。耳柄螺栓与操作架安装到位后，旋紧耳柄螺母。最后，用桥机将操作架连同耳柄起吊一定高度，撤除千斤顶，将操作架下落放置于轮毂上，并用塑料薄膜保护转轮体，防止灰尘、砂砾等杂物掉入。

图 4.3-6　操作架下方架设千斤顶

（五）活塞安装

提升活塞前，在转轮 $\phi850$ 铜瓦密封槽内安装组合密封，注意密封倒角侧应指向活塞缸压力腔。同时，为防止活塞提升过程中密封掉落，可在组合密封表面均匀涂抹润滑脂。提升活塞时，应不断转动活塞以调整其键槽与转轮操作架键槽对齐。活塞提升到位后，依次装好活塞键、卡环和套环。

（六）耳柄螺栓加热拉伸

耳柄螺栓拉伸前，需清理耳柄螺栓中心测量孔，以消除孔内杂物对加热拉

伸测量值的影响。测孔清理完后，测量测杆端部到螺栓端部的初始值（见图
4.3-7）。耳柄螺栓加热（见图4.3-8）完成且完全冷却后（耳柄螺栓温度与
环境温度一致），再次测量测杆高度，注意加热前后测杆及测点的位置应保持
一致。通过加热前后测量数据计算出耳柄螺栓拉伸值，若拉伸值满足要求，则
进入下一个组装步骤，若拉伸值不满足设计要求，则需重复上述加热测量过
程，直至达到设计值。

图4.3-7　耳柄螺栓拉伸值测量　　　　　图4.3-8　耳柄螺栓加热

（七）转轮内部总焊

活塞安装合格后，对转轮内部可能出现配合松动的部件进行焊接止动，包
括耳柄螺母焊接止动块、活塞套环螺栓点焊、滑块座螺栓点焊等，见图4.3-9，
焊接结束后须对转轮体内部进行清扫检查。

图4.3-9　转轮内部部件止动焊接

（八）连接体安装

连接体安装前，测量连接体法兰面密封槽尺寸（见图4.3-10），根据密
封压缩量及填充量要求选用合适的密封条进行粘接安装。吊装连接体时，应按
厂家预装方位吊至转轮上，还应将滑块对准操作架滑块槽，连接体与转轮连接
螺栓紧固后，用0.05mm塞尺检查组合面应不通过。连接体与转轮间隙检查

见图 4.3 - 11。

图 4.3 - 10　测量连接体法兰面　　　　图 4.3 - 11　连接体与转轮
　　　　　密封槽尺寸　　　　　　　　　　　　间隙检查

（九）转轮翻身

首先，安装转轮翻身吊具及活塞固定工具，注意上下翻身吊具方位应与转轮翻身方向一致。机型一的转轮活塞固定位置为叶片全关位置（见图 4.3 - 12），机型二的转轮活塞固定位置为叶片全开位置（见图 4.3 - 13）。转轮翻身前，须通过千斤顶将活塞顶到极限位置，防止在翻身过程中活塞发生动作，对翻身部件产生冲击力，图 4.3 - 14 为转轮翻身过程示意图。

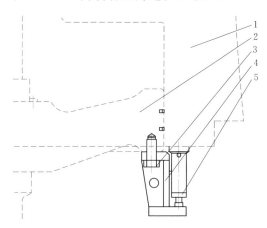

图 4.3 - 12　机型一转轮翻身时的活塞固定
1—轮毂；2—活塞；3—活塞固定架螺栓；4—活塞固定架；5—千斤顶

（十）下盖安装

安装下盖前，须将转轮放油阀安装到位，并对其做煤油渗漏试验，试验合格后方能进行下盖安装。安装过程中，应仔细检查其安装方位是否正确，密封

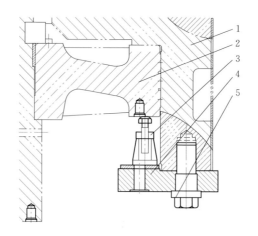

图 4.3－13　机型二转轮翻身时的活塞固定

1—轮毂；2—活塞；3—千斤顶；4—活塞固定架；5—活塞固定架螺栓

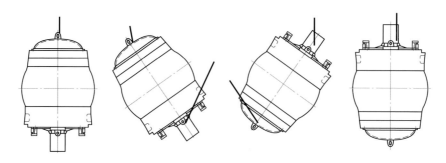

图 4.3－14　转轮翻身过程示意图

条的尺寸选择是否合理。在安装下盖螺栓时，为了减轻其螺纹在机组长期运行过程中发生锈蚀的程度，根据经验，可在螺纹表面涂刷一层白厚漆进行保护。

（十一）叶片安装

吊装叶片前，按要求将叶片密封套装在叶片法兰轴径处。为便于叶片密封顺利安装，可在叶片密封上均匀涂抹二硫化钼润滑脂。同时，叶片与枢轴连接销应按正确编号安装在枢轴上，连接销表面涂抹润滑油，倒角朝外。提前将一颗叶片上方的叶片与转轮连接螺栓放置在叶片上（一般选择叶片上方位于中间位置或者最高位置的螺栓），跟随叶片起吊。叶片安装过程中，应采取措施防止叶片密封脱落或受挤压发生变形。由于叶片尺寸及重量较大，安装时应尽量采取对称安装的方式，避免局部作用力过大致使转轮发生倾倒。

（十二）导管安装

导管为转轮接力器的关键分油部件，油路系统通过它给转轮活塞缸上下腔供油，因此其与活塞密封尺寸的选择至关重要。导管安装前，应仔细测量其与活塞的配合间隙，严格按要求选择合适的密封尺寸。同时，在导管吊入活塞杆内部过程中，应密切注意其密封状态，采取相应措施保证密封不被损坏。

（十三）缸盖安装

由于转轮联轴螺栓与缸盖为整体吊装，因此，需提前将联轴螺栓吊入缸盖螺栓孔内，用堵板封堵并焊接牢靠。为了保证堵板焊接后的密封性，需在堵板焊后对其焊缝进行煤油渗漏试验，应无渗漏。缸盖吊装前，按要求安装其与活塞杆密封，并在缸盖与活塞杆接触面涂抹润滑油。缸盖吊装过程中，应调整其与活塞杆的同心度，避免其在下落时密封被挤出甚至切断。

（十四）转轮试验

转轮试验前，需对转轮体内部空腔、接力器上腔及下腔进行充油，充油过程中应保证转轮内部气体被正常排出。葛洲坝电站机组转轮试验主要包括叶片动作试验、转轮打压试验及叶片密封动作试验。

叶片动作试验，要求转轮接力器活塞动作平稳、无卡涩，叶片开启和关闭过程中的最低油压一般不大于额定工作压力的15%。

转轮打压试验，转轮试验油压为0.5MPa，试验过程压力由0.1MPa、0.3MPa、0.5MPa逐渐上升，以便检查处理叶片密封、缸体上下腔排油阀、下盖放油阀、联轴螺栓以及各部件法兰结合面的渗漏情况。升压过程中如无渗漏，则保持0.5MPa油压，持续16h，检查渗漏情况。

叶片密封动作试验，试验须持续8h，试验过程中转轮体内部压力保持在0.5MPa左右。叶片每小时转动全行程3次，检查转轮各部件组合法兰不应有渗漏

图4.3-15 转轮叶片全开状态

现象，每个叶片密封装置不应有渗漏现象。转轮叶片全开状态见图4.3-15。

（十五）转轮外部总焊

转轮试验合格后，需对转轮所有外部螺栓、销钉、放油阀封盖、螺栓止动块进行点焊止动，焊接转轮连接体围板和下盖围板，并对焊缝进行打磨处理，保证围板与周围表面光滑过渡。

二、转轮改造过程中遇到的问题及应对措施

（一）叶片螺栓

1. 螺纹表面粗糙

主要表现为叶片螺栓螺纹表面粗糙，存在明显毛刺，个别螺栓螺纹存在轴

图 4.3-16 叶片螺栓表面缺陷

向波浪（见图 4.3-16）。针对发现的问题，在正式安装叶片螺栓前，对所有叶片螺栓螺纹段表面进行抛光处理，直至螺栓表面手感光滑平顺，对无法使用的螺栓采用备品代替，并对每颗螺栓与转臂螺孔进行预安装和研磨，试配好后进行对应编号，将螺栓及螺孔清洗干净，确保叶片螺栓能够顺利安装。首批改造机组转轮叶片螺栓安装时，曾出现螺栓粘牙的情况，螺栓无法正常转动。为了不损坏转臂内部螺纹，将粘牙螺栓外露部分刨除，剩余螺孔部分镗孔取出。

2. 叶片螺栓端部无导向段

首批机组叶片螺栓螺纹端部无导向段，螺纹起始段无倒角，导致叶片螺栓水平方向安装困难。为了确保叶片螺栓正常安装，对螺栓重新加工，增加 10mm 长导向段，并对螺纹起始段增加了倒角。

3. 增加铜垫圈密封

首批机组转轮叶片螺栓法兰盖处未设计铜垫圈密封，根据葛洲坝电站机组检修维护经验，当叶片螺栓堵板焊缝开裂后，该位置很可能出现漏油的情况。为了消除上述漏油风险，在叶片螺栓法兰盖与叶片之间增加了 2mm 厚铜垫圈，铜垫圈经退火处理，同时将叶片螺栓堵板内孔深度对应加深 2mm。

（二）耳柄螺栓

新转轮操作架与耳柄螺栓采用加热方式进行拉伸，加热温度及加热时间不宜确定，且不同耳柄螺栓在拉伸相同长度时的加热温度不同，拉伸工作较为费时费力。经过现场施工，总结首批机组耳柄螺栓拉伸经验，掌握了耳柄螺栓加热温度与拉伸值的大致关系，为后续机组顺利高效安装提供了保障。

（三）活塞杆

活塞杆上端面外缘倒角及内孔外缘倒角较小（见图 4.3-17），安装缸盖和导管时容易损伤 ϕ850 铜瓦与活塞杆之间的密封及导管与活塞杆之间的密封。针对发现的问题，对新转轮活塞杆倒角较小的位置进

图 4.3-17 活塞杆与导管及缸盖配合倒角

行了现场修磨以增大倒角。

（四）联轴螺栓堵板

部分机型新转轮联轴螺栓堵板凸出缸盖内表面，焊缝为角焊缝，由于现场采用陶瓷加热板对焊缝进行加热，缸盖与加热板之间存在较大间隙（见图 4.3-18），部分区域得不到充分加热，导致焊接加热时缸盖与堵板间温差较大，焊缝容易出现裂纹。针对发现的问题，更改联轴螺栓堵板与缸盖焊缝形式，将角焊缝改为沉入坡口式，堵板焊接出现裂纹的情况得到有效控制。

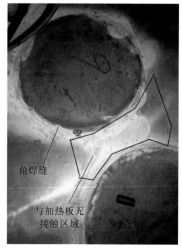

角焊缝

与加热板无接触区域

图 4.3-18 联轴螺栓堵板焊接

（五）缸体排油阀

缸体上、下腔排油阀与新转轮体之间用钢垫圈密封，而钢垫圈压缩量较小，根据葛洲坝电站机组检修维护经验，排油阀出现漏油的风险较大。且排油阀丝堵安装后外表面充以填料，机组长时间运行后填料若被水冲刷掉，该区域容易发生空蚀，存在较大漏油风险。针对上述问题，改造时将钢垫圈改为紫铜垫圈，填料封堵方式改为堵板焊接封堵，考虑到堵板焊接时有可能会损坏原设计密封条，因此将此处密封条也更换为紫铜垫圈，排油阀改进见图 4.3-19。

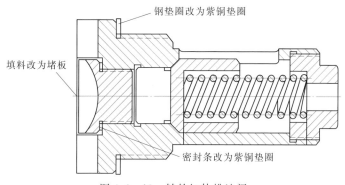

钢垫圈改为紫铜垫圈

填料改为堵板

密封条改为紫铜垫圈

图 4.3-19 转轮缸体排油阀

三、工艺优化

（一）转轮调平

葛洲坝电站机组转轮是通过调整悬挂工具的 M175 螺母使转轮高程与水平控制在标准范围内，而转轮总共有 5 个桨叶，对应 5 个悬挂工具，具有不对称性。

优化前，通过测量各个叶片对应位置的高程并结合合像水平仪测量的数据，手工计算每个悬挂的调整量，效率低、工作量大。

优化后，建立一个数学模型，利用 Excel 表格的计算功能，将转轮调平过程中的人工计算改为自动计算，结果直接显示到每个悬挂螺母需要旋转的角度大小（顺时针为正，逆时针为负），从而大大提高了转轮的调平效率。

XOY 平面内有任意线段 OA，长度为 d。OA 与 X 方向夹角为 θ，过 A 点作 Y 轴的垂线，垂足为 D。若 $\triangle OAD$ 绕 X 轴旋转角度 α 得到 $\triangle OBG$。转轮调平计算原理见图 4.3-20。图 4.3-20 中：

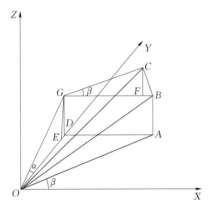

图 4.3-20 转轮调平计算原理

$$OA = OB = d；\quad OD = OG = d\sin\theta$$

对 $\triangle ODG$，过 G 作 OD 垂线，垂足为 E，则 $EG = OG\sin\alpha$，即：

$$\Delta Z' = Z_G - Z_E = EG = d\sin\theta\sin\alpha$$

$\because \alpha \to 0$ 时

$$\sin\alpha = \tan\alpha$$

$\therefore$

$$\Delta Z' = Z_G - Z_E = ED = d\sin\theta\tan\alpha$$

同理，若 $\triangle OBG$ 绕轴 OG 旋转角度 β 得到 $\triangle OGC$，则：

$$\Delta Z'' = Z_C - Z_F = CF\cos\alpha = d\cos\theta\sin\beta\cos\alpha$$

$\because \alpha \to 0$、$\beta \to 0$ 时

$$\cos\alpha = 1，\quad \sin\beta = \tan\beta$$

$\therefore$

$$\Delta Z'' = Z_C - Z_F = d\cos\theta\tan\beta$$

于是

$$\Delta Z = Z_C - Z_O = \Delta Z' + \Delta Z'' = d(\sin\theta\tan\alpha + \cos\theta\tan\beta)$$
$$= d(M_y\sin\theta + M_x\cos\theta)$$

式中 M_x、M_y——转轮 $+X$、$+Y$ 方向上的水平度。

实施方式如下：

（1）转轮悬挂安装到位。

（2）参考修前转轮高程测量进行测点布置，测量 5 个高程值；合像水平仪测量缸盖上法兰面 X、Y 方向水平；塞尺测量转轮 5 个叶片与转轮室间隙并计算出平均间隙。

（3）将高程测量值及合像水平仪读数录入计算表格，计算各叶片悬挂螺母旋转方向与旋转量。

（4）受力转换，缓慢起升桥机，保证叶片与其下方垫片完全脱开。

（5）用导链或千斤顶提起悬挂螺杆至悬挂螺母不再受力并留有足够的调整量，根据计算结果准确调整 5 个叶片的悬挂螺母，调整完毕松开导链或千斤顶。整个调整过程中应避免悬挂螺杆转动。

（6）缓慢下落桥机，下落过程中在 5 个叶片与转轮室间隙中放入斜楔并用手锤敲打，保证 5 个叶片与转轮室间隙达到计算的平均间隙。

（7）重复步骤（2）～（7），直至转轮高程、水平、中心满足安装要求。

（二）泄水锥检修及安装

葛洲坝电站机组转轮拆卸时，转轮体、叶片、连接体、泄水锥整体吊出，吊出后先将泄水锥拆卸，然后将转轮体连同叶片、连接体放置检修坑，拆卸泄水锥时，用桥机吊着整体调整上下距离至合适位置，工作人员拆卸泄水锥与连接体螺栓。安装泄水锥时，将组装好的转轮体、叶片、连接体、下盖吊起调整一定距离与泄水锥对好螺孔，工作人员安装螺栓。

转轮体、叶片、连接体、泄水锥整体约 420t，葛洲坝电站厂房地面承受力 $5t/m^2$，不能直接将整体放置在支墩上进行拆卸，既避免地面载重过负荷，也防止整体放置的瞬间冲量过大。拆卸后摆放泄水锥时，因为其为倒锥体，重心偏高，泄水锥接触地面的下端口面积较小，所以垫支墩无法保证其平衡。

另外，在安装泄水锥对其与连接体的螺孔时，桥机吊着转轮体、叶片、连接体、下盖进行微调时，由于桥机人员与地面工作人员沟通不便，加上其自身质量大、惯性大，很难到达理想位置。

设计泄水锥检修及安装专用工装。工装由底座、水平下导轨、水平下滚轮、水平上导轨、水平上滚轮、固定工作台、旋转工作台、固定支撑、推位油缸、机械螺旋千斤顶、液压泵站及控制箱等组成。泄水锥放置示意图见图 4.3-21。

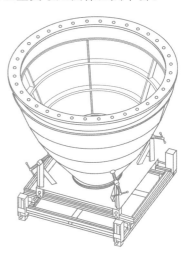

图 4.3-21　泄水锥放置示意图

在拆卸泄水锥时，其下端口对准定心锥降至一定距离后停止，通过工作台四角机械千斤顶上升工作平台至顶紧泄水锥下端口，然后拧进 4 个支撑杆顶紧泄水锥壁面，通过该设备与桥机共同负荷整体的重量。这样既减小桥机负荷和地面载重，防止对厂房地面造成过大冲击，又将泄水锥牢牢固定，防止其侧翻。

安装泄水锥时，将转轮体、叶片、连接体、下盖吊至泄水锥上方一定距离之后，通过移动工作平台在 X、Y、Z 方向的变化来控制泄水锥位置，能够快捷、安全地对准连接体上螺孔，较之通过桥机微调效率要高好几倍。

（三）叶片拆装工具

优化前，叶片上方螺栓拉伸使用液压扳手需要桥机配合作业，至少占用桥机一天时间，此外，还需配备起重人员及桥机操作人员；并且，由于转轮检修场地固定，桥机占用该空间后，阻挡了其他桥机通行，耽误其他工作的开展，直接影响改造工期。

针对该问题，设计了一套叶片螺栓拆装工具，使用时可将该装置固定在活塞上，该装置悬吊液压扳手后可灵活调整角度及安装方位，解决了叶片拆装时占用桥机及人力资源的问题，节约成本，使叶片拆装更加安全高效，图 4.3－22 为叶片拆装工具示意图。

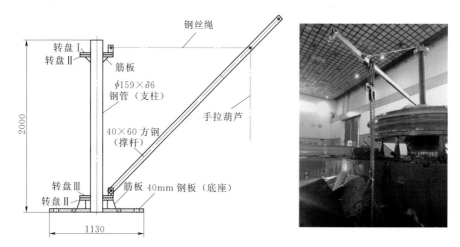

图 4.3－22　叶片拆装工具示意图（单位：mm）

（四）大型螺栓拆装

葛洲坝电站机组转轮改造过程中，M160 双头螺杆（如转轮翻身吊具螺栓和缸盖转轮连接螺栓）拆装数量较大，且双头螺栓在拆装时由于没有有效的着力点，安装困难，容易引发人身伤害等安全事故，且存在导致螺栓粘牙、丝扣损坏等风险，从而引起设备故障、工期延误等。

针对该问题，设计了一套专用工具，工具包括移动推车和咬合齿轮（见图 4.3－23）。翻身吊具螺栓倒置安装时，将大型双头螺栓一端安装螺帽（安装高度可变，随安装空间调节），吊入移动推车上限位块内（螺帽段朝下放入限位块），通过移动推车将其移动至转轮体下方安装孔附近，利用万向轮调节螺栓方向，使其与螺孔对中，然后将咬合齿轮两瓣固定在双头螺栓中间的无螺纹段，紧固两个 M16 螺栓。将拨杆放入拨杆孔逆时针旋转螺杆，螺杆会上升从而进入螺孔，待螺杆完全旋入后，将螺帽与推车移走，拆下咬合齿轮。吊具螺栓倒置拆卸时，则反之。

咬合齿轮在安装拆卸缸盖与转轮体螺栓时，可单独使用，方法同上，从而解决了在螺杆一端焊接割除螺帽的问题。

（五）转轮翻身上吊具

转轮改造过程中对转轮翻身上吊具进行了优化。原上吊具在转轮翻身过程中需垫大量木方（见图4.3-24），以防钢丝绳损伤和打滑。优化后，上吊具两端增设圆弧枕和挡块，这样使转轮翻身过程中无需垫木方，提高了转轮翻身的可靠性与安全性（见图4.3-25）。

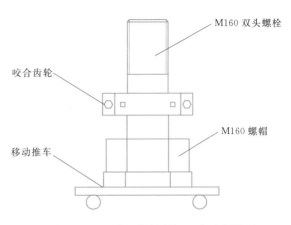

图 4.3-23　大型螺栓拆卸工装示意图

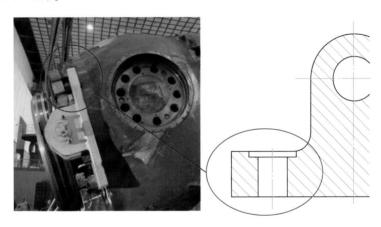

图 4.3-24　优化前转轮翻身

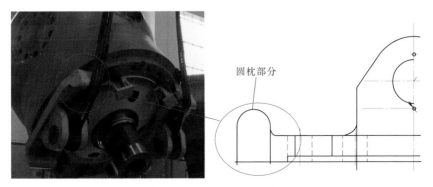

图 4.3-25　优化后转轮翻身

第二节 主轴与缸盖同铰

经强度校核，葛洲坝电站水轮机原主轴满足使用要求，未进行更换。转轮缸盖与主轴为止口和销钉螺栓配合定位，通过同铰工艺解决改造部件和旧部件接口对接问题，并保证两者同轴度、垂直度精确配合，使联轴螺栓达到有效定位及传递扭矩的作用。

一、加工场地的选择

葛洲坝机组主轴重量达 110t，改造现场不具备主轴加工能力。并且，考虑运输成本、风险等因素的影响，未对主轴进行返厂加工。在保证主轴加工满足改造质量及工期要求的前提下，长江电力与厂家对宜昌周边主要大型机械加工厂进行了考察，通过对比加工设备、两根主轴同时加工能力、主轴运输路线等，最终选定加工场地。

二、主轴运输

运输前，应将主轴绑扎牢固，主轴法兰面及轴领处做好防锈、防雨淋措施，运输线路无障碍，且要避开承重较小的地方，以保证运输过程的安全、有序。由于主轴重量较大，运输过程中应尽量降低主轴的重心高度，结合运输车辆的尺寸，制作了主轴运输专用支墩，主轴运输见图 4.3-26。

图 4.3-26 主轴运输

三、主轴找正

主轴找正是缸盖同铰加工的关键环节，找正时采用激光跟踪仪测量发电机端和水轮机端轴领外圆柱面，建立公共轴线作为基准，图 4.3-27 为主轴示意图。然后分别在法兰面平面和凸止口处采集测量点，构造平面并计算法兰面的平面度和相对轴线的垂直度，并给出各测量位置的偏差，测量误差不超过 0.05mm；构造止口圆，得出止口相对基准的同轴度，也可给出圆心偏离的方向和大小，同轴度测量误差不超过 0.10mm。

四、主轴与缸盖同铰过程中遇到的问题及应对措施

主轴与缸盖同铰应在两者配合尺寸满足设计要求的情况下进行，考虑主

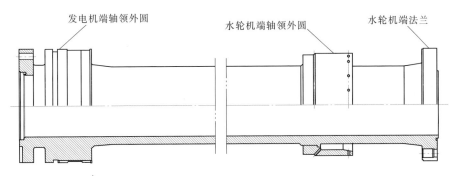

图 4.3 - 27　主轴示意图

轴为非改造部件，长时间运行后，主轴法兰面可能发生锈蚀、磨损、变形等情况，因此在同铰前，需对主轴和缸盖进行处理以达到设计要求。以葛洲坝电站 14 号机组为例，主轴法兰内圈平面比外圈平面整体高约 0.19mm，导致主轴与缸盖把合面间隙超标。在保证处理该问题满足质量和工期要求的前提下，对缸盖上与主轴法兰内圈平面对应贴合的部位进行了适当修磨，修磨量为 0.16～0.18mm。修磨后，主轴与缸盖把合间隙合格，间隙超标处理见图 4.3 - 28。

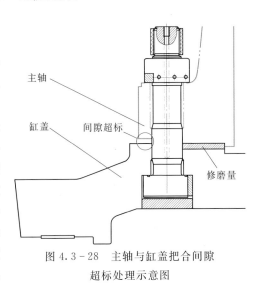

图 4.3 - 28　主轴与缸盖把合间隙
超标处理示意图

第三节　主轴密封改造

一、主轴密封安装

（一）主轴密封预装

主轴密封吊装前，需在机坑外围进行整体预装，以进行供水管路的试配焊接。管路配焊应遵循"焊接无缺陷、配管简洁美观"的原则。配焊完成后，应将管路清扫干净，并应在条件允许的情况下做整体充水试验，试验压力为主轴密封供水压力的 1.5 倍，保压 30min，应无渗漏。

（二）空气围带试验

空气围带是检修密封的重要部件，正式安装前，应对其气密性进行检查。

图 4.3-29　空气围带气密性检查

检查时，将 0.05MPa 的压缩空气通入空气围带，并将其整体淹入水中，30min 后压力应无下降，图 4.3-29 为空气围带气密性检查。空气围带安装完成后，通入 0.7MPa 压缩空气，保压 12h，压力下降应不超过 10% 试验压力，同时检查空气围带与护盖的间隙，间隙值应为 0，局部最大间隙不超过 0.1mm。

（三）抗磨板安装

1. 护盖调整

抗磨板安装于主轴螺栓护盖上，为了保证抗磨板的水平度，必须首先调整主轴螺栓护盖的水平。护盖与主轴为止口配合，护盖为改造部件，主轴为非改造部件，经长期运行，主轴与护盖止口已发生锈蚀和磨损。安装护盖前，应将该处止口打磨平整并清扫干净。护盖安装时，通过护盖把合螺栓调整其表面水平度及组合面错牙，要求水平度不大于 0.50mm/m，错牙不大于 0.1mm。

2. 抗磨板调整

抗磨板安装前，应对护盖表面进行清扫，必要时可用油石进行打磨。护盖表面处理完成后，按编号顺序对抗磨板进行预装和调平，要求水平度不大于 0.05mm/m。抗磨板调整过程中，应保证主轴处于绝对静止状态，且所使用的铜垫须固定牢靠，并检查分瓣面的间隙和错牙，要求间隙小于 0.03mm，错牙小于 0.02mm。抗磨板调整合格后，对其固定螺栓涂抹螺纹锁固剂进行防松止动。

（四）密封块安装

密封块与浮动环把合后，将密封块与浮动环整体放置在抗磨板上，并将浮动环旋转一圈，测量密封块与抗磨板的间隙分布。通过在密封块与浮动环之间加入铜垫的方法调整该间隙值，要求间隙值为 0，允许局部有不大于 0.05mm 的间隙，但间隙的总长度不应大于 50mm。密封块加垫时，还需保证密封块分瓣面错牙不大于 0.02mm。密封块调整合格后，对其固定螺栓涂抹螺纹锁固剂进行防松止动。

（五）浮动环与上盖密封安装

上盖与浮动环密封为动密封，安装后，须保证密封完好、无破损。安装前，可在密封上涂抹润滑脂，以减小摩擦，上盖安装后，浮动环上下动作应相对灵活，不发卡。

（六）主轴密封浮动试验及压力调整

主轴密封安装完成后，在供水管路内通入清洁压力水，以测量浮动环在不同供水压力（0.05MPa、0.10MPa、0.15MPa、…、最大压力）下的上浮量，为供水压力调整提供技术参考，图4.3-30为主轴密封浮动试验。

图4.3-30　主轴密封浮动试验

用水量是改造后机组主轴密封的关键技术参数，也是电站运行所关注的重要参数，通过对比改造后的主轴密封在机组不同运行工况下的运行水压、用水量等参数，发现不同类型机组主轴工作密封在供水压力相对稳定的情况下，用水量与机组的运行工况无直接关系；同一类型机组主轴工作密封的用水量与浮动环的浮动量有直接关系，浮动量越大，用水量也一般较大。

二、工艺优化

（一）抗磨板水平调整

主轴密封抗磨板由各分瓣组合而成，抗磨板通过螺栓安装在主轴联轴螺栓护盖上，抗磨板安装前应将护盖水平调整合格。抗磨板是否水平直接影响密封效果，水平超标将造成密封块偏磨，密封块与抗磨板间隙变大，漏水量增加，严重时，将造成水淹水导事故的发生。因此，抗磨板调平是主轴密封改造的关键环节。

葛洲坝电站机组主轴密封改造过程中，经对比优化，抗磨板水平调整先后使用了3种方法。

（1）利用合像水平仪连续测量抗磨环一圈的水平度及各测点位置径向水平度（见图4.3-31），通过计算分析出各测点之间的高差，从而确定出最高点，并以此最高点为基准对其他相对较低的位置在抗磨板下方加铜垫，通过反复测量、加垫使抗磨板水平满足要求。由于抗磨板为分瓣结构，而合像水平仪底部为平面，因此抗磨板各分瓣组合面两侧的高度差无法准确测量，该测量方法误差较大，整个调平过程耗时较长。

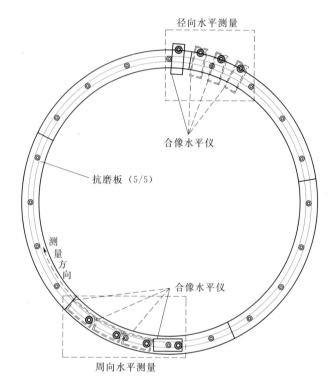

图 4.3－31　合像水平仪测抗磨板水平

（2）在机组盘车过程中，在抗磨板上表面内外侧分别架设百分表，测量抗磨板的跳动值。根据所测跳动值，以抗磨板最高测点为基准，对其他测点进行加垫调整，加垫一次后需要继续盘车测量跳动，如此反复测量直至满足要求。该方法测量精确，能够真实反映机组运行状态时抗磨板的水平，但所需时间较长，且需要各部门间的协同配合，耗费大量检修资源，当机组不具备盘车条件时，该方法不可行。

（3）结合上述两种方法，通过一次盘车找出抗磨板表面各测点的相对高度差。以最高测点为基准，对抗磨板其他位置进行加垫调整。再用合像水平仪反复测量抗磨板表面测点的周向和径向水平，通过在其下方加入铜垫的方法调整水平，直至满足要求。该方法能够准确测量各测点的初始高度差，使之后合像水平仪测量调整的效率得到提高，且只需一次盘车，节省了检修资源，缩短了检修工期。使用该方法进行抗磨板调平的主轴密封，在机组改造完成后工作正常，故该方法是可行的。

（二）供水管路优化

葛洲坝电站机组新型主轴密封浮动环通过各供水支管通入压力水，各供水支管与供水总管相连接。主轴密封改造初期，部分机型供水总管未形成连通管，容易造成支管水压存在差异，从而导致浮动环浮动量不均匀，加剧密封块的磨损。经过优化改进，将两处支管的直角接头改为三通接头，并将这两处总管进行延伸连接组成整圈。供水管路优化后，支管水压能够保持一致，保证了浮动环均匀浮动，同时优化了供水总管位置，使其更靠近水箱，不影响支撑环起吊。供水管路优化示意图见图4.3-32。

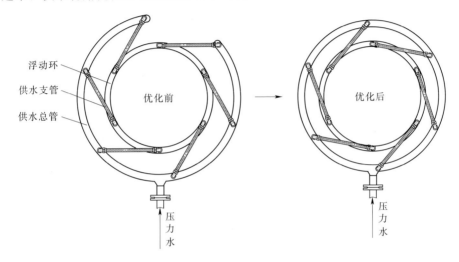

图4.3-32　供水管路优化示意图

第四节　水导轴承及导流锥改造

一、水导轴承及导流锥安装

（一）组装前的准备

水导轴承及导流锥设备到货后，及时开箱检查、清洗所有零部件。由于水导瓦托板与轴领设计间隙较小，安装前，应仔细校核该处间隙，必要时可对托板进行打磨处理。

（二）水导间隙调整

机组修后盘车确定水导中心后，在轴领对称4个方向各架一块百分表，将水导轴承调整楔子板楔紧，并做相应标记。在此过程中应监视百分表读数，当所有楔子板均楔紧时，百分表应回零。楔子板楔紧后，紧固所有水导瓦的调节螺杆与螺母。根据水导瓦的设计间隙要求，计算出楔子板的提升量。楔子板高度调整完后，应检查确认水导瓦总间隙是否满足设计要求，该步骤能够有效印证调整后的水导瓦间隙是否满足要求。测量楔子板高度见图4.3-33。

图4.3-33 测量楔子板高度

（三）导流锥组装

导流锥组装时，装入合适密封条，并通过组合螺栓调整分瓣面至无错牙。导流锥与支持盖组装后，组合面间隙应满足设计要求。

二、工艺优化

（一）托板与轴领间隙调整

葛洲坝电站机组水轮机改造初期，部分机组水导轴承托板与轴领单边间隙 L 设计为 1mm。为防止在机组运行时托板与轴领发生刮擦，改造过程中对首批机组托板内圆进行了修磨，修磨后托板与轴领单边间隙不小于 2mm。并将随后进行改造的水轮机组水导轴承托板内圆设计尺寸做了更改，保证单边间隙设计值为（2.0±0.5）mm。托板间隙调整见图4.3-34。

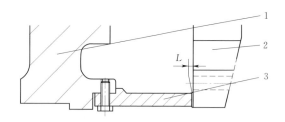

图4.3-34 托板间隙调整
1—轴承体；2—轴领；3—托板

（二）轴承体止口加工

葛洲坝电站机组运行多年，转轮室中心与机组装机时的中心不可避免地发生了偏移。为了避免在轴承体进行中心调整时出现调整余量不足的风险，部分机组轴承体安装法兰面止口的外径由 $\phi4100mm$ 加工至 $\phi4096mm$，止口位置见图4.3-35。

（三）水导轴承增加半圆形挡油装置

葛洲坝电站部分机组水导轴承改造后，水导轴承循环热油出口采用敞开式

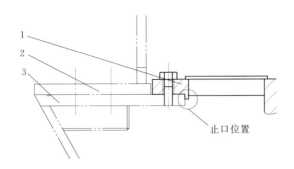

图 4.3 - 35　水导轴承体与导流锥止口
1—水导轴承体；2—支持盖；3—导流锥

垂直向下方向。因此，大轴旋转产生的离心力不能很好的促使透平油进入外油箱，循环效率降低。水导循环透平热油进入外油箱少，水导瓦冷却效果差，从而导致水导油温和瓦温偏高。

针对水导油循环效率偏低问题，在新水导轴承体上增加半圆形挡油装置（见图 4.3 - 36）。半圆形挡油装置由半圆形挡油桶和底座两部分构成。将带有螺纹孔的底座焊接在新水导轴承体出油管管口处，通过螺栓将半圆形挡油桶固定在底座上。

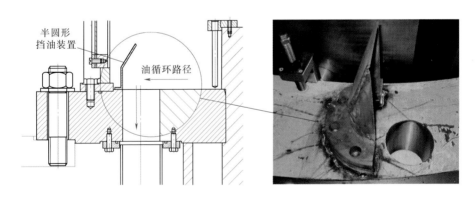

图 4.3 - 36　水导轴承挡油装置示意图

在机组实际运行时，由于受到挡油装置的阻挡，油可以在出油管口产生涌浪，提高出油管口处压力，可以使油更加高效、快速地进入出油管到外油箱进行自然冷却，很大地提高了油的循环效率，降低了水导轴承的油温和瓦温。

新型半圆形挡油部件正面设计有一个斜坡，可以起到一定的导向作用，促使热油更加顺畅地向下方流动，进入外冷却油箱，提高了油循环的效率，降低了水导轴承的油温和瓦温。

第五节　活动导叶立面密封改造

　　葛洲坝电站机组活动导叶立面密封橡胶条存在易脱落、使用寿命短的缺陷，在近年来的机组 A 修、B 修中发现导叶立面密封橡胶条普遍脱落，同时导叶上下端面、导叶进水边下部密封槽受空蚀、磨损破坏严重，密封槽已经无法有效的固定密封橡胶条。受此影响，部分机组导叶全关后导叶立面和端面漏水过大，引起机组停机困难和停机后蠕动。为保障机组的安全运行，减少流量损失，增加发电效益，需对导叶立面密封形式进行改进，同时对导叶空蚀部位补焊、打磨，修复型线。

一、改造前后结构形式

　　葛洲坝电站机组活动导叶立面密封原采用 D 形密封条及燕尾槽结构设计，见图 4.3 - 37 （a）。在机组大修时，活动导叶密封条更换安装是在活动导叶吊出机坑的条件下进行的。安装时可从燕尾槽一端装入，在装入过程中造成密封条被拉长且无法完全恢复，对密封效果存在一定影响。在机组小修密封条因损伤或脱落补装时新密封条无法安装。为方便在小修时安装，对 D 形密封条底面进行开槽，见图 4.3 - 37 （b），但导致密封条在燕尾槽内约束力明显下降，在开机后短时间内就存在大量脱落的现象。

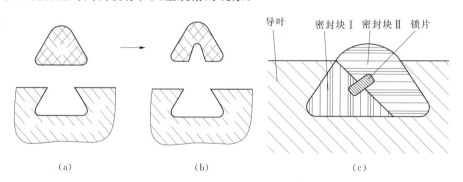

（a）　　　　　　　　　　（b）　　　　　　　　　　（c）

图 4.3 - 37　原导叶立面密封形式
（a）D 形密封；（b）改型 D 形密封；（c）压板式密封

　　通过研究，在不改变密封槽原结构的情况下，重新设计了结构密封条，见图 4.3 - 37 （c）。为了满足在活动导叶不吊出的条件下，简单方便地安装，不改变活动导叶密封槽结构，密封条采取分段、分瓣设计，并且两瓣密封条间设有锁片进行锁定，以保证密封条安装后不脱落。该方案在运行试验了一段时间后，依然存在密封条脱落现象，没能从根本上解决这一问题。

通过实践证明，葛洲坝电站机组活动导叶立面密封采用修复或更换密封的方式，收效甚微。在对密封结构的研究及其他电站水轮机活动导叶密封条改造经验的基础上，针对葛洲坝电站活动导叶研究设计了新密封结构。该方案需要将活动导叶吊出后进行机加工改造密封槽，然后安装密封条、不锈钢压板、螺钉，见图4.3-38。利用机组改造增容的机会，对活动导叶立面密封进行改造。

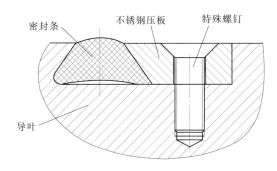

图 4.3-38　改造后导叶立面密封形式

二、活动导叶立面密封改造施工关键点

在整个导叶立面密封改造施工过程中需重点控制导叶修复、密封槽加工、密封压板配装 3 个质量点。严格按照设计尺寸加工导叶立面密封槽，对密封槽的加工尺寸进行严格的测量；严格按照图纸要求，进行空蚀部位补焊、打磨，修复导叶型线。

密封压板配装直接关系到导叶立面密封能否有效密封，对其配装过程中的各参数做严格规定及测量，见表 4.3-1。

表 4.3-1　　　　　　　　　　导叶立面密封配装质控点

项　目	控　制　名　称	控　制　内　容
密封条	密封条与导叶本体平面高差	1.8mm±10%
	密封条中心线与导叶轴心线平行度	平行度≤0.2mm
压板	压板表面与导叶轴心线平行度	平行度≤0.2mm
	压板装配	压板下端面应与密封槽底部贴平，不应存在间隙或倾斜
	压板与导叶本体平面高差	−0.3～0mm

导叶立面安装密封条后，密封压板与导叶基体表面接缝处过渡平滑，接缝间隙不大于 0.20mm，导叶全关后立面间隙为 0。导叶端面进、出水边汽蚀处补焊后应按照导叶线型打磨，圆滑过渡，无明显凹痕、汽蚀点，不得高于轴向

同部位尺寸。导叶上下端面间隙符合图纸的规定，要求总间隙在 1.225~2.875mm。

导叶立面密封改造需要将活动导叶运输至外协厂家加工，由于活动导叶体积、重量大且数量较多，导叶的保护与运输是个较为复杂的问题，需要制定详细周密的包装运输方案，确保导叶运输的稳定和安全。

三、改造后效果

葛洲坝电站机组活动导叶立面密封改造后（见图 4.3-39），对运行一年机组进行停机检查，导叶立面密封基本无脱落，密封条本体表面无起皮、磨损等缺陷，密封条在密封槽中固定较好，吻合度较高。解决了葛洲坝电站机组活动导叶立面密封橡胶条存在易脱落、使用寿命短的缺陷。

图 4.3-39　改造后的
导叶立面密封

第六节　真空破坏阀改造

葛洲坝电站机组真空破坏阀锈蚀比较严重，防返水外罩存在变形现象，现场难以修复。此外，在结构方面，葛洲坝电站机组原真空破坏阀均为无缓冲形式，在机组开、停机运行过程中真空破坏阀频繁启动，阀盘与支持盖频繁撞击，这对真空破坏阀造成了极大的破坏。在葛洲坝电站机组检修中经常发现阀盘变形的现象，机组运行中也曾经出现过阀轴断裂造成水淹水导的严重事故。基于以上原因，将真空破坏阀改造为双密封缓冲式真空破坏阀。

一、改造前真空破坏阀的结构

传统真空破坏阀采用 ϕ500 空气阀、ϕ500 吸力式真空破坏阀。其在机组开、停机运行过程中会频繁启动，即在机组转轮室出现一定真空时，真空破坏阀能迅速地通过开启和关闭阀门对机组进行补气，从而降低机组转轮室内的真空度，防止抬机事故的发生。但是这两种真空破坏阀均为即开即关的工作方式，这样在阀门动作过程中造成阀盘与阀座频繁撞击，对真空破坏阀造成了极大的破坏。在葛洲坝电站机组检修中经常发现阀盘变形的现象，甚至出现了机组在运行中阀轴断裂造成水淹水导的严重事故。此外，由于运行环境比较复杂，真空破坏阀容易发卡不能复位。ϕ500 空气阀设计有浮球保护装置，而 ϕ500 吸力式真空破坏阀原没有设计保护装置，前者阀盘发卡时不会直接危及机组安全，但是后者由于没有保护装置，在阀盘发卡时会大量漏水，造成水淹水导事故。

针对 ϕ500 吸力式真空破坏阀没有保护装置的设计缺陷，检修人员对其进行了改造，在真空破坏阀的阀体上面加一个浮筒，并在真空破坏阀的外面加上一个保护罩，浮筒在水的浮力作用下升起，起到了漏水防护作用。吸力式真空破坏阀见图 4.3-40。

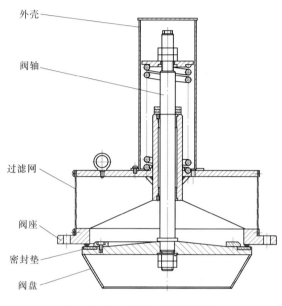

外壳

阀轴

过滤网

阀座

密封垫

阀盘

图 4.3-40　吸力式真空破坏阀

二、改造后真空破坏阀的结构

为了解决真空破坏阀在动作过程中阀盘与阀座频繁撞击问题，对真空破坏阀进行改造，将原真空破坏阀更换为 XBF500 缓冲式真空破坏阀，这种真空破坏阀能在转轮室出现真空时迅速补入空气，补完后，能立即进入缓冲关闭状态。缓冲式真空补气阀采用了快补、速回、到位缓慢关闭的专利技术，利用空气压缩比大的特性（空气压缩比可达 60％以上），用空气作为缓冲介质。这种真空破坏阀具有双层密封，从而增加了真空破坏阀的气密性，能有效地防止由于阀盘和阀座接触不严密造成的漏水现象，即使阀盘和阀座有少量的漏水，浮球在浮力的作用下也能很好的阻止水流溢出。另外，在真空破坏阀的顶部装了缓冲装置，在缓冲活塞上设有反弹缓冲逆止阀，在补气过程中反弹缓冲逆止阀全部打开，消除空气阻力，从而达到快补的技术要求；在补气阀临近全关位置时，反弹缓冲逆止阀全部关闭，被密封的空气起到缓冲作用后迅速释放，使阀体在弹簧力作用下关闭，这样真空破坏阀不仅能迅速打开，还能在关闭时减缓

图 4.3-41 缓冲式真空破坏阀

关闭速度，从而减轻了阀盘与盘口的撞击，延长了设备的使用寿命，降低了抬机的可能性。缓冲式真空破坏阀见图 4.3-41。

真空破坏阀弹簧用优质弹簧钢制作，密封材料选用优质耐水、耐油、抗老化材料制作。真空破坏阀其他部位采用 1Cr13Ni9Ti 不锈钢制造，真空破坏阀设计有防返水保护装置，该装置能够在真空破坏阀发卡或其他导致阀盘漏水的情况下，防止漏水进入顶盖造成水淹厂房或设备事故的发生。

真空破坏阀安装前，对顶盖真空破坏阀底座进行清理，对锈蚀部位进行抛光打磨，若底座存在严重的凹坑，需进行补焊后打磨、抛光，保证结合面平整。真空破坏阀吊装到位后，均匀紧固连接螺栓，使密封平垫均匀压缩，保证密封可靠。机组检修提门时，安排专人检查真空破坏阀的密封性，发现缺陷立即进行处理。机组第一次开机时检查真空破坏阀的动作及复归情况，做好试验记录。

第七节　蜗壳门和尾水门改造

葛洲坝电站机组蜗壳进人门（简称蜗壳门）和尾水管扩散段进人门（简称尾水门）为碳钢结构，其门座、门盖及铰链等部件老化现象明显，并产生锈蚀等缺陷，加之各机组蜗壳门和尾水门的把合螺栓孔均为盲孔，经多次反复拆卸、攻丝后造成螺纹损坏，降低了螺栓把和强度，存在安全隐患。基于以上问题，决定利用改造增容机会对蜗壳门、尾水门进行改造，以提高机组长期运行的可靠性和稳定性。

一、改造后的蜗壳门和尾水门结构型式

（一）改造后的蜗壳门结构型式

由于蜗壳门门座所在位置为基础混凝土，所以蜗壳门门座在原结构基本不变的情况下局部改造，割除原门盖，通过焊接新门盖将门座加高；蜗壳门门座螺栓孔由盲孔改造为通孔；蜗壳门采用 O 形密封圈密封；新门座法兰内径与原门座内径一致，在满足强度要求的前提下尽量减轻蜗壳进人门重量，改造后的蜗壳必须满足机组在各种工况下的要求。改造后的蜗壳进人门装配图见图 4.3-42。

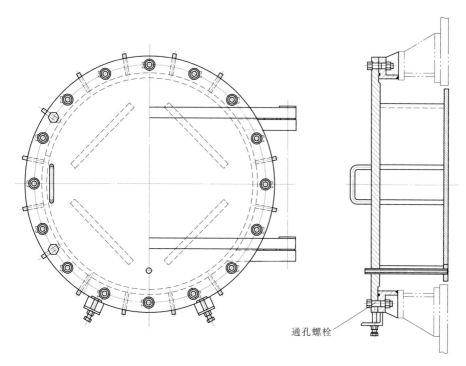

通孔螺栓

图 4.3-42　改造后的蜗壳进人门装配图

（二）改造后尾水门结构型式

尾水门门座所在位置为回填混凝土，该混凝土可敲除后直接更换门座。在原结构基本不变的情况下局部改造，改造后的尾水门必须满足机组在各种工况下的强度要求。尾水门门座螺栓孔由盲孔改造为通孔。尾水门采用 O 形密封圈密封。新门座法兰内径与原门座内径一致。改造前和改造后的尾水进人门分别见图 4.3-43 和图 4.3-44。

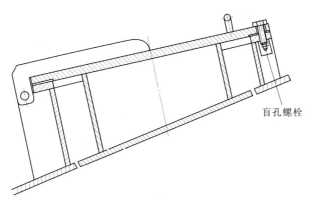

盲孔螺栓

图 4.3-43　改造前的尾水进人门

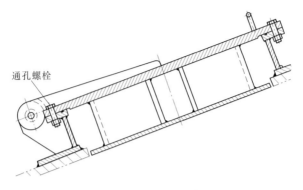

图 4.3 - 44 改造后的尾水进人门

二、蜗壳门尾水门改造施工关键点

（1）蜗壳门、尾水门由于体积大、重量重，而廊道空间较狭窄，且有其他设备，故需要提前做好运输及保护方案。

（2）按图纸设计尺寸要求，尾水进人门需敲除旧门座四周的混凝土，以便旧门座割除和新门座的安装；蜗壳进人门只需敲除影响新门座安装的局部混凝土。新门座安装见图 4.3 - 45。

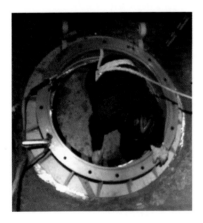

图 4.3 - 45　新门座安装

蜗壳门为垂直安装，将新蜗壳门门盖吊装至原门座上，需要在原蜗壳门座上安装专用工具，用来固定和调整进人门（尾水进人门无需安装专用工具进行调整）。新蜗壳进人门的上、下销钉孔要垂直，偏差在 0.5mm 之内，门盖法兰面的垂直度偏差在 0.5mm 之内，测量采用挂钢琴线方式。

（3）新门座焊接变形控制。由于蜗壳门门座存在大量焊接，容易导致焊接变形，在焊接前及焊接中采取多项措施来控制变形，确保蜗壳门改造后不存在漏水现象。将焊缝分成多段（大于 4 段），采用焊前预热、分段退步方式焊接；焊接过程中架表监视门座变形情况，以确保新门座垂直度满足图纸设计要求。

为防止焊接变形引起漏水，焊接完成后检测门盖与门座密封情况。在门座的密封槽内 4 个方向均匀分布放入直径 8mm 的碳弧气刨碳棒（根据设计要求，蜗壳门的密封圈截面直径为 8mm），蜗壳门在关闭螺栓打紧时对碳棒挤压永久变形，测量碳棒的压缩量，即可推测密封圈的压缩量。

同时在门盖法兰面上喷PT探伤渗透剂（红色）作为示踪剂，门座法兰面擦洗干净，门关上螺栓打紧后，门座法兰面高点与门盖法兰面接触粘上红色渗透剂，打开门后对门座上粘有红色渗透剂的高点进行打磨（采用角磨机带百叶砂布轮抛光片进行打磨）。反复检查打磨至门盖与门座法兰面完全贴合，该方法有效避免了焊接容易变形引起漏水的隐患。门盖与门座密封情况检查见图4.3-46。

图4.3-46　门盖与门座密封情况检查

第四章 发电机定子改造

第一节 定 子 拆 卸

一、定子绕组拆卸

（一）防尘棚、机坑通风装置的搭设和安装

为减轻拆卸过程中环氧粉尘对施工作业人员的影响，在风洞上方搭设定子L形环形平台，在定子机坑上方搭设防尘棚（见图4.4-1），同时在防尘棚内布置通风装置，用于机坑内半密闭空间的通风换气。

图 4.4-1　防尘棚

（二）定子线棒的拆除

为保证拆卸工作的顺利进行，有效控制作业粉尘，保障机坑内的作业环境，除安装防尘棚及通风换气装置外，还需布置多台可移动式吸尘器，用于作业过程中的粉尘吸收。

具体拆卸步骤如下：

（1）退出槽楔。根据槽形尺寸，选择合适的方铲退出所有外楔、内楔及垫

条，槽楔退出后及时清理出现场。

（2）拆除端部绑绳及垫块。先用錾子斩断绑绳，上下敲击垫块，待垫块松动后再将垫块取出。

（3）拆除绝缘盒。由于改造过程中，原线棒不再使用，可采取破坏性拆除的方式。用往复锯将绝缘盒连同线棒端部电接头一同锯断，在锯断过程中采用喷水的方式降低环氧粉尘的漂浮。

（4）拔出线棒。将线棒上端部用葫芦固定在定子机座上，用大锤敲击线棒上、下端部，使线棒缓慢离开槽内，按此方法拔出所有线棒。

（三）汇流铜排的拆除

根据现场实际情况，用往复锯将铜排锯成小段，依次拆卸铜排支撑固定线夹及铜排。

二、定子铁芯拆卸

在拆卸前，根据中心返点时方钢数据，安装调整定子测圆架中心，使其与返点中心一致。调整定子测圆架中心柱垂直度，满足 0.02mm/m 要求。定子测圆架调整合格后，用定子测圆架、内径千分尺、水准仪和卷尺测量原定子铁芯的半径、中心线高程、长度等相关参数，作为改造时的参考。

拆卸前，安装下齿压板挂装螺栓，以防拉紧螺杆拆卸后定子铁芯下沉。磨开拉紧螺杆上端、下端螺母与齿压板间止动焊缝，拆除上端螺母。依次拆卸上齿压板、扇形片、下齿压板等部件。拉紧螺杆通过固定片、定位筋通过托板焊接固定在定子机座上，需刨开焊缝后拆除。刨开焊缝时要注意不能损伤定子机座环板，否则应对损伤部位进行补焊打磨处理。

第二节 定子铁芯安装

一、定子机座检查处理

原定子铁芯拆卸完成后，新定子铁芯正式安装前，需对原定子机座的连接螺栓、分瓣组合面进行检查处理。检查定子机座所有连接螺栓，应无松动、止动焊缝无开裂，否则应重新紧固并焊接止动；检查定子机座合缝间隙应不大于 0.5mm，否则应进行紧固处理。为了提高定子机座的整体刚性，对定子机座合缝位置进行强化处理，其中机型一在外侧焊接加强板（见图 4.4-2），机型二直接对合缝板内、外侧组合缝进行封焊处理（见图 4.4-3）。

原定位筋托板刨除后，需对焊缝位置进行必要的补焊和打磨处理，以确保新托板能够与环板紧密贴合。检查各定位筋托板与各环板间的间隙，应小于

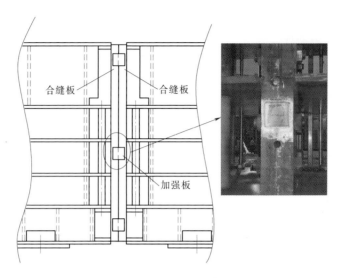

图 4.4-2　机型一定子机座合缝位置处理

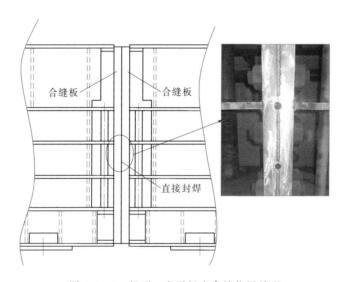

图 4.4-3　机型二定子机座合缝位置处理

0.50mm。在原定位筋、拉紧螺杆拆除后，新定位筋安装前，由于定子机座内圆侧无定位筋、拉紧螺杆的限制，非常便于清扫，故在此时对定子机座进行彻底清扫，以减少叠片前的清扫工作量。

二、下齿压板安装

葛洲坝电站原 125MW 机组机型一的定子铁芯为小下齿压板结构，机型二的定子铁芯为大齿压板结构，改造前后两种机型的下齿压板结构形式均保持不变，因此其安装调整工艺存在一定差别。

（一）机型一下齿压板安装

机型一的下齿压板为小齿压板结构，通过顶丝和挂装螺栓挂装在定子机座最下层的环板上，见图4.4-4。

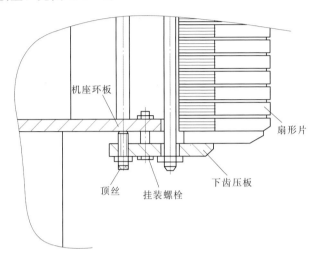

图4.4-4 机型一的下齿压板安装示意图

在下齿压板安装前对其进行仔细检查，各压指应在同一平面上，平面度应满足图纸中不大于0.50mm的要求，否则应进行加工处理，见图4.4-5。

图4.4-5 齿压板压指加工

用挂装螺栓和顶丝将下齿压板挂装在定子机座最下层的环板上，调整压指上表面高程和上翘量。每个下齿压板共测量4个测点，分别位于两侧压指的内圆和外圆。要求调整后，下齿压板顶丝必须完全顶实在机座环板上，下齿压板高程、内圆上翘量、波浪度、相邻下齿压板高差等参数应满足工艺相关要求。

小齿压板结构具有易于安装调整的优点，但在叠片过程中存在明显的下沉现象，需提前考虑该下沉量对定子铁芯中心线高程的影响。在下齿压板安装过程中，一般调整其实际安装高程高于理论高程，以抵消下沉对定子铁芯中心线高程的影响。

新下齿压板通过定子机座上的挂装螺栓孔进行挂装，个别机组原定子机座上的挂装螺栓孔中心不在同一个圆上，出现下齿压板调整余量不足，无法调圆的情况。现场可以采用对定子机座或下齿压板上的挂装螺栓孔进行扩孔的方式进行处理。对定子机座螺栓孔进行现场处理的难度相对较大，比较耗时。在经生产厂家计算满足设计要求的前提下，采用了将下齿压板外运加工的方式进行处理。下齿压板扩孔后，因挂装螺栓尺寸未变，需在挂装螺栓和下齿压板之间增加垫圈以满足安装要求。然而因垫圈受力后存在变形，导致下齿压板下沉量增加。例如，某台机组的下齿压板未进行扩孔处理，在叠片完成后测量其下齿压板的平均下沉量约为 1.5mm，而另一台机组进行了扩孔处理后下齿压板的平均下沉量则为 3mm 左右。

（二）机型二下齿压板安装

机型二的下齿压板为大齿压板结构（见图 4.4 - 6），压指直接焊接在定子机座最下层的环板上。改造时，刨除原压指，将新压指逐个焊接在环板上（见图 4.4 - 7）。

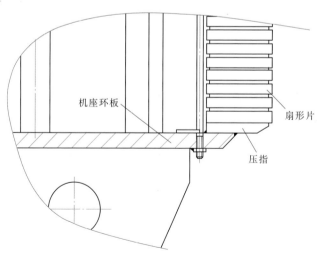

图 4.4 - 6　下齿压板安装示意图

图 4.4-7　下压指装焊

　　大下齿压板结构在现场进行压指装焊时，生产厂家要求的同断面内圆比外圆高 1.0～1.5mm 的上翘较难控制，装焊较为耗时。但该结构刚性较大，在后期叠片过程中下沉量较小，对定子铁芯中心线高程的控制相对容易。

　　若原 125MW 机组定子、转子中心线高程存在较大偏差，在发电机改造过程中，既可以采用调整转子中心线高程，又可以采用调整定子中心线高程的方式进行调整。机型一的小齿压板结构可以简单地对定子中心线高程进行调整，因此一般不对转子中心线高程进行调整。而机型二则需根据现场实际情况来确定如何进行高程调整。例如，机型二的某台机组修前转子磁极中心线比定子铁芯中心线高约 10mm，现场采取在定子机座最下层环板上部焊接 36 块厚度（11±1）mm 的垫板，垫高下压指的方式将新定子铁芯中心线高程提高，以满足定子、转子中心线高程一致的要求。若该机组修前转子磁极中心线比定子铁芯中心线低，由于定子机座最下层环板高程固定，无法降低，则只能采取提高磁极中心线的方式进行高程调整。

　　三、定位筋安装

　　葛洲坝电站改造后定子铁芯共有 132 根浮动式定位筋，采用"大等分弦距"法进行安装调整，大等分数为 12，即先等分 12 根大等分定位筋，然后再以大等分定位筋为基准，安装调整各大等分定位筋之间的定位筋。

　　在定位筋安装前，需对定位筋外观和尺寸进行仔细检查。用平尺检查定位筋的弯曲和扭转变形应满足图纸要求，否则应进行相应校正处理。

　　（一）基准定位筋安装

　　基准定位筋是后续定位筋安装调整的基准，因此必须选择弯曲和扭转变形

第四章　发电机定子改造

163

图 4.4 - 8　定位筋托板搭焊情况

较小的定位筋作为基准定位筋。基准定位筋一般选择安装在机座＋Y位置，编号为1号。用托板C形夹、托板顶柱及小钢楔等工具将1号基准定位筋固定在机座上。用吊钢丝方法，测量定位筋径向、周向垂直度，用内径千分尺测量定位筋挂装半径，用定子测圆架和百分表测量定位筋径向扭斜，应满足工艺相关要求。

在调整定位筋过程中应兼顾定位筋垂直度、扭斜和内径，三者全部合格后，用测温仪测量并记录环境温度及托板温度，将托板两侧与机座环板各对称点焊一点，复核相关尺寸无误后再进行搭焊，搭焊长度10～15mm，见图4.4-8。搭焊时，保证托板与环板紧贴，间隙不大于0.5mm。待焊点冷却后，再次测量记录环境温度及托板温度，当托板温度及环境温度相近时，检查定位筋斜楔是否松动，并复核定位筋垂直度、扭斜和内径。

（二）大等分定位筋挂装及搭焊

选择11根弯曲和扭转变形较小的定位筋作为大等分定位筋，以基准定位筋为起点，同时向两侧将大等分定位筋12等分，用安装基准定位筋的方法将大等分定位筋固定在定子机座上。测量调整大等分定位筋，用基准定位筋的搭焊方式焊接牢固后，应满足相关工艺要求。

（三）小等分定位筋安装

以大等分定位筋为基准，用定位筋搭焊样板，按顺时针方向逐跨将各小等分定位筋托板搭焊于环板上。搭焊时，小等分定位筋的固定和搭焊方式与基准定位筋一致。定位筋搭焊样板每使用一次，上下位置调换一次，以消除样板尺寸不等所产生的定位筋弦距上下偏差。定位筋托板全部搭焊完成后，应满足相关工艺要求。用搭焊样板搭焊定位筋见图4.4-9。

在机型一的定位筋安装调整过程中，发现个别定位筋背面小钢楔（见图4.4-10）存在松动现象，对调整工作产生一定不利影响。分析原因为小钢楔斜率过大所致，在后续安装过程中缩小了小钢楔的斜率，消除了松动风险。

（四）定位筋托板满焊

在所有定位筋搭焊检查合格后，即可以对定位筋托板进行满焊。焊接时应由4名焊工同时对称施焊，采用二氧化碳气体保护焊从合缝处顺时针方向进行。先满焊径向焊缝，在径向焊缝全部满焊结束后再开始满焊周向焊缝，以减

图 4.4-9　用搭焊样板搭焊定位筋

少托板焊接时的半径变化。机座各环板上的径向焊缝均焊完一层后才可以焊下一层径向焊缝，机座各环板上的周向焊缝均焊完一层后才可以焊下一层周向焊缝。每焊完一层焊缝后检查一次定位筋半径、弦距和扭斜，并根据检查情况采取反变形措施，确保定位筋满焊后符合相关工艺要求。

定位筋满焊完成后，对定位筋托板焊缝进行 PT 探伤检查（见图 4.4-11），合格后方可转入下一道工序。

图 4.4-10　定位筋背后小钢楔

图 4.4-11　托板 PT 探伤检查

（五）拉紧螺杆挂装

机型一的拉紧螺杆在定位筋托板满焊完成后、铁芯叠片前进行安装，通过焊接在定子机座环板上的固定夹进行固定，见图 4.4 - 12。

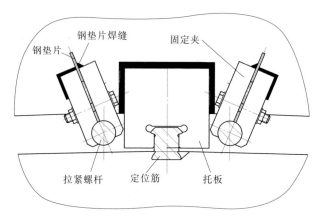

图 4.4 - 12　拉紧螺杆安装示意图

机型一的定子机座共有四层环板，每根拉紧螺杆配有两个固定夹，两个固定夹分别焊接在中间两层环板上（编号为 2 和 3）。拉紧螺杆挂装前，应仔细检查固定夹背后钢垫片的点焊焊缝，应牢靠无裂纹，并将靠近托板侧止动垫片锁定合格，另一侧在固定夹装焊合格后锁定。用搭焊样板挂装拉紧螺杆，并在 2、3 层环板上配装固定夹。配装合格后，将固定夹焊接在环板上，见图 4.4 - 13。

由于定子机座为分瓣结构，在分瓣组合缝位置，固定夹无法焊接在环板上部，只能焊接在环板下部，见图 4.4 - 14。

机型二的拉紧螺杆无固定夹，在定子铁芯叠片完成后，与上齿压板一起安装。

图 4.4 - 13　安装合格的拉紧
螺杆和固定夹

（六）喷漆

全面清理各部件上的灰尘、焊珠、焊渣及油污等，按图纸技术要求在定子机座内表面喷涂 9130 漆，其中定位筋筋面及鸽尾面、压指上表面与冲片接触位置不喷涂，喷漆前防护及喷漆后效果见图 4.4 - 15。

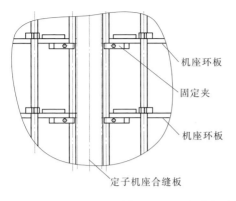

机座环板

固定夹

机座环板

定子机座合缝板

图 4.4 - 14　机座组合缝位置固定夹装焊

图 4.4 - 15　喷漆前防护及喷漆后效果

四、定子铁芯叠片及装压

(一) 定子铁芯叠片

定子铁芯所有扇形片均按每层搭接 1/2 片的方式进行叠装。在正式叠装前，应仔细检查阶梯片的粘接质量。在叠片过程中也必须随时检查扇形片质量，将存在缺角、硬性折弯、齿部或根部断裂、齿部槽尖角卷曲、表面绝缘漆脱落等缺陷的扇形片清出，避免参与叠装。统计定位筋与托板之间小钢楔数量，并做记录，在叠片完成后全部拆除。

阶梯片位于定子铁芯的两端，共有 3 种内径尺寸，叠装完成后呈阶梯状。生产厂家供货的阶梯片单件厚度为 3mm，由 6 张扇形片粘接成整体。在下端阶梯片叠装前和上齿压板安装前，将上、下齿压板压指表面与冲片接触位置均匀喷涂二硫化钼润滑剂，以防在压紧过程中扇形片与压指之间的相对移动损伤绝缘。粘到其他表面的润滑剂应清理干净。按先后顺序依次叠入已粘接好的阶梯片，各层阶梯片之间涂抹硅钢片边段涂刷胶 3543。

叠完第一段定子铁芯后，用整形棒进行定子铁芯整形。当叠片高度 30mm 左右，用槽样棒、槽楔槽样棒进行定位，并随铁芯叠片高度的提升而提升（见图 4.4 - 16）。

图 4.4 - 16　槽样棒、槽楔槽样棒现场使用图

在各段之间叠一层通风槽片，通风槽片工字钢朝上叠装（见图 4.4 - 17）。由于通风槽片齿部宽度较普通片窄，无法通过槽样棒和整形棒对其进行精确限位，因此需注意检查，两通风槽片间不能存在搭接。

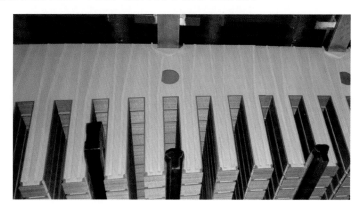

图 4.4 - 17　通风槽片叠装

在定子铁芯叠片过程中，每叠完一段铁芯后应进行整形和相关的测量工作。在靠近定位筋两侧位置，隔着垫块用橡胶锤向下垂直敲打冲片，使冲片靠实在定位筋上。用整形棒整理槽形，从冲片内圆向外圆方向整形，使冲片尽量

紧靠在定位筋筋面上。测量定子铁芯内径、单段铁芯高度，应满足相关工艺要求。详细记录每单段铁芯实际叠基本扇形片层数、径向和周向补偿片实际叠入层数以及补偿片叠入铁芯具体段数（根据实际需要叠入补偿片），作为下一段铁芯叠片的参考。

根据设计图纸要求，在相应的铁芯小段中部叠装绝缘扇形片和含测温槽的扇形片。其中机型一是在第 15 段和第 29 段中部各叠一层绝缘扇形片，并用 HDJ－138 双组分涂刷浸渍胶粘接牢固；在第 23 段中间位置，选用含测温槽的扇形片，在图纸要求的周向位置叠出 9 个测温槽。

（二）定子铁芯压紧

在叠片过程中对定子铁芯进行分段预压，葛洲坝电站定子铁芯共进行三次预压紧。在叠片 500mm 高度左右时进行第一次预压紧，在叠片 1000mm 高度左右时进行第二次预压紧。在叠片完成后，安装上齿压板、碟簧、导筒等进行第三次预压紧。定子铁芯磁化试验完成后，立即按照设计预紧力对定子铁芯进行最终压紧。

在第一、二次预压紧时，机型一与机型二的预压紧工具结构不同，其预压紧方式也存在差异。在叠片完成后的第三次预压紧、铁芯磁化试验后的最终压紧，机型一与机型二所采用的压紧方法一致，均是在拉紧螺杆、上齿压板、碟簧、导筒等部件安装就位的情况下，采用液压拉伸器进行压紧。

1. 机型一定子铁芯压紧

机型一定子铁芯在第一、二次预压紧时，采用的预压紧工具主要由上压板、传力柱、扇形工具压板、液压拉伸器等构成，见图 4.4－18。预压前将铁芯全部整形一次，在扇形工具压板下面的第一层不得放通风槽片，槽样棒、槽楔槽样棒不得露出铁芯之上，扇形工具压板与铁芯表面间垫入一层废冲片进行保护。将定子铁芯上 264 个拉紧螺杆对称分为 6 个区域，各区域拉紧螺杆顺时针依次编号 1～44 号，同时用 6 个拉伸器相隔 60°方向均匀多次施力预压。预压紧时，在拉伸器油泵同等油压下，每间隔 4 根螺杆拉伸一个，直至所有螺杆均在该油压下拉伸一次，才能进行更高一级油压下的拉伸。

用拉伸器进行预压紧前，先用钩形扳手将圆螺母把紧。为防止端部冲片滑移影响槽形，防止每个拉紧螺杆预紧力不均匀及铁芯局部产生波浪度，在拉伸器油泵同等油压下，每一次旋转拧紧螺母不能超过一圈，全部螺母把紧一圈后，再进行第二圈螺母把紧。逐步提升油泵油压，多次循环直至全部螺母把紧，拉紧螺杆达到设计预紧力。

在每次预压紧完成后，需测量并记录铁芯内径、波浪度和高度尺寸，如果超差必须及时进行相应的调整。在压紧过程中需用百分表监视下齿压板上抬量（见图 4.4－19），不应超过工艺要求值。

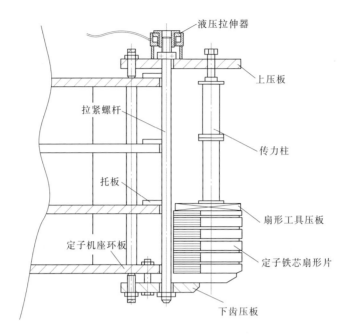

图 4.4-18　机型一预压紧工具安装示意图

液压拉伸器

上压板

传力柱

扇形工具压板

定子铁芯扇形片

下齿压板

拉紧螺杆

托板

定子机座环板

叠片完成后，安装上齿压板、碟簧、导筒等部件进行第三次预压紧，操作方式与前两次预压一致。第三次预压紧完成后，取出小钢楔，并对小钢楔数量进行清点，确保全部取出。在定子铁芯磁化试验完成后，再次按设计预紧力对定子铁芯进行最终压紧，确保在铁芯磁化试验后各拉紧螺杆的预紧力满足设计要求。

由于上齿压板安装后，最上部定位筋与托板之间的小钢楔无法取出，因此必须在第三次预压紧前取出，其他位置斜楔可以在第三次预压紧完成后取出。在第三次预压紧过程中发现，定子铁芯上部半径存在明显变大趋势，分析原因应为最上部小钢楔取出后，定子铁芯在外圆方向无约束，向外移动所致。为了防止压紧过程中半径的变化，加工了特殊斜楔，从托板下部楔入（见图 4.4-20），有效地控制了压紧过程中半径的变化。

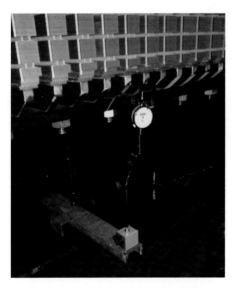

图 4.4-19　下齿压板上抬量监视

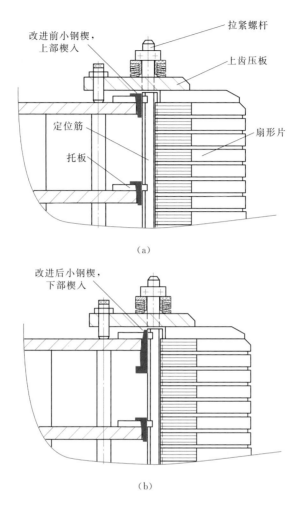

改进前小钢楔，上部楔入
拉紧螺杆
上齿压板
定位筋
托板
扇形片

（a）

改进后小钢楔，下部楔入

（b）

图 4.4 - 20　改进前后小钢楔对比图

（a）改造前小钢楔；（b）改造后小钢楔

2. 机型二定子铁芯压紧

机型二定子铁芯在第一、二次预压紧时，采用的预压紧工具主要由上压板、下压板、工具螺杆（两种长度规格，分别对应两次预压紧）、手动扭矩扳手等构成，见图 4.4 - 21。该预压紧方式需人工对称用扭矩扳手进行压紧，劳动强度大，效率低。在叠片完成后的第三次预压紧、铁芯磁化试验后的最终压紧，与机型一所采用的方法一致，只是拉伸器的布置方式、拉伸次数、最终预紧力等存在一定的差异，此处不再赘述。

在征得厂家同意的前提下，对机型二的第一、二次预压紧方式进行了优化改进，优化改进后的预压紧方式与机型一相同。机型二为 M42 拉紧螺杆，机

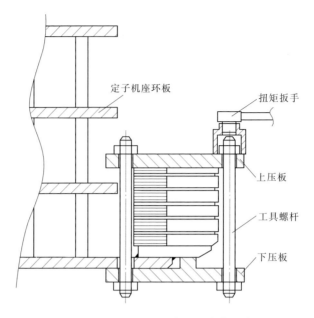

图 4.4 - 21　机型二预压紧工具安装示意图

型一为 M36 拉紧螺杆，其他部件尺寸基本一致，除上压板外，机型一的预压紧工具的扇形工具压板、传力柱等部件均可以用于机型二，因此仅需对上压板进行加工处理即可以满足机型二的预压紧要求。

第三节　定子铁芯磁化试验

发电机定子铁芯是由薄硅钢片现场叠装而成，在铁芯硅钢片的制造或现场叠装过程中，可能存在片间绝缘损坏，从而造成片间短路。为了防止运行中因片间短路引起局部过热从而威胁机组的安全运行，须进行铁芯磁化试验。同时，铁芯磁化试验还能通过振动和发热使铁芯下沉，达到仅由加压力所不能达到的进一步压紧铁芯的目的。

一、试验原理及方法

在发电机定子铁芯上缠绕励磁绕组，绕组中通入一定的工频电流，使之在铁芯内部产生接近饱和状态的交变磁通，通常取励磁磁感应强度为 1T，铁芯在交变磁通中产生涡流损耗和磁滞损耗，使铁芯发热，温度升高。同时，使铁芯中片间绝缘受损或劣化的部分产生较大的局部涡流，温度急剧上升，从而找出过热点。

试验中用红外线测温仪测量定子铁芯、上下齿压板及定子机座的温度，计算出温升和温差，用红外线热像仪扫描查找定子铁芯局部过热点及辅助测温。在铁芯上缠绕测量绕组，测量铁芯中不同时刻的磁感应强度，并根据测得的励磁电流、电压计算出铁芯的有功损耗。把测量、计算结果与设计要求相比较，来判断定子铁芯的制造、安装整体质量。

定子铁损试验接线见图 4.4 - 22。为了减少漏磁对试验结果的影响，同时降低磁密不平均对试验结果的影响，励磁线圈与测量线圈均应均匀布置。

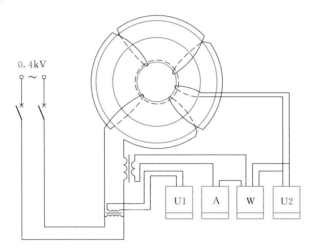

图 4.4 - 22 定子铁损试验接线图

（一）试验前的有关计算

1. 定子铁芯轭部截面积计算

$$h_{ys} = (D_1 - D_2)/2 - h_s$$

式中　h_{ys}——定子铁芯轭高，mm；

　　　h_s——定子铁芯齿高，mm。

$$l_u = k_{Fe}(l - nb)$$

式中　l_u——定子铁芯净长，mm；

　　　l——定子铁芯高度，mm；

　　　n——定子铁芯通风槽数，个；

　　　b——定子铁芯通风槽单个高度，mm；

　　　k_{Fe}——定子铁芯叠压系数，取 $k_{Fe} = 0.96$。

$$Q = h_{ys}l_u$$

式中　Q——定子铁芯轭部截面面积，m^2。

2. 励磁线圈匝数计算

因为现场励磁电压较低，线路压降占其比例较高，为保证 1T 的磁通密度，现场试验中比理论计算减少 1～2 匝。

$$W_1 = U_1 / 4.44 f Q B$$

式中　W_1——励磁线圈匝数；

　　　　U_1——励磁线圈电压，V；

　　　　B——试验时定子铁芯轭部磁通密度，T。

3. 励磁电流计算

根据现场试验经验，DL/T 5420—2009 推荐取 $H = 150 \sim 170 \text{A/m}$。

$$I = \left[\pi (D_1 - h_{ys}) H \right] / W_1$$

式中　I——励磁线圈电流，A；

　　　　H——定子铁芯轭部磁场强度，A/m。

4. 测量线圈感应电压计算

$$U_2 = 4.44 f Q B W_2$$

式中　U_2——测量线圈电压，V；

　　　　B——试验时定子铁芯轭部磁通密度，T。

5. 定子铁芯轭部质量计算

$$m = \rho Q \pi (D_1 - h_{ys})$$

式中　m——定子铁芯轭部质量，kg；

　　　　ρ——硅钢片密度，kg/m^3。

（二）试验结果计算

1. 实测磁通密度计算

$$B_1 = U_2 / (4.44 f_1 Q W_2)$$

式中　U_2——测量线圈电压，V；

　　　　B_1——实际铁芯轭部磁通密度，T；

　　　　f_1——实测电源频率，Hz；

　　　　W_2——测量线圈匝数。

2. 铁芯最大温升 Δt_{max}（换算至 1T）计算

$$\Delta t_{max} = (t_3 - t_0)(1/B_1)^2$$

式中　Δt_{max}——铁芯的最大温升，K；

　　　　t_3——最高铁芯温度，℃；

　　　　t_0——铁芯初温，℃；

　　　　B_1——试验实测铁芯磁通密度，t。

3. 铁芯相同部位定子齿（槽）温差 Δt_1（换算至 1T）计算

$$\Delta t_1 = (t_1 - t_2)(1/B_1)^2$$

式中　Δt_1——定子铁芯相同部位最大温升与最小温升之差；

　　　　t_1——最高齿（槽）温度，℃；

t_2——最低齿（槽）温度，℃；

B_1——试验实测铁芯磁通密度，t。

4．定子铁芯轭部铁损计算

$$P_{Fe} = mP(1/B_1)^2(50/f_1)^{1.3}(W_1/W_2)$$

式中　P_{Fe}——试验计算的定子铁芯比损耗，W/kg；

　　　P——功率表读数，实际总铁损，W；

　　　m——铁轭总重量，kg；

　　　B_1——试验实测铁芯磁通密度，t；

　　　f_1——试验实测频率。

二、试验结果与分析

以葛洲坝电站某改造增容后机组为例。试验时根据经验取叠压系数为 0.96，计算出该机组定子铁芯质量为 66627kg，选用 380V 厂用电作为励磁电源。计算磁通密度为 1T 时，励磁线圈匝数 $W_1 = 9.5$ 匝，考虑压降的影响，为保证磁通密度，现场试验中取 8 匝。励磁线圈按 $4 \times 90°$ 进行均匀布置，每个点布置 2 匝。测量线圈 2 匝，布置两组，位于相邻励磁线圈的中间位置。

根据试验数据，可以知道葛洲坝电站铁芯最大温升 Δt_{max} 不超过 25℃，铁芯相同部位（定子齿或槽）温度差 Δt_1 不超过 15℃。同时，单位铁损 P_{Fe} 在 1T 下不大于 1.3 倍参考值，铁芯磁化试验合格，铁芯产品质量与安装质量合格。

三、试验注意事项

（1）试验前应确保定子铁芯周围已经彻底清扫干净，通风沟等沟槽内要重点吹扫，并确认无任何杂物，特别是金属碎屑。

（2）定子机座用不小于 $50mm^2$ 的铜线与接地网连接。

（3）试验中，采用 0.4kV 电源做励磁电源。因试验负荷为两相，为不影响正常施工用电，所以必须采用专线供电，并确保供电容量。

（4）试验时，励磁电缆应采用绝缘导线绕制，导线与定子铁芯、定子绕组及机壳凸棱处应垫具有足够强度的绝缘材料，如绝缘纸板或绝缘胶皮等。

（5）试验过程中如发现有局部过热点，但温差又不显著，应加强对局部过热点的监测。一旦发现大幅度温度上升，应通知试验总负责人进行处理。

（6）试验过程中，应用红外成像仪监测铁芯各部位温度，任何一处温度超过规定值时，或个别地方发热厉害，甚至冒烟或发红时，应立即停止试验。

第四节 定子绕组安装

定子绕组是构成发电机的核心部件，主要由定子端箍、定子线棒、定子槽楔及汇流铜排等组成。定子绕组安装质量直接影响了发电机的使用寿命。

一、定子绕组的安装工艺及流程

葛洲坝电站发电机定子绕组安装总工期约两个月，具体工艺流程见图4.4-23。

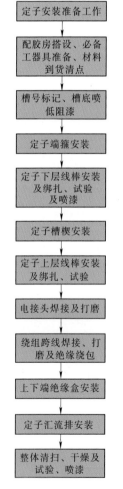

图 4.4-23 定子绕组
安装流程图

（一）定子端箍安装

定子端箍是固定定子绕组的主要部件。一般采用非磁性金属材料制作，并在外部包扎绝缘。葛洲坝电站150MW发电机定子端箍采用φ25的不锈钢圆柱焊接制成，外部包扎桐马环氧玻璃粉云母带作为主绝缘。定子绕组上下端部均布置一层端箍，分别由8段端箍环现场焊接拼成后安装于绝缘支架上，上下层各布置66个端箍支架。端箍与支架采用0.3mm×25mm的定向玻璃纤维带绑扎固定。

1. 端箍安装的准备工作

彻底清理上下齿压板，确保齿压板上无突起，以免影响端箍支架安装。根据图纸，每隔12槽在齿压板上标记端箍支架安装大致位置。

检查16根端箍环，确保表面绝缘完好。按图纸要求处理每根端箍环两端绝缘，焊接散热段长度不小于350mm，绝缘搭接长度不小于50mm，绝缘搭接坡度不大于15°。

根据端箍环的形状特性进行预装，预装后对每根端箍环进行编号。

挑选形状较好的36根下层线棒作为定位线棒备用。

设置绝缘配胶及包扎防尘工作区，进行绝缘胶取样配比固化试验。

固定绑扎用的定向玻璃纤维带在烘房中按80℃、4h进行脱蜡处理。

端箍接头打磨见图4.4-24。

图 4.4 - 24　端箍接头打磨

2. 安装定位线棒

在定子圆周上均匀预装好 36 根挑选好的下层线棒，每隔 22 槽嵌入一根。若设计有槽底垫条，将未浸渍的槽底垫条用聚酯胶带吊挂在槽底，然后按图纸要求嵌入下层线棒，并用压线工具和压线垫条压住线棒。线棒上下电接头至定子铁芯距离尺寸按线棒安装图纸确定。定位线棒安装见图 4.4 - 25。

3. 安装端箍支架

将端箍支架和支架角钢按图纸要求进行组装。将组装好的端箍支架用白布带绑在端箍环上，每根端箍环应均匀分布 8 个支架。若端箍支架有几种型号，各种型号支架在每根端箍环上均应分布。将绑有支架的端箍环抬起并慢慢靠近定位线棒，使端箍与线棒之间的距离保证在 2～3mm，或在端箍与线棒间垫上未浸胶的涤纶毡后使之与线棒靠紧。此时，测

图 4.4 - 25　定位线棒安装

量 8 个支架至定子铁芯内腔的距离，并取平均值。该数值作为端箍安装位置的径向尺寸检验参考值。按上述靠近线棒的方法，并参考端箍安装准备阶段每隔 12 槽确定的端箍安装环大致位置，确定端箍支架的安装最终位置，并用径向尺寸参考值进行检验校核。当确定端箍支架安装位置后，立即将其点焊在定子齿压板上。按上述方法确定全部端箍支架安装位置，并全部点焊。

图 4.4 - 26　端箍支撑

端箍支架安装时，应尽可能避开端箍环的连接焊接点。

端箍支撑见图 4.4 - 26。

4. 安装端箍

确定好端箍支架后，将全部端箍环进行拼装组圆，调整到合适位置后临时固定在支架上。按图纸要求，用专用焊条焊接好各端箍环接头，并打磨处理好接头。

5. 端箍固定及包扎

为了便于端箍固定后应力的释放，应先绑扎固定端箍后，再进行焊接点的外绝缘包扎。用酒精清洗端箍与支架接触部位，并用浸胶的定向玻璃纤维带按图纸方法绑扎固定好端箍。

待绑扎浸渍胶完全固化后，按要求包扎端箍环焊接点。包扎前需清理并用酒精彻底清洗焊接点和绝缘搭接面。新包扎的绝缘应密实无气泡，与旧绝缘的搭接长度满足要求，最终厚度与旧绝缘平齐。

将端箍支架角钢满焊于定子机座相应位置处后，对现场进行全面清扫。

6. 端箍安装验收

待绝缘完全固化后组织端箍安装后的最终验收。验收要点应包括以下方面：

（1）所有端箍环焊接点验收合格。

（2）端箍支架在整圆上均匀分布，并且支架角钢到定子铁芯内腔距离差距小于 3mm。

（3）端箍至定位线棒的间隙合适、均匀。

（4）端箍与支架的绑扎固定满足图纸要求，绝缘胶完全固化，表面平整无毛刺。

（5）端箍绝缘包扎满足工艺要求，绝缘胶完全固化，紧实无气泡，表面光滑无毛刺。

（6）支架角钢满焊并满足图纸要求。

端箍安装验收合格后，拆除安装的定位线棒。端箍安装后局部图见图 4.4 - 27。

（二）定子线棒安装

定子线棒是发电机的主要组成部件，也是重要的载流部件。线棒一般由多股铜导线经过换位组成，主绝缘采用 VPI（真空压力浸渍）或多胶模压工艺形成。葛洲坝电站 150MW 发电机定子线棒采用 44 根 2.5mm×8mm 铜导线经过 302.73° 不完全换位组成。定子线棒分为上下层安装，各为 792 根，其中上层普通线棒 585 根，上层连接线棒 144 根，上层斜连接线棒 63 根，下层普通线棒 585 根，上层连接线棒 126 根，上层斜连接线棒 63 根，下层引出线棒 18 根。

1. 定子线棒安装前的准备

（1）彻底清理铁芯线槽，检查有无凸出片等，并对铁芯槽内喷半导体防晕漆 1235 两遍。

图 4.4 - 27　端箍安装后局部图

（2）根据图纸确定铁芯第 1 槽位置，并沿顺时针方向每隔 10 槽用白色油漆笔编号。

（3）根据定子接线图在相应的线槽标识线棒及 RTD 类型。

（4）将定子线棒电接头进行打磨，去除油污及氧化层，也可将连接线棒及引出线棒端部 40mm 范围内的绝缘漆去除，并均匀打磨成坡口状。

（5）定子下线过程中工具准备以及胶等试配。

2. 定子线棒嵌入

将线棒分类摆放在专用梯凳上，用干净白布擦拭线棒直线段。用半导体胶 HEC56600 涂刷在槽衬纸单边，要求涂刷面积不低于 80%，且涂刷厚度应一致，将槽衬纸包裹线棒，注意开口方向应指向机组轴心，每层槽衬纸对接处应错开，不得重叠。

将定子线棒运至靠近槽口处，调整线棒高度，以上下端槽衬纸高出铁芯约 10mm 为准，先人工将定子线棒平行推入槽口，然后用橡皮锤敲打线棒各处，注意敲打线棒用力不得过大，线棒入槽后，再均匀地将线棒推至槽底，确保线棒与槽底接触良好。注意线棒嵌入过程中保护线棒表面防晕层。

每根线棒安装到位后，应及时测量线棒上下电接头距离铁芯高度，上下端正负误差应均分，并结合相邻线棒斜边间隙调整。最后放入压线垫条，用压指均匀压紧。

下线后，应及时检查线棒就位是否正确，线棒两端伸出槽口的长度应符合有关要求。下线过程中压紧线棒后，应及时检查线棒与端箍或线棒之间接触情况。

图 4.4-28　定子线棒嵌入

定子线棒嵌入见图 4.4-28。

3.定子线棒固定

正确配制室温固化胶 HDJ-138，并取样保存。在第一次配胶时应请厂家现场安装指导人员进行监督和指导，在正式应用到产品之前应进行试配。

按定子装配有关要求，将斜边垫块用浸好 HDJ-138 胶的涤纶毛毡包裹，安装到下层线棒间相应位置。安装时应分别保持线棒上、下端部斜边垫块尽可能在同一高度位置上，同时，所有斜边垫块塞入定子下层线棒的深度应一致，并与线棒内表面平齐。

浸有云母胶 213 的定向玻璃纤维带晾至半干，按要求绑扎下层线棒、端箍和斜边垫块。绑扎前应在厂家指导下进行试绑，经验收合格后再正式进行，一般绑扎 3 层，每层均应绑紧并叠在一起，以保证外观整齐、美观。绑扎完成后，应按要求在定向玻璃纤维丝带外面涂刷 HDJ-138 胶。

待 HDJ-138 胶完全固化后，拆除下层线棒压指等设备，并逐槽检查槽底下层线棒与铁芯间的接触情况，如存在问题及时处理。

定子线棒端部绑扎见图 4.4-29。

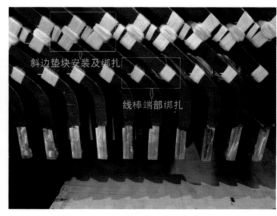

斜边垫块安装及绑扎

线棒端部绑扎

图 4.4-29　定子线棒端部绑扎

（三）槽楔安装

槽楔是用于固定定子线棒直线段的主要部件，一般采用层压玻璃布板构成。槽楔一般分为主楔（也称外楔）和副楔（也称内楔），主楔两侧加工成鸽尾状，与铁芯的鸽尾配装，每节主楔还加工 3～4 个通风沟，主、副楔都带有一定斜率，比铁芯槽略窄。每槽槽楔共 11 节，第 4、8 节槽楔带有检查孔，可用于检查波纹板压缩量，也确保槽楔紧度在合理范围内。

槽楔安装通常从最下一节开始，要求槽楔通风沟与铁芯通风沟沿转子旋转方向对齐。

在定子线棒上依次放上楔下垫条、副楔、波纹板、主楔，要求波纹板插入深度与主楔平齐，副楔用环氧板或专用工具打紧。

当副楔与主楔平齐时，测量波纹板压缩量应在 85% 左右，并用小铜锤敲击主楔上中下各部听声音，以此为标准敲击其余槽楔，判断槽楔松紧度是否合格，同时上下两节主楔间隙应小于 2mm。

槽楔紧度判断应由经验丰富的人员进行，对紧度有异议的应由多人综合判断，敲击槽楔应使用尺寸基本相同的铜锤，且敲击每节槽楔的部位及力量应基本一致。同时也可选择使用 IRIS 公司生产的槽楔松动检测仪检测槽楔的紧度。

对于上下端部槽楔，应用 $\phi 5$ 的玻璃丝绳按照图纸要求进行绑扎，一般绑扎 3 道，绑扎完成后应及时涂刷 HDJ-138 胶，并间隔 3h 左右涂刷两遍，待 HDJ-138 胶完全固化后应处理绑绳的尖端及毛刺。

槽楔安装及检查见图 4.4-30。槽楔端部绑扎见图 4.4-31。

图 4.4-30　槽楔安装及检查

（四）电接头焊接

由于定子线棒主要载流导体是多股铜线组成的，不同槽的线棒需要通过焊接形成支路，线棒电接头的焊接多采用中频感应焊接，一般有搭接焊和对接焊两种方式。由于对接焊简单，焊接质量容易控制，一次合格率往往在 95% 以上。葛洲坝电站发电机线棒电接头在厂内用特定尺寸的铜块与股线焊接，在现场装配时，两个电接头对接处需要用中频感应焊机焊接。根据电接头形状可将线棒分为普通线棒、连接线棒、斜连接线棒和引出线棒。

图 4.4 - 31　槽楔端部绑扎

1. 电接头焊接工序

电接头焊接主要工序如下：

（1）焊接准备，主要是现场中频感应焊机水路、电路布置及除烟尘设备调试。

（2）电接头焊接区域打磨除去油污及氧化层，一般在下线前完成，下线过程注意对电接头进行防护。

（3）在电接头下方用防火布做好防护，在线棒根部用湿布包裹以降低焊接过程中线棒绝缘温升。

（4）用专用工具将线棒电接头调整到最佳位置，以确保焊接时接触面积最大。

（5）用专用夹具将电接头固定牢固，并将感应线圈与电接头侧面固定牢固，并调整感应线圈位置，使得加热效率最大。

（6）调整好中频感应焊接水路、电路参数，将功率输出控制在焊机额定输出的 70% 左右，通过间断控制输出按钮使电接头加温到焊料刚好熔化时并保持温度，用银焊料溶化填充电接头间隙，加热时间一般控制在 2～3min。

（7）焊接完成后，可通过焊机自身的水循环给电接头降温，冷却 2min 左右移开感应线圈及夹具。检测焊接部位无砂眼、缝隙，焊料充分熔化，焊缝饱满。一次焊接时间不宜过长，初次检查不合格应及时补焊，再次检查仍不合格应等焊接部位及绝缘降至常温后再处理，一般返工不得超过两次。

（8）焊接部位经打磨后，需露出金属光泽，不得有焊瘤及氧化物等。

线棒电接头焊接见图 4.4 - 32。

（五）绕组跨线安装

绕组跨线也称极间连接线，用于将同层线棒连接以形成特定支路，绕组跨线一般由铜排制成，表面由环氧粉云母带组成主绝缘。葛洲坝电站发电机绕组跨线分为上层跨线和下层跨线两类，上层跨线共 72 根，每根长度相同，跨距均为 9 槽，下层跨线共 63 根，其中 56 根跨距为 9 槽，7 根跨距为 8 槽。

1. 跨接接头焊接

绕组跨线焊接方法同电接头焊接。

2. 跨线绝缘包扎

待跨线焊接处打磨合格后，需对跨接线进行绝缘包扎。包扎前用酒精彻底清洗焊接点和绝缘搭接面。并按照新旧绝缘的搭接长度要求，用环氧粉云母带

图 4.4-32 线棒电接头焊接

对绕组跨线进行绝缘包扎，一般是包扎粉云母带 14 层，最外面包扎 2 层玻璃丝带，每层需均匀涂刷室温固化胶 HEC56102。

3. 跨线绑扎固定

先按要求试配 HDJ-138 胶。

将涤纶毡充分浸渍 HDJ-138 胶后晾干半小时左右，用涤纶毡包裹垫块塞入跨线之间，根据要求一般在两根跨线之间绑扎两个垫块。

按要求用玻璃丝绳将垫块与跨线绑扎固定，一般绑扎 3 道，最后 1 道需进行自锁。绑扎完成后涂刷 HDJ-138 胶两遍。跨线安装后现场图见图 4.4-33。

（六）绝缘盒安装

葛洲坝电站发电机普通线棒接头采用套装绝缘盒并灌环氧胶。主要分上端绝缘安装和下端绝缘盒安装。

图 4.4-33 跨线安装后现场图

1. 上端绝缘盒安装

绝缘盒套入前，用酒精布清理绝缘盒，并存放在无尘地方进行阴干。仔细清理每个导电块焊接接头，表面应具有金属光泽，不应有污斑。检查绝缘盒质量，有裂纹、气孔者不能使用。根据线棒端头尺寸和绝缘盒尺寸制作上端绝缘盒浇灌用堵漏板。

按导电块搭接绝缘盒距离要求，用白色记号笔在定子线棒上端部沿圆周划出安放上端绝缘盒浇灌用堵漏板的具体位置，将上端绝缘盒浇灌用堵漏板固定。测量每根线棒端部堵漏板上方的绝缘搭接长度，若没有达到要求，可对定子线棒的搭接部分进行半叠包绝缘处理。

安装定子线棒上端绝缘盒，要求相邻绝缘盒之间顶部高差小于 3mm，沿圆周顶部高差最大应小于 5mm。绝缘盒内表面与导电块之间距离均匀。绝缘盒顶部与导电块之间距离应符合要求，不小于 5mm。

现场配制 HDJ-18 室温填充泥进行堵漏。根据安装场地的环境温度，试配 881 绝缘盒灌注胶，确定其实际固化时间。必要时，可适当调整 881 绝缘盒灌注胶配比。

绝缘盒浇灌时，应先在每个绝缘盒中灌入少量 881 绝缘盒灌注胶，以确定堵漏板无渗漏现象，待其固化后，再分两次灌满，每次灌注约 50%，间隔时间以灌注胶完全固化为宜。并应及时将浇灌过程中滴在绝缘盒表面上的 881 绝缘盒灌注胶擦去。绝缘盒灌注胶固化后，如因绝缘盒灌注胶收缩而导致其低于绝缘盒表面时，应重新用 881 绝缘盒灌注胶填满。

端部绝缘盒灌注胶固化后，应拆除其堵漏板以及堵漏板支撑，全面清理绝缘盒表面。

上端绝缘盒安装见图 4.4-34。

图 4.4-34　上端绝缘盒安装

2. 下端绝缘盒安装

在下端绝缘盒浇灌前，应采用千斤顶和木板进行支撑。绝缘盒外表面用电话纸包好。

按上端部绝缘盒浇灌所述方法进行下端绝缘盒浇灌。

下端部绝缘盒灌注胶 879 固化后，拆除绝缘盒外部电话纸，并全面清理绝缘盒表面。

下端绝缘盒安装见图 4.4-35。

图 4.4-35　下端绝缘盒安装

（七）汇流排安装

汇流排也称铜排，主要连接引出线棒与出口、中性点引出线，一般由铜板作为载流导体，由环氧粉云母带构成主绝缘。葛洲坝电站发电机汇流排共 11 层，有 54 个焊接点，汇流排安装主要有汇流排支撑安装、汇流排安装、汇流排焊接、汇流排绝缘包扎、汇流排固定几个步骤。

1. 汇流排支撑安装

按照图纸所示位置，在定子机座布置 40 个支撑，支撑应正对圆心，支撑分布半径理论值为 8190mm，可根据现场实际情况调整。预装完成后，将支撑点焊到定子机座上，焊接时，应采取措施防止焊渣掉入定子铁芯。汇流铜排安装见图 4.4-36。

2. 汇流排安装

按图纸要求从下往上预装第 1 层汇流排，预装时应将支撑垫块及绝缘螺杆全部装配上去，检查汇流排分布半径和配割余量，对需要配割的汇流排做好标识。预装时应尽量考虑尺寸的精准度以及焊接和装配过程中可能产生的形变量。预装完成后，将汇流排搬运至规划的场地进行切割、打磨，并做好防护措施。

3. 汇流排焊接

对预装好的汇流排焊接接触面进行处理，要求用干净白布蘸无水乙醇进行清洗，去除油污及氧化层，并在焊接接触面垫合适尺寸的银焊片，再用专用夹具对汇流排

图 4.4-36　汇流铜排安装

和感应线圈进行固定。在焊接处两端用湿布包裹后，用中频感应焊机进行焊接，操作方法同电接头焊接。焊接时，应采取措施防止焊渣掉入定子铁芯。

4. 汇流排绝缘包扎

焊接完成后，检查焊接质量，要求焊接部位不得有气孔、缝隙等，焊缝应饱满，经过打磨后表面应露出金属光泽，无残存焊料、毛刺以及氧化物等。经检查验收后，具备绝缘包扎条件，按照工艺要求半叠绕包扎环氧粉云母和玻璃丝带，每层均应涂抹环氧室温固化胶（HEC56102胶）。

5. 汇流排绑扎固定

按图纸要求从下往上装配其余层汇流排，在汇流排与支撑线夹接触部位用浸渍环氧胶的涤纶毡隔离，并将压板固定螺栓按规定力矩拧紧，再打紧锁片，在汇流排之间按照图纸所示位置垫上环氧块，并用定向玻璃纤维带进行绑扎。汇流铜排安装后现场图见图4.4-37。

图4.4-37　汇流铜排安装后现场图

（八）定子干燥

定子干燥时，现场采用辅助电加热器干燥法对定子进行干燥。在定子圆周方向均匀布置4～6台热风机，出风口向上约30°，偏转约60°斜对定子铁芯，保证定子线棒及铁芯局部最高温度不大于80℃。干燥过程中，应每隔1h测量并记录温度。

每隔3h测量并记录定子绝缘电阻和绝缘电阻吸收比。当定子绕组每相绝缘电阻稳定并符合规程要求后，一般继续加热8h以上以确保定子绕组充分干燥，然后再停止辅助加热器。

干燥结束后，当温度降至室温，方可拆除帆布等保温措施，让定子自然冷却，并用干燥压缩空气将线棒端部吹干净。

定子加热结束冷却后，记录下当时的空气相对湿度、环境温度以及定子线棒温度，按要求用2500V兆欧表，再次测量定子绕组每相绝缘电阻应符合规程要求。

二、定子绕组安装工艺、工装及工序优化应用

（一）焊接工艺的优化

线棒电接头焊接工艺由原来的并头套搭接锡焊工艺改进为电接头对接硬钎焊工艺，电接头焊接后接触电阻小、强度高、载流量大。

(二) 工装的优化应用

1. 改造增容专用顶棚的使用

发电机定子在改造增容施工过程中，存在大量的焊接、打磨、切割等工作，会产生大量的烟雾、粉尘。产生的烟雾、粉尘会对人身和设备造成极大的伤害，同时亦不能满足新环保法对烟尘排放的要求。

为减小作业过程中烟雾、粉尘排放对人身和设备造成的伤害，同时达到检修施工环保目标要求，在机组改造增容期间，创新性引入改造增容专用顶棚。

改造增容专用顶棚可形成一个较为密闭的施工场所，同时在顶棚内增设专用通风装置，有效阻止烟雾、粉尘向周边扩散，与厂房外形成一个高效的通风换气循环系统，能有效降低对人身、设备的伤害及周围环境的污染，亦能满足施工现场无尘环境特殊要求，使设备的装配质量得到了基础保证。

2. 发电机定子环形检修平台的使用

在发电机定子改造施工中，由于机坑内平台承重与容量有一定的限制，不适合将过多设备吊入机坑。因此，设计了一套水轮发电机组环形检修平台装置，安装在定子机座与风洞墙壁之间。该装置不仅为改造增容工作提供了一个安全可靠的平台，扩展了工作的空间，而且将机坑外与机坑内的工作面衔接起来，提高了各作业面的整体效率。同时，该平台与粉尘控制装备共同组成了相对封闭的空间，使发电机改造和检修现场粉尘控制装备防尘、除尘效果得到最大限度的发挥。

3. 往复锯的使用

葛洲坝电站发电机定子绕组为双层波绕组，上下层线棒采用焊接方式连接。在对定子线棒进行拆除时，需将上下层线棒从端部电接头位置分开。

传统定子线棒分开方式为利用装配有切割片的角磨机将定子线棒端部割断，由于受定子线棒尺寸的影响，往往需要直径较大切割片才能将线棒割断，作业过程中会产生大量的粉尘，对人身、附近运行设备会造成伤害。工作人员长时间作业容易疲劳，加上切割片容易破损，给现场增加了不利于安全的因素。

而利用往复锯切割定子线棒，就可以避免这些问题，因为往复锯体积较小，作业人员较易控制。往复锯切割速度慢，锯条不易断裂，产生粉尘少。通过往复锯切割线棒新工艺能确保人身安全和线棒拆除工期。使用往复锯切割定子线棒端部见图 4.4 - 38。

4. 电锤的使用

槽楔安装一般采用尼龙锤敲打外楔或内楔使其楔紧，往往需要大量人力资源，且工作效率较低，敲打过程中还容易打伤铁芯。如果把打槽楔的方铲进行适当改造，在一端与电锤专用接头焊接，利用电锤固定的力矩输出可以极大地提高槽楔安装的效率，同时减轻作业人员的劳动强度，减低线棒损伤的概率。使用电锤进行槽楔安装见图 4.4 - 39。

（三）工序的优化

在施工策划阶段，需要提前制定施工网络进度图，对关键节点进行标识，对影响直线工期的主要工作进行合理布置。

优化工序节点、合理调整节点。在机组拆卸阶段，将线棒上、下端部电接头切割工作提前，在前期机械设备拆卸阶段，进行线棒端部电接头切割工作。在这种合理安排下，线棒上端电接头拆除工作提前完成，完全不占用改造增容直线工期；下端电接头拆除工作部分完成，缩短了后期下端电接头拆除工作的直线工期。这种"节点提前管理"的新思维在项目部广泛

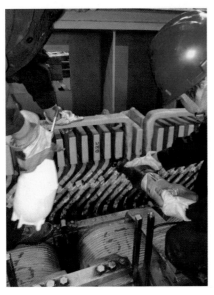

图 4.4 - 38　使用往复锯切割
定子线棒端部

推广应用，有力保障了直线工期顺利推进。

图 4.4 - 39　使用电锤进行槽楔安装

加强工序合理衔接。定子线棒下线及绑扎后，上、下层线棒耐压及槽电位试验前，需分别对绕组进行 3 次干燥处理。由于厂家提供的环氧胶在室温下自然固化需要 72h，这样就会占用大量直线工期。通过合理安排作业人员，保证干燥前最后一道工序必须在当天结束，同时合理安排工序时间衔接，搭设密闭

空间，利用热风机对绕组及绑绳进行加热干燥，不占用直线工期，又能保证第二天工作正常进行。

合理安排并行作业。在保证安全和相同施工条件的前提下，实行下端电接头焊接与上端汇流排拼装、上端汇流排焊接处绝缘绕包与上端绝缘盒灌胶等工序同时进行但空间位置相互错开的管理创新措施，大大缩短了直线工期。

第五节　相关电气试验

根据 GB 8564—2003《水轮发电机组安装技术规范》的规定，新装配完成的水轮发电机应该进行现场交接试验，以确定其是否符合国标和技术文件的相关要求。

葛洲坝电站发电机改造增容后，每台发电机均在现场进行了交接试验。定子相关电气试验项目和标准见表 4.4-1。

表 4.4-1　　　　　　　　定子相关电气试验项目和标准

序号	项　目	标　准	说　明
1	定子线棒试验	（1）单根线棒绝缘电阻一般不应低于 $5000M\Omega$，耐压前后绝缘电阻无明显变化。 （2）单根线棒起晕试验，起晕电压不应低于 $1.5U_N$，小于此值时应重新进行防晕处理。 （3）定子线棒耐压值为 $2.75U_N + 2.5kV$，耐压时间 1min。 注：U_N 为发电机额定线电压，kV	（1）到货后，对线棒进行抽检，抽检比例为 5%。 （2）通过暗室观测法与紫外成像仪观测线棒是否起晕。 （3）通过红外成像仪观测线棒耐压时温度变化情况
2	测量定子绕组的绝缘电阻和吸收比或极化指数	（1）吸收比不小于 1.6 或极化指数不小于 2.0。 （2）各相绝缘电阻不平衡系数不应大于 2	（1）每次耐压试验前均需进行该试验。 （2）用 2500V 及以上兆欧表
3	测量定子绕组的直流电阻	各相、各分支的直流电阻，校正由于引线长度不同而引起的误差后，相互间差别不应大于最小值的 2%	（1）线棒焊接完毕，测量各分支汇流排安装前直流电阻。 （2）在冷态下测量，绕组表面温度与周围空气温度之差不应大于 3K
4	定子绕组的直流耐电压试验和泄漏电流测量	（1）试验电压为 3.0 倍额定线电压。 （2）泄漏电流不随时间延长而增大。 （3）在规定的试验电压下，各相泄漏电流的差别不应大于最小值的 50%	（1）定子整体安装完毕后进行该次试验。 （2）试验电压按每级 0.5 倍额定电压分阶段升高，每阶段停留 1min，读取泄漏电流值

序号	项 目	标 准	说 明
5	定子绕组的交流耐压试验	(1) 定子下层线棒嵌装后耐压值： 　　$2.5U_N+2.0\text{kV}$ (2) 定子上层线棒嵌装后耐压值： 　　$2.5U_N+1.0\text{kV}$ (3) 定子绕组全部安装完毕后交流耐压值： 　　$2.0U_N+3.0\text{kV}$ (4) 机组安装完毕，投运前交流耐压值： 　　$0.8\times(2.0U_N+3.0)\text{kV}$ (5) 升压至耐压值后，试验时间 1min。 (6) 整机起晕电压应不小于 1.0 倍额定线电压。 注：U_N 为发电机额定线电压，kV	(1) 试验前应将定子绕组内所有的测温电阻短接接地。 (2) 交流耐压试验应该在绝缘电阻测量合格、直流耐压通过后进行
6	定子槽部绕组防晕层对地电位	不大于 10V	(1) 上层线棒安装完成后与下层线棒安装后打槽楔前均应进行该试验。 (2) 试验时对定子绕组施加额定交流相电压，用高内阻电压表测量绕组表面对地电压值

一、定子线棒试验

定子线棒是发电机定子绕组的重要组成部件，在出厂前须进行线棒导线股间绝缘短路试验、表面电阻测量、绝缘电阻测量、介损及其增量测量、电晕试验、交流耐压等各项电气试验。

发电机定子线棒到货后，现场嵌装前对单根线棒进行抽检，进行绝缘电阻、交流耐压及起晕试验，并监测耐压过程中线棒温度的变化情况，以检查定子线棒主绝缘是否良好，确保线棒在生产与运输过程中无任何质量问题。该试验抽试率应为每箱线棒总数的 5%，如抽查中发现不合格的线棒，则对全部线棒进行试验。

在进行安装前定子线棒耐压试验前后应测量线棒的绝缘电阻值，一般不应低于 5000MΩ。

进行安装前线棒耐压试验时，线棒直线部位应包扎导电材料（如金属铝箔纸），包扎长度为定子铁芯高度加 40mm（每端各加 20mm），包扎的导电材料与线棒之间应尽量贴合，不留空隙，同时导电材料须可靠接地。试验过程中应记录线棒起晕电压值，起晕电压要求不低于 $1.5U_N$。同时，在额定试验电压

$2.75U_N+2.5\text{kV}$ 下耐压 1min，并观测线棒温度，线棒最高温度（一般在线棒从直线到弯曲的 α 部位）一般不应超过 100℃。

二、测量定子绕组的绝缘电阻、吸收比或极化指数

测量发电机定子绕组的绝缘电阻，主要是判断绝缘状况，它能够发现绝缘严重受潮、脏污和贯穿性的绝缘缺陷。测量发电机定子绕组的吸收比，主要是判断绝缘的受潮程度。由于发电机组的容量很大，一般情况下其吸收电流衰减得比较慢，所以在 60s 时测得的绝缘电阻仍会受吸收电流的影响，因此可以引入极化指数来分析判断定子绕组的绝缘性能，它能更准确有效地判断绝缘状况，而且在很大的范围内与定子绕组的温度无关。

测量发电机定子的绝缘电阻虽然很简便，但必须注意以下几点。

正确选用兆欧表额定电压。兆欧表的额定电压是根据发电机电压等级选取的，兆欧表电压过高会使设备绝缘击穿，造成不必要的损坏。对定子绕组，由于额定电压在 10000V 以上，因此选用 2500V 及以上兆欧表，量程一般不应低于 $10000\text{M}\Omega$。

测试前后都应充分放电，以保证测试数据的准确性。否则由于放电不充分，会使介质极化和积累电荷不能完全恢复，而且相同绝缘内部的剩余束缚电荷将影响测量结果。例如测量发电机三相绕组的绝缘电阻时，当第一相测试后未经充分放电就进行另一相测试时，第二次施加电压的极性对于相间绝缘来说是相反的，试验电源必然要输出更多的电荷去中和相间残余异性电荷，从而表现为绝缘电阻降低。特别是吸收现象显著的发电机定子绕组，试验前后一定要充分放电，放电时间一般不应小于 5min。

发电机的定子绕组的绝缘电阻值与绕组温度有很大关系，温度升高时绝缘电阻下降很快，一般温度每上升 10℃，绝缘电阻值就下降一半。所以对每次测量的绝缘电阻值都应换算到同一温度才能进行比较。

三、定子槽部绕组防晕层对地电位

发电机定子槽内线棒表面电位过高，会使线棒表面与定子铁芯槽壁之间产生高能量的电容性放电。这种放电既区别于发生在定子线棒端部的表面电晕，又区别于定子线棒由于股线与主绝缘脱壳而产生的内游离放电，这种高能量的放电严重损伤线棒绝缘并加速绝缘老化。此外，线棒表面电位过高使间隙中空气电离产生有害气体，引起化学反应，对线棒绝缘产生电腐蚀，严重影响线棒绝缘强度和寿命甚至引发事故。

根据 GB 8564—2003《水轮发电机组安装技术规范》的要求，定子线棒槽电位试验在定子线棒嵌装后是必须做的试验项目之一。线圈主绝缘采用环氧粉

云母，电压等级在 10.5kV 及以上的机组，线圈嵌装后一般应在额定相电压下测定表面槽电位或槽电阻，槽电位一般小于 10V 或槽电阻应符合厂家要求。

槽电位测量试验接线与绕组交流耐压接线相同。当定子绕组升压至额定相电压时即可进行槽电位测量。试验时，探针从上到下依次划动，用高阻值数字万用表分别测量定子线棒槽内上部、中部与下部电位，并记录线棒编号与电压值。进行槽电位试验时应注意测量探针应在铁芯范围内，不得超过铁芯长度。

四、定子绕组交流耐压试验

交流耐压试验是发电机绝缘试验项目之一，其试验电压和工作电压的波形、频率一致，作用于绝缘内部的电压分布及击穿性能比较等同于发电机的工作状态。无论从劣化或热击穿的观点来看，交流耐压试验对发电机主绝缘是比较可靠的检查方法。因此用交流耐压试验在电机制造、安装、检修和运行以及预防性试验中得到普遍地采用，成为必做项目。

为适应现场试验的要求，尽量使用较为轻便的试验设备，该项试验选用串联谐振升压方式以达到降低试验电源容量的目的。

发电机定子绕组串联谐振交流耐压接线见图 4.4-40。

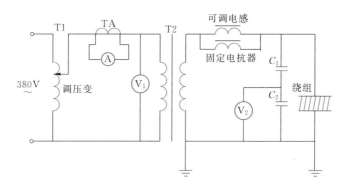

图 4.4-40　发电机定子绕组串联谐振交流耐压接线图

定子在下层线棒安装后、上层线棒安装后、跨线与引线焊接完成后及开机前均应进行该试验。

（一）下层线棒交流耐压试验

下层线棒耐压时，应该根据试验设备容量，对线棒进行分段。段内的线棒用铜线短接，试验时分段进行。

（二）上、下层线棒交流耐压试验

上层线棒安装完成后，为检测线棒与槽楔安装质量，防止线棒与槽楔安装中造成线棒损伤，需要进行上层线棒耐压试验。

上层线棒耐压试验中，如果因线棒结构原因不能单独进行上层线棒耐压时，可进行上下层线棒同时耐压。在试验设备容量许可的条件下可以将所有线棒用铜线进行短接后同时耐压。但是，一般的试验设备容量不能满足所有线棒同时耐压的需要，可以采用打乱定子绕组原有分支连接方式，重新分段连接的方式进行。

以葛洲坝电站某改造增容后的发电机上层线棒交流耐压试验为例。上层线棒安装完成后，除连接线棒与引线线棒外，上下层线棒电接头紧靠在一起，不具备有效隔离的条件，上下层线棒只能一起进行耐压试验。受试验变压器容量的限制，不能进行定子整体耐压，只能分段进行。由于除连接线棒与引线线棒外上下层线棒电接头间隙太小，无法进行有效隔离措施，给分段耐压试验造成很大困难，因此需要进行分段耐压方案设计。

通过分析研究该发电机定子接线方式可以看出，连接线棒和引线线棒对应的空间位置就是斜连接线棒，此处空间间隙具备实施有效隔离措施。但是斜连接线棒与相邻引线或连接线绝缘薄弱，需要用绝缘纸进行隔绝，而在现场进行隔离工程量大，且效果较差。针对这一问题，提出对上下层线棒耐压试验方法进行改进，将斜连接线棒与相邻引线线棒或连接线棒连接起来同时加压，在没有斜连接线棒的引线线棒或连接线棒处进行隔离，从而实现取消斜连接线棒与引线线棒之间隔离措施的目的。

针对这一设想研究发现，可将靠近斜连接线棒的绝缘薄弱点连接成为等电位，即将每一个斜连接线棒及与其相邻的连接线棒或引线线棒短接。在定子接线图上将每一个斜连接线棒及相邻引线线棒或连接线棒所在的小支路标出，可以分成144个小分支，小分支两个端点都在线棒的上端部，且为连接线棒或引线线棒。其中9个小分支中各有7组斜连接线棒，以含斜连接线棒的9个小分支为基础，将与斜连接线棒相邻的14个小分支相连形成9段，还剩余的9个小支路与就近9段相连，将全部定子线棒分为第1段到第9段，且相互独立。最后将9个独立分段根据空间相邻原则每3段相连，形成3个独立部分进行试验。

虽然制造厂家标准指出，由于结构原因而不易于隔离进行耐压试验时，可以取消上层线棒交流耐压，国内同类型机组一般也不进行该次试验，但是通过合理分段，葛洲坝电站此发电机顺利完成上层线棒交流耐压试验，检验了安装质量，保证了机组顺利安装。

（三）定子绕组交流耐压试验

定子绕组电接头焊接完毕，绝缘绕包完成后，需进行定子绕组交流耐压试验。试验时，定子绕组法分相加压时，非加压相与 RTD 应可靠接地。

（四）定子交流耐压注意事项

试验开始后，应先升少许电压进行回路调谐，当试验回路到达谐振状态后再逐步升压至额定试验电压值。

升压速度应尽量平稳、均匀，升压时间一般以 10～15s 为宜。升压过程中应密切注意试验回路的各电气参数值变化情况，并详细记录回路到达额定电压时的电源电压、电源电流、调压器输出电压、调压器输出电流、试验高压电压、试验高压电流。

在试验过程中，如果绕组发出击穿声响，或者发出断续放电声响、冒烟、焦臭等现象，应仔细查找出现问题的具体部位。当查明情况确实来自绕组本身，则试验结论应判定为不合格。

试验过程中，若因空气温度、湿度或表面脏污等的影响，仅引起表面闪络或空气放电，则不宜马上下结论，而应在经过清洁、干燥等处理后，再进行试验。

试验前后都应测量绕组的绝缘电阻、吸收比，两次测量结果不应有显著差别。

五、定子绕组直流耐压试验和泄漏电流测量

直流泄漏的测量和绝缘电阻的测量在原理上是一致的，所不同的是前者的电压较高，泄漏电流和电压呈线性关系上升，而后者一般成直线关系，符合欧姆定律。在直流耐压与泄漏电流试验过程中，可以从电压和电流的对应关系中观察绝缘状态，在大多数情况下，可以在绝缘尚未击穿前就能发现或找出缺陷。

试验应分相进行，将定子绕组内部的所有 RTD 元件接地、非被试相接地、转子接地。试验原理接线见图 4.4－41。

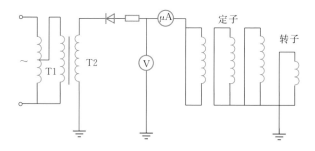

图 4.4－41 定子绕组的泄漏电流接线图

试验完成后，必须先经适当的放电电阻对试品进行放电，如果直接对地放电，可能产生频率极高的振荡过电压，对试品的绝缘有危害。放电电阻视试验电压高低和试品的电容而定，必须有足够的电阻值和热容量。

直流耐压试验的操作要点如下：

在试验过程中，应密切监视被试设备、试验回路及有关表计。升压时，应

按规定分阶段进行，且每阶段停留一定的时间，以避开吸收电流，再通过微安表进行泄漏电流值的读取。

在测量过程中，若有击穿、闪络等异常现象发生，应马上降压，断开电源，并查明原因，待妥善处理后，再继续测量。

试验完毕，降压、断开电源后，均应对被试设备进行充分放电。放电时先通过有高阻值电阻的放电棒放电，然后才能直接接地。

六、测量定子绕组的直流电阻

测量定子绕组的直流电阻是为了检验发电机各相或各分支的直流电阻值是否有显著变化以及超差现象。发电机定子绕组直流电阻超差，一般预示着焊接工艺质量方面的问题，它将会造成运行中定子绕组过热、烧损，影响机组安全运行。

一般的，测量定子绕组直流电阻的测量方法是电桥法。应用电桥平衡的原理来测量绕组直流电阻的方法称为电桥法。常用的直流电桥有单臂电桥与双臂电桥两种。当被测电阻较小时，单臂电桥测量误差较大，因此，应尽量减小引线电阻的影响。单臂电桥常用于测量 1Ω 以上的电阻。双臂电桥能够消除引线和接触电阻带来的测量误差，适宜测量准确度要求高的小电阻。因此，发电机定子绕组直流电阻测量一般采用双臂电桥。

在发电机定子线棒嵌装完毕，电接头与跨线焊接完毕后进行不带引线试验，在引线焊接安装完毕后进行第二次带引线直流电阻测量。使用直流双臂电桥进行试验时应将电压端子夹在电流端子的内侧，避免电流端子的接触压降影响测量的准确度。

直流电阻测量时，应准确记录定子绕组温度，避免多次测量结果因温度差异而引起温度换算误差。另外，由于发电机对地容量较大，试验完毕后一定要对被测绕组充分放电，避免发生人员事故。

第五章 发电机转子改造

根据改造增容设计目标要求，为了使改造后的转子能够长期稳定的为发电机励磁回路提供持续、可靠的励磁电流，在发电机转子改造过程中，主要对转子磁极、转子引线、集电环装置进行相关改造工作。

第一节 转子磁极拆卸

一、磁极拆卸前数据测量

转子改造工作主要在厂房安装场内进行。在将 96 个磁极拆卸吊出前，需测量转子圆度、磁极中心线高程数据，其中转子圆度数据作为磁极挂装的参考，磁极中心线高程数据是确定新定子铁芯中心线高程的依据。转子圆度和高程数据均须在转子处于水平状态下进行测量，其水平度的测量基准为中心体上法兰面。

葛洲坝电站机组转子支墩有两种：制动环支墩和中心体支墩。机型一只能使用外围的制动环支墩进行支撑，而机型二既可以使用制动环支墩进行支撑，也可以使用中心体支墩进行支撑。主要原因如下：

（1）二江电站安装场中心为 170MW 机组发电机轴检修坑，不具备安放支墩条件，因此二江电站的机型一只能使用外围的制动环支墩进行支撑。

（2）大江电站安装场中心摆放支墩的环形承重区域内径为 2400mm，外径为 4000mm，机型一的转子下法兰外径 2350mm，小于环形承重区域内径，中心体支墩无法支撑到转子下法兰面上，无其他合适支撑点，因此机型一只能使用外围的制动环支墩进行支撑。

（3）机型二均安装在大江电站，其推力头直接安装在转子下部，安装法兰面外径为 3150mm，满足支撑要求。因此机型二既可以使用制动环支墩进行支撑，也可以使用中心体支墩进行支撑。

使用制动环支墩进行支撑，由于支撑点较多，在进行水平调整时，需在多个支墩上加垫，每次调整的精度相对较难控制。而使用中心体支墩进行支撑，由于支撑点较少，加垫调整时更加简单方便。

在转子水平调整合格后，在转子中心体中心挂钢琴线，测量上、下法兰内镗孔的同心度。若上、下镗孔中心偏差较小，则调整转子测圆架中心与上镗孔或下镗孔同心均可，若偏差较大，则应综合考虑转子测圆架的调整中心。

测量调整测圆架与转子同心，中心偏差不大于0.02mm；用合像水平仪测量调整测圆架支臂旋转水平度，水平度不大于0.02mm/m。

转子测圆架调整合格后，用其测量转子磁极圆度和半径。每个磁极测量上、中、下3个测点，圆度测量见图4.5－1。

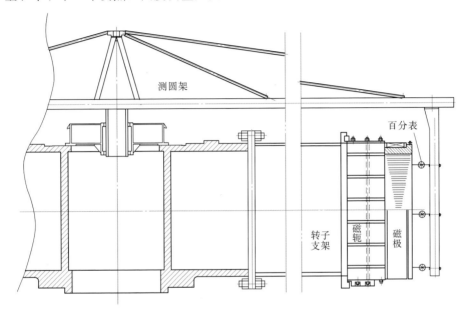

图4.5－1 转子圆度测量示意图

用水准仪测量转子磁极中心线高程，详见第四篇第一章第三节：机组改造中心及高程确定。

二、磁极拆卸

磁极编号：对磁极及其安装位置磁轭进行对应编号，与转子引线相连磁极编号时应特别标明。在编号过程中，对磁极铁芯上下段也应做明显标识，防止在套装新磁极线圈时发生颠倒现象。

磁极极间连接片、阻尼环连接片拆除：拆除磁极极间连接片、阻尼环连接片，并对阻尼环接头进行检查，阻尼环接头有明显变形部位对其进行校正处理。

磨开磁极键主副键之间焊缝，用桥机和拔磁极键工具将磁极键拔出。测量主副键在安装状态的总厚度，作为回装时的参考。用专用吊具将磁极从磁轭上依次吊出。磁极拆卸完成后，测量磁轭圆度，应满足相关标准要求。

第二节 转子磁极改造

转子磁极及转子引线作为发电机励磁回路的主要设备，为保证转子改造后励磁回路能够为发电机提供稳定可靠的励磁电流，并达到改造增容目标要求，在发电机改造增容中，对转子磁极的磁极线圈、绝缘托板、极身绝缘、相关附件以及转子引线全部进行了更换。

一、转子磁极改造工艺及流程

（一）磁极解体

1. 磁极线圈限位块拆除

对磁极线圈限位块焊点进行打磨，拆除磁极线圈限位块（见图4.5-2）。

图4.5-2 磁极线圈限位块拆除

2. 磁极解体

将磁极解体工装安放到位，专用工装中心位置与磁极中心位置重合，并与磁极间间隙均匀，缓慢上升悬挂解体工装的手拉葫芦，使磁极线圈与铁芯分离（见图4.5-3）。在解体过程中，注意做好磁极线圈防滑落措施。

（二）转子磁极铁芯检查及处理

1. 磁极铁芯清洗

使用带电设备清洗剂将磁极铁芯表面脏污、油污清洗干净。

2. 磁极铁芯打磨

为保证磁极极身绝缘强度以及磁极的长期安全稳定运行，对磁极铁芯表面的脏污、突起部位进行打磨，磁极铁芯表面打磨后应光洁、平整、无突起、毛刺。磁极铁芯打磨见图4.5-4。

图 4.5-3　磁极解体

图 4.5-4　磁极铁芯打磨

3. 磁极阻尼环接头打磨

由于磁极改造后，阻尼环接头接触面由搪锡工艺变为镀银工艺，需对阻尼环接头接触面进行打磨，以保障在镀银过程中镀银液在电接头表面具有良好附着力。

4. 铁芯表面平直度测量、校正

铁芯打磨完毕后，进行铁芯平直度测量，对不满足铁芯平直度标准的区域做好标记，并将其放置于平直度校准专用平台上，进行平直度校正工作（见图4.5-5）。

图 4.5-5　铁芯表面平直度校准

5. 磁极铁芯称重

使用校验合格的电子挂钩秤，对磁极铁芯进行称重，称重时应注意以下几点。

磁极起吊和摆放过程中，做好与相邻磁极的防碰撞措施，整个过程不能碰撞到阻尼环接头，亦不能让阻尼环承力。

电子挂钩秤每次使用前，需对其进行精确度调节；精确度调节完毕后，将专用吊具悬挂在电子挂钩秤上进行清零调节。

6. 拉紧螺杆孔洞清理、封堵

检查磁极铁芯拉紧螺杆焊点，焊点若有开裂或者漏焊部位需对其进行补焊。检查完毕，彻底清理磁极铁芯拉紧螺杆孔洞，并调配环氧腻子对孔洞进行封堵；若环境温度较低，在环氧腻子调配前，需将环氧树脂加热成液态，再进行调配。封堵部位表面应平整，不得超出铁芯表面。磁极铁芯拉紧螺杆孔洞封堵见图 4.5-6。

（三）新磁极线圈检查、试验

1. 磁极线圈检查

磁极线圈到货后，对磁极线圈进行开箱检查，重点检查磁极线圈引线头有无损伤、变形现象，磁极线圈匝间绝缘有无开裂现象，线圈整体平面度是否在偏差范围内。

2. 磁极线圈试验

磁极线圈检查完毕后，对检查合格的磁极线圈进行直流电阻测试。

3. 磁极线圈称重

磁极线圈称重方式与磁极铁芯一致。

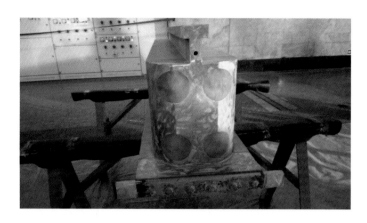

图 4.5 - 6　磁极铁芯拉紧螺杆孔洞封堵

（四）磁极一次配重

根据磁极铁芯、磁极线圈称重结果，为减少磁极挂装后高程调节工作量，按照磁极铁芯按照原位回装原则，进行一次配重，配重过程中需特别注意与转子引线相连磁极线圈对应铁芯以及相邻两磁极线圈不可同为同一类型线圈，避免出现相邻两磁极挂装后磁极极间连接片无法安装情况出现，同时配重结果尽量与原磁极重量分布基本一致，且在 22.5°～45°范围内对称方向重量差不超过 10kg。

（五）阻尼环接头镀银

利用直流稳压电源对阻尼环接头刷镀银。镀银前应对镀银面进行清洗，确保镀银面平整、清洁、干净；镀银完毕后，在镀银层表面采用画格法及粘胶带粘贴法检测镀银层附着力，镀银层应无起皮、脱落现象；镀银层厚度应不小于 10μm。

（六）极身绝缘绕包

1. 机型一极身绝缘绕包

机型一极身绝缘绕包包括以下几个步骤：环氧胶调配、靴部 L 形绝缘绕包、极身绝缘绕包、上绝缘托板安装、极身绝缘压紧、加热固化。

（1）环氧胶调配。调配 HEC56102 环氧室温固化胶（A 组分：B 组分＝500：125），为使调配后环氧胶具有较好的流动性，便于刷胶更均匀，在环氧胶调配前，需将环氧胶加热至 40～50℃。

（2）铁芯靴部 L 形绝缘绕包。在铁芯靴部装配 2 层 L 形绝缘，L 形绝缘距离铁芯边缘 2～3mm，直线段与弧面段搭接长度需在 30mm 以上；层间及与铁芯接触部位需刷胶，刷胶应均匀，不流淌、不滴挂。

（3）极身绝缘绕包。极身绝缘绕包（见图 4.5 - 7）以铁芯直线段端部为起点，紧贴磁极铁芯表面绕包 4 层极身绝缘，极身绝缘极靴端与铁芯靴部平齐，T 尾端不超出下端绝缘托板面。极身绝缘层间及与铁芯接触部位需刷胶，刷胶应均匀，不流淌、不滴挂。

图 4.5-7　极身绝缘绕包

（4）极靴端绝缘托板安装。对磁极铁芯极靴端 L 形绝缘表面刷胶，刷胶完毕，将磁极绝缘托板覆盖于极靴端 L 形绝缘表面，并调整绝缘托板与铁芯间间隙，使绝缘托板与铁芯间隙均匀。

（5）极身绝缘加热。在极身绝缘表面加垫聚四氟乙烯薄膜及压板，装配极身绝缘压紧工具，将其吊入加热棚内，对极身绝缘进行加热固化（加热至 40～50℃，加热 6h），为避免加热设备出风口温度过高损伤极身绝缘，加热时注意加热器风口方向不能正对板身绝缘。

2. 机型二极身绝缘绕包

机型二极身绝缘绕包包括以下步骤：铁芯靴部 L 形绝缘绕包，压板绝缘、极身绝缘绕包。

（1）铁芯靴部 L 形绝缘绕包。绕铁芯一圈，沿极靴的角部（极身绝缘与极靴接触处）呈 L 形粘贴一层 0.06mm×50mm 聚酰亚胺薄膜粘带，一部分与极靴粘贴，另一部分与铁芯壁粘贴，L 形绝缘距离铁芯边缘 2～3mm，直线段与弧面段搭接长度需 30mm 以上。

（2）压板绝缘、极身绝缘绕包。压板绝缘与极身绝缘采用斜坡过渡搭接，搭接面用环氧树脂与聚酰胺树脂的调和胶进行粘接，然后在室温条件下固化 24h 以上；搭接处内外各衬垫一层 0.25mm 厚的聚酯薄膜—聚芳酰胺纤维纸，其每边应伸出搭接部位 50mm 以上。环氧胶粘剂配比（重量比）为环氧树脂：聚酰胺树脂＝1:1。

（七）磁极线圈套装

1. 极靴端绝缘托板角部间隙封堵

对极靴端绝缘托板角部间隙进行封堵，具体方法为：调配环氧腻子，对极靴端绝缘托板与铁芯角部间隙进行填平，环氧腻子面不超出绝缘托板表面。绝缘托板角部间隙封堵见图4.5-8。

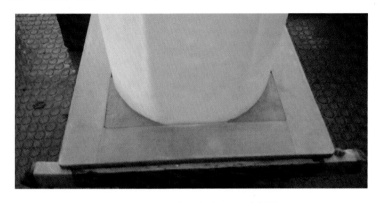

图4.5-8　绝缘托板角部间隙封堵

2. 磁极线圈套装

按照一次配重表对磁极线圈进行套装，套装前将磁极铁芯表面、磁极线圈内部清扫干净，并核实磁极线圈编号、方向是否正确，套装过程中做好防晃动措施，避免损伤线圈及极身绝缘。套装完毕，调整磁极线圈与铁芯间间隙，应保证磁极线圈与铁芯间间隙均匀。线圈套装见图4.5-9。

图4.5-9　线圈套装

（八）磁极口部间隙封堵

1. 机型一磁极口部间隙封堵

机型一磁极口部间隙封堵包括：T尾端L形绝缘装配、T尾端绝缘托板安装、口部间隙调整、口部间隙封堵、口部间隙密封、口部绝缘加热6个过程。

（1）T尾端L形绝缘装配。T尾端共2层L形绝缘，首层L形绝缘为磁极线圈长边、短边分别绕包搭接而成，搭接长度在30mm以上；第二层L形绝缘为两长边L形绝缘互相绕包搭接，L形绝缘超出长边部分由两短边均分。

L形绝缘层间及与磁极线圈接触部位刷胶，刷胶应均匀，不流淌、滴挂。T尾端L形绝缘装配见图4.5-10。

图4.5-10　T尾端L形绝缘装配

（2）T尾端绝缘托板安装。对磁极线圈T尾端L形绝缘表面刷胶，刷胶完毕，将磁极绝缘托板覆盖于T尾端L形绝缘表面，并调整绝缘托板与铁芯间间隙，使绝缘托板与铁芯间隙均匀。

（3）口部间隙调整。检查磁极口部间隙，对口部间隙不均匀磁极进行调整，调整时应特别注意磁极四角间隙，应确保绝缘垫块能够顺利安装，若四角间隙无法满足绝缘垫块安装需求，在口部间隙封堵前需对绝缘垫块进行加工处理。

（4）口部间隙封堵。根据口部间隙实际深度尺寸及层压玻璃布板、绝缘垫块宽度，裁剪所需涤纶毡尺寸，并将涤纶毡浸渍HEC56102环氧室温固化胶，拧干备用。测量口部间隙具体尺寸，计算使用层压玻璃布板的厚度。以拧干备用的涤纶毡包裹实际需要的环氧层压玻璃布板厚度，填塞磁极线圈与铁芯直线段口部间隙，相邻填塞部位间距不超过50mm；以拧干备用的涤纶毡包裹绝缘垫块，填塞磁极口部间隙四角位置；填塞口部间隙过程中，应对称均匀填塞，避免口部间隙发生变化。口部间隙封堵见图4.5-11。

图4.5-11　口部间隙封堵

（5）口部间隙密封。口部间隙先用浸胶玻璃丝绳封口一圈，后调配环氧腻子（环氧腻子配方同前）将口部间隙完全密封。环氧腻子封堵均匀、饱满，不高出绝缘托板面。口部间隙封口见图 4.5 - 12。

图 4.5 - 12　口部间隙封口

（6）口部绝缘加热。装配磁极线圈压紧工具，将磁极线圈均匀压紧，尽可能保证上下绝缘托板与磁极线圈间压紧后无间隙；压紧完毕，将磁极吊入加热棚内，对 L 形绝缘进行加热固化（加热至 40～50℃，加热 4h），为避免加热设备出风口温度过高损伤极身绝缘，加热时注意加热器风口方向不能正对磁极。口部绝缘加热固化见图 4.5 - 13。

图 4.5 - 13　口部绝缘加热固化

2. 机型二口部间隙封堵

（1）口部间隙检查调整。检查磁极口部间隙，对口部间隙不均匀磁极进行调整，口部间隙尽量调整均匀。

（2）口部间隙封堵。极身绝缘、压板绝缘直线部分与磁极线圈间的间隙用 F 级高强度层压玻璃布板 DECJ0902 塞紧，相邻塞紧点间距不小于 50mm，在直线段单边塞 6 或 7 处。磁极线圈 R 处与压板绝缘间的间隙用浸有室温固化环氧胶的 2mm 涤纶毛毡围包 1mm 厚 F 级高强度层压玻璃布板填充，填充完后在室温条件下晾干 24h 及以上（涤纶毛毡浸室温固化环氧胶，应晾至半干待用）。用浸胶毛毡填充外托板与磁极铁芯四个角间隙时，要求毛毡与外托板之间预留至少 10mm 间隙。口部间隙封堵见图 4.5-14。

图 4.5-14　口部间隙封堵

（3）口部间隙密封。磁极线圈塞紧后，使用硅橡胶罗纳星 68 封堵磁极线圈与铁芯间的间隙，整个口部间隙封堵应饱满、均匀，且不超出铁芯面。口部间隙密封见图 4.5-15。

图 4.5-15　口部间隙密封

（4）口部绝缘加热。机组口部间隙封堵后，需对其进行加热处理。装配磁极线圈压紧工具，将磁极线圈均匀压紧，以防止磁极整体加热过程中因温度较高使磁极线圈产生形变；压紧完毕，将磁极吊入加热棚内，对磁极口部间隙封堵绝缘加热固化（加热至 70～80℃，加热 8h），为避免加热设备出风口温度过高损伤绝缘，加热时注意加热器风口方向不能正对磁极。

（九）磁极绝缘电阻测量

磁极加热完毕，在冷态下用 2500V 兆欧表测量磁极绝缘电阻，确认磁极绝缘电阻值符合标准要求。

（十）铁托板安装

1. 机型一铁托板安装

铁托板采用手工焊接方式安装固定，具体安装工序有：铁托板焊接准备和铁托板焊接、打磨、清理。

（1）铁托板焊接准备。对铁托板整体进行打磨，铁托板表面应光滑，无突起、毛刺，打磨完毕，将铁托板清洗干净。

磁极铁芯铁托板焊点位置标记：直线段部位每隔 15cm 一个焊点，T 尾两端中间部位分别一个焊点，标记完毕，将所有焊点位置表面油漆打磨干净，直至露出金属本色。

安装铁托板：铁托板与铁芯间间隙均匀；为防止在焊接过程中铁托板受热膨胀变形，用磁极线圈压紧工具均匀压紧铁托板；为防止焊接过程中焊渣进入铁托板与磁极铁芯间隙，用面团将铁托板与铁芯间间隙完全封堵。

（2）铁托板焊接、打磨、清理。为避免焊接过程烧损铁芯及铁托板，焊接采用小电流焊接方式，逐个焊接焊点部位，焊点部位应饱满、均匀、无气眼。对焊点部位及铁托板打磨：焊点应平滑，焊点与铁托板均不应高出铁芯表面。铁托板与铁芯间间隙清理：间隙清理干净，无粉尘、焊渣等遗留物。铁托板焊接见图 4.5－16。

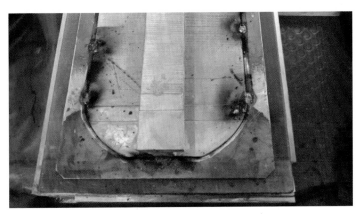

图 4.5－16　铁托板焊接

2. 机型二铁托板安装

铁托板采用罗纳星 68 粘贴固定方式安装，具体工序包括：铁托板打磨、刷漆和铁托板安装。

（1）铁托板打磨、刷漆。对铁托板整体进行打磨，铁托板表面应光滑，无突起、毛刺，打磨完毕，对铁托板进行清洗，待铁托板晾干，在铁托板两面刷188红瓷漆。

（2）铁托板安装。用罗纳星68将铁托板固定于改造后的磁极T尾端绝缘托板平面，要求铁托板与磁极T尾端绝缘托板间无间隙。装配后，用压紧工具将铁托板压在磁极T尾端绝缘托板上。

磁极装配工作完成后，为了防止铁托板与磁轭直接接触造成腐蚀，在铁托板平面周向粘贴一层0.25mm厚的聚酯薄膜—聚芳酰胺纤维纸。

（十一）整体间隙封堵

铁托板与磁极间隙清理完成后，将磁极放于磁极装配平台上，进行整体间隙封堵。

对磁极间隙用环氧腻子（配方同前）进行封堵，封堵部位包括：铁托板与铁芯间、磁极铁芯与绝缘托板间隙、绝缘托板与磁极线圈间隙，间隙位置封堵应饱满、均匀、平滑，铁托板位置处封堵环氧腻子不应超出铁芯表面。间隙封堵见图4.5-17。

图4.5-17 间隙封堵

（十二）磁极喷漆

待环氧腻子固化后，对磁极T尾部分及线圈表面进行喷漆，喷漆前将磁极整体清扫干净，喷漆应均匀、美观、无滴淌、无流挂现象。磁极喷漆见图4.5-18。

（十三）磁极试验

按照规范要求，对单个磁极进行试验。试验项目包括绝缘电阻试验、直流电阻试验、交流阻抗试验、交流耐压试验。

（十四）磁极回装

1. 磁极挂装

在单个磁极试验合格后，实测各磁极重量，并计算原位置挂装时磁极不平

图 4.5-18　磁极喷漆

衡质量。根据 GB/T 8564—2003，葛洲坝电站转子磁极在挂装后应满足任意 22.5°~45°角度范围内，对称方向不平衡质量不大于 10kg 的要求。若不满足要求，则可以对部分磁极的挂装位置进行调整，使其挂装后不平衡质量满足要求。在磁极挂装位置调整时，1 号和 96 号磁极与引线连接，其位置不能调整。因磁极极性不同，奇数和偶数编号磁极位置不能互换。

例如某台机组转子磁极改造完成后，最大不平衡质量为 18.5kg。将 14 号和 62 号磁极对调，将 90 号磁极挂装到原 42 号磁极位置、42 号磁极挂装到原 80 号磁极位置、80 号磁极挂装到原 90 号磁极位置，其对称方向不平衡质量最大值为 9.5kg（见表 4.5-1），满足要求。

表 4.5-1　　　　　　　　　　磁极最大不平衡质量

角度 /(°)	对应磁极个数	磁极调整前最大不平衡质量 /kg	磁极调整后最大不平衡质量 /kg
22.5	6	11.5	9.0
26.25	7	12.0	9.5
30	8	12.0	9.5
33.75	9	14.0	9.0
37.5	10	15.0	8.0
41.25	11	17.5	8.5
45	12	18.5	9.5

根据最终确定的各磁极的挂装位置挂装磁极，打紧磁极键。将主副磁极键点焊牢固，并将副键与焊接在磁轭上的钢板点焊牢固，见图 4.5-19。磁极挂装完后，测量磁极高程、圆度等数据，应满足相关工艺要求。

图 4.5 - 19　磁极键安装

2. 阻尼环连接片安装

（1）清理转子阻尼环接头及阻尼环连接片接触面，除去其表面油污及毛刺等。

（2）安装阻尼环连接片，并用专用工具将阻尼环连接片和阻尼环接头夹紧，阻尼环连接片与阻尼环接头搭接长度符合图纸要求，两侧超出阻尼环接头部分应均匀。

（3）以阻尼环接头上孔为样板在阻尼环连接片上配钻螺栓孔。

（4）在阻尼环连接片把合螺栓上涂抹高强度螺纹锁固胶，紧固螺栓，用 0.05mm 塞尺检查阻尼环连接片与阻尼环的接触面，塞入深度不得超过 5mm。

（5）阻尼环连接片把合螺栓紧固后，按照图纸要求将阻尼环接头与阻尼环连接片把合螺栓的锁片锁定牢靠，锁片不得凸出阻尼环外圆。

3. 磁极极间连接片安装

磁极极间连接片安装方式与阻尼环连接片安装方式一致。

4. 阻尼环连接片、磁极极间连接片加包绝缘

全面检查磁极极间连接片对地及阻尼环连接片间距离，对距离小于 10mm 位置的加包绝缘。具体处理方式为：磁极极间连接片与地间距离小于 10mm 位置，将极间连接片加包绝缘；极间连接片与阻尼环连接片距离小于 10mm 位置，对阻尼环连接片加包绝缘。加包绝缘方式为：对需加包绝缘位置半叠绕二层云母带，再半叠绕二层玻璃丝带，层间刷环氧室温固化胶。

（十五）旧转子引线拆除

对上端轴部分转子引线固定钢楔进行编号，编号完毕拆除固定钢楔，将上端轴部分转子引线从安装槽中拔出。大轴引线拆除见图 4.5 - 20。

拆除固定转子支臂部分转子引线的固定支撑块，将转子引线分段切割，拆

图 4.5-20 大轴引线拆除

除转子支臂段转子引线。转子引线拆除见图 4.5-21。

将转子引线支架进行切割，拆除转子引线支架，并对支架安装位置进行打磨。转子引线支架拆除见图 4.5-22。

（十六）新转子引线安装

1. 预装集电环

清洗上端轴、集电环结合面、键与键槽，然后再进行集电环的套装工作，必要时加热套装，加热时局部最高温度应低于100℃。集电环安装的水平偏差一般不应超过 1.5mm/m。

2. 上端轴部分转子引线预装

以上端轴法兰转子引线及集电环电气连接部位为基准，进行上端轴部分转子引线预装。该引线安装位置应满足以下要求：

图 4.5-21 转子引线拆除

图 4.5-22 转子引线支架拆除

（1）转子支臂上的转子引线头以及集电环与引线头相互间的搭接长度，应保证接触电密在标准规定范围内。

（2）集电环连接端成 Ω 形状，应便于集电环的拆除。

（3）转子支臂上转子引线连接段成型高度不阻碍滑转子的安装。

3. 转子支臂部分转子引线预装

以上端轴部分转子引线安装位置、转子引线相连磁极安装位置为基准，将转子引线大致摆放到位，结合现场实际，安放转子引线支架，并对转子引线支架进行点焊。

4. 转子引线安装

（1）上端轴部分转子引线安装（见图 4.5-23）。根据预装结果，将上端轴部分转子引线两端 Ω 形状成型，以转子支臂引线有孔端、集电环连接螺孔为样板配钻转子引线无孔端的连接孔。测量上端轴内转子引线安装槽深度及转子引线厚度，计算转子引线安装需加垫的厚度，转子引线正反面加垫厚度应均分。将上端轴转子引线安装槽清理干净，槽内应光滑、无突起毛刺及异物。在上端轴槽壁涂刷环氧室温固化胶，将加垫环氧板粘贴在槽壁，相邻环氧板间无重叠，层间涂刷环氧胶，相邻环氧板间间隙应尽可能小。嵌入上端轴部分转子引线，并在转子引线两侧与槽壁间填塞浸渍环氧室温固化胶的涤纶毡，涤纶毡不超出转子引线表面。在转子引线表面刷胶，将加垫环氧板粘贴在转子引线表面，相邻环氧板间无重叠，层间涂刷环氧胶，相邻环氧板间间隙不大于 5mm。在上端轴槽内环氧胶尚未固化前将转子引线固定钢楔安装到位。

（2）转子支臂引线安装（见图 4.5-24）。综合考虑转子支臂引线电气连

图 4.5-23　上端轴部分转子引线安装

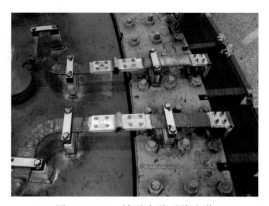

图 4.5-24　转子支臂引线安装

接搭接长度与断口距离，对转子支臂引线进行配割、配孔。配孔完毕，对转子支臂引线电气连接部分进行螺栓把合；为保证转子支臂引线能够长期安全运行，对转子引线电气连接部分、转子引线与地间距离小于 10mm 位置绕包绝缘。满焊转子引线支架，并经 PT 探伤合格后，将转子引线、转子引线支架及其绝缘支撑块牢靠固定为一体，其把合螺栓采用涂抹螺纹锁固胶与锁片锁定双重止动方式。

（十七）转子磁极试验

转子磁极整体改造工作结束后，对转子磁极整体，连同转子引线一起进行电气试验，试验内容包括绝缘电阻试验、直流电阻试验、接头电阻试验、交流阻抗试验、功率损耗试验、交流耐压试验。

（十八）转子整体喷漆

对转子整体进行彻底清扫，清扫完毕，对转子进行整体喷漆，喷漆部位包括转子磁极铁芯表面、磁极线圈表面、阻尼环表面、连接片表面、磁轭上压板表面。

二、转子磁极改造工艺优化

（一）铁托板焊接方式采用气体保护焊

机型一磁极铁托板由最初的电焊条焊接方式更改为 CO_2 气体保护焊焊接方式，大大提高了工作效率，降低了焊接过程中铁托板的形变量，减小了焊接后焊渣的清理工作量，同时，焊接过程中排放量大幅降低，大大降低了对工作人员以及周围环境及设备的伤害。气保焊焊接铁托板见图 4.5 - 25。

图 4.5 - 25　气保焊焊接铁托板

（二）电气连接部位接触面采用镀银工艺

转子引线及磁极电气连接部位由原搪锡工艺变为镀银工艺，大大提高了电气连接部位过流能力，提高了机组改造增容后安全运行能力。

三、转子磁极改造工装优化应用

(一) 磁极解体专用工装

葛洲坝电站机组早期改造增容过程中，对磁极进行解体工作时，采用将磁极放置在专用支架上，支架支撑在磁极线圈边缘部位，利用磁极铁芯自重或加重物方式使磁极铁芯与线圈分离，此种磁极解体方式，磁极铁芯往下脱落过程中，由于存在高程差，可能会由于重力的冲击，导致磁极铁芯受损，存在较大安全风险。在进行改造增容时，针对磁极解体工序，设计制作专用解体工装，使用磁极解体工装勾住磁极线圈缓慢上升，利用解体工装往上的拉力使磁极线圈与铁芯脱离，而铁芯在原位不动方式对磁极进行解体。此种方式可最大限度降低磁极铁芯损伤风险，同时亦大大提高了磁极解体工装效率。磁极解体工装见图 4.5-26。

图 4.5-26 磁极解体工装

(二) 磁极平吊专用工装

磁极在改造过程中，存在较多厂内转运工作，传统磁极采用吊带悬挂转运方式。在葛洲坝电站机组磁极改造过程中，有时存在磁极转运后吊带无法取出情况。针对此种情况，设计制作磁极吊运专用工装，专用工装根据磁极铁芯 T 尾形状尺寸进行设计制作，并与铁芯 T 尾进行配合使用，解决了磁极吊运过程中吊带无法取出的难题。磁极平吊工装见图 4.5-27。

(三) 磁极极身绝缘压紧工装

磁极极身绝缘绕包后，为保证极身绝缘的绝缘效果，避免潮气、异物进入，制作磁极极身绝缘压紧专用工装。专用工装采用框架式结构，框架表面合理布置压紧螺孔，压紧螺孔装配压紧螺杆，在磁极极身绝缘装配完毕后，利用压紧螺杆对极身绝缘进行压紧，使极身绝缘固化后与磁极铁芯能够良好粘贴，达到无气隙要求。磁极极身绝缘压紧工装见图 4.5-28。

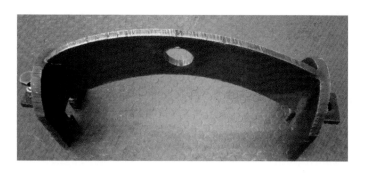

图 4.5 - 27　磁极平吊工装

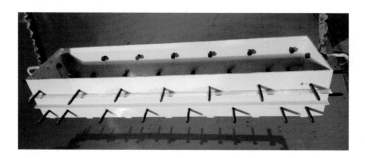

图 4.5 - 28　磁极极身绝缘压紧工装

（四）磁极线圈压紧工装

　　磁极在加热过程中，由于热胀冷缩的影响，磁极线圈会产生形变，对磁极整体产生不利影响。为避免磁极线圈形变现象的产生，制作磁极线圈压紧工装，将压紧条放在磁极线圈表面，通过与铁芯 T 尾配合的压紧工具相配合，用螺栓穿过压紧工具作用在压紧条上，将磁极线圈均匀压紧。磁极线圈压紧工装见图 4.5 - 29。

图 4.5 - 29　磁极线圈压紧工装

第三节 转子高程及圆度调整

葛洲坝电站转子磁极是通过磁极背面 T 形结构挂装在磁轭上的，磁极与磁轭之间通过磁极键和焊接在磁轭下部的挡块进行限位固定，见图 4.5 - 30。

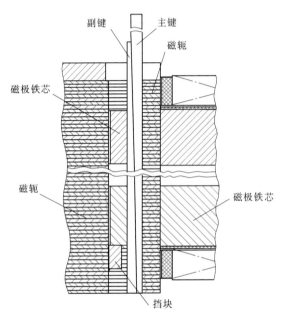

图 4.5 - 30 磁极挂装结构示意图

在磁极挂装合格后，需要同时满足磁极中心线高程平均值与改造后新定子铁芯中心线高程一致，各磁极高程与平均值的偏差不大于 1.5mm 要求。若不满足要求，则需对磁极高程进行调整。磁极高程可以通过重新焊接磁轭底部挡块的方式进行调整，但当磁极高程偏低时也可以通过在磁极 T 尾底部焊接垫片的方式将磁极垫高。不论哪种调整方式，都需确保挡块或垫片焊接牢靠，以免脱落。

若修前转子圆度、磁轭圆度不能满足相关标准要求，则需要在磁极挂装过程中进行相应的处理和调整。转子圆度超标一般是由磁轭圆度超标导致的，根据具体的情况可以采取对磁轭进行局部修磨、在磁极背后加垫的方式进行处理。

例如某台机组转子圆度超标，测量磁轭圆度与转子圆度趋势一致，其 22 号磁极半径偏大、50 号磁极半径偏小，对应的 22 号磁极位置的磁轭半径也偏大、50 号磁极位置的磁轭半径也偏小。在实际处理过程中对 22 号磁极位置的磁轭进行修磨处理，修磨深度 0.30mm，在 50 号磁极的背后加 1mm 垫片，加垫和修磨位置见图 4.5 - 31。对于磁轭修磨位置的磁极，需确认在磁极键打紧时 T 尾与磁轭之间不能紧贴，应有间隙，以确保 T 尾两侧的磁极铁芯与磁轭紧密贴合。对于加垫的磁极，由于加垫后所需磁极键的厚度减少，导致磁极键的主键无法安装到位，现场对主键进行加工处理，将其完全配合时的厚度缩小 0.8mm。

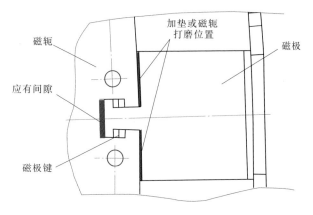

磁轭

加垫或磁轭
打磨位置

磁极

应有间隙

磁极键

图 4.5-31　转子圆度调整示意图

第四节　滑环及碳粉吸收装置改造

一、滑环装置改造

滑环装置是水轮发电机励磁系统的重要组成部分，是励磁电流由固定部件流入转动部件的关键途径。滑环装置的运行状况，直接影响机组运行的安全可靠性和经济性。因此，优化滑环装置结构，改善滑环装置运行状况具有重要意义。

（一）滑环装置结构及布置特点

新型滑环装置包括 9 部分，分别为集电环、隔板、导风叶、刷架、碳刷、刷握、刷握密封套、挡风罩和碳粉吸收装置。其结构特点和布置方式为集电环整环开罗贝尔螺旋槽，螺旋槽边沿进行倒角处理，改善碳化滑动特性，防止碳刷剪切现象。集电环的上、下环之间选用 F 级伞形绝缘件，加长集电环之间有效绝缘长度，改善绝缘性能。同时环间采用开槽方式安装固定环间隔板，进行密封，减弱油雾在绝缘件上的附着量，进而减小碳粉的附着能力，减小对绝缘性能影响，并与挡风罩配合改善风路，提升碳粉吸收效果。集电环见图 4.5-32。

刷架通过 6 根拉杆固定到上机架上，导电环与拉杆之间选用长筒

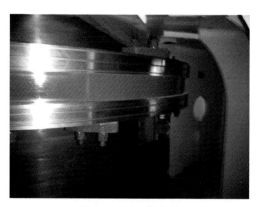

图 4.5-32　集电环

型绝缘件，同时在长筒型绝缘件末端配伞形绝缘件，以提升刷架和拉杆之间的有效绝缘强度和绝缘性能。正负极导电环均为三瓣搭接成整圆，搭接面进行镀银处理，以减小搭接区域接触电阻，防止局部过热。每瓣导电环中心开孔，作为励磁电流引入点，刷握在导电环上均匀布置，考虑电流密度因素，在刷握数量和碳刷尺寸选择上，应将充分考虑电流密度，将电流密度尽量控制在 $7\sim 9A/mm^2$，既利于碳刷与集电环表面氧化膜的形成，又避免接触面温升过高。因引入点均在中心位置，碳刷在导电环上均匀分布，因此降低了励磁电流在刷架上的压降，使励磁电流在各个碳刷上分布较均匀，减小偏差，降低了碳刷温升差异。当励磁电流分布均匀，各瓣导电环压降差异减小时，流经各个搭接面的电流较小，降低了搭接区域发热量和温升。刷架和挡风罩预装见图 4.5－33。

图 4.5－33　刷架和挡风罩预装

导风叶固定在集电环上环顶面和下环底面，上、下环各 6 个，整环均匀布置，且与集电环径向成 60°夹角。导风叶及尺寸见图 4.5－34。

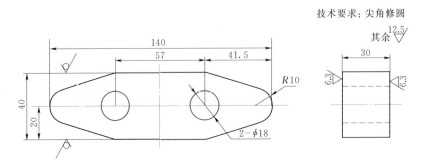

图 4.5－34　导风叶及尺寸（单位：mm）

环氧插槽固定到上导电环顶面内侧，插槽尾部向集电环径向方向伸出20mm，挡风罩由下向上插入到插槽内，底部固定到下导电环底面，挡风罩尾部同上所述伸出20mm。每个刷柄为单个碳刷，固定到刷握上。挡风罩、隔板、密封套三者形成半密闭空间，只预留集电环上下端部环形进风口。同时导风叶与环形进风口处于相同高度。在旋转时，在半密闭空间内产生负压，内外形成压差，空气通过环形进风口，进入空间内部，环形进风口尺寸较小，风速增大。同时导风叶在转子旋转状态下，带动周围空气旋转，产生离心作用，空气到导风叶末端向外溢出，进一步加速进风，加大进风量，提升碳粉吸收装置效率和效果。

（二）滑环装置安装流程及工艺控制

1. 滑环装置施工准备

集电环到现场后，需对集电环环面进行外观检查，集电环绝缘件外观应无损伤，无裂纹，环面应光滑无损伤，螺旋槽边沿倒角无尖端毛刺。集电环外观检查无异常后进行耐压试验，试验标准为 $10U_n$。

导电环外观检查应完好无损伤，搭接面镀银层完好，无损伤。碳刷完整无破损，刷握恒压弹簧活动灵活，碳刷无卡涩。刷架各绝缘件外观完好，无破损，无裂纹，耐压试验通过。挡风罩和卡槽外观完好，无损伤。

由于设计配合尺寸较为紧密，但在实际生产过程尺寸可能存在偏差，因此在安装调试时，建议先预装，查看各部件的配合情况。刷架预拼装完成后，主要查看导电环搭接面接触配合情况，0.05mm 塞尺应无法通过。导电环整体水平度偏差不宜超过 2mm。各绝缘件与导电环压接牢靠，无松动情况，如果出现绝缘件松动时，建议对绝缘件尺寸和表面进行处理。挡风罩和卡槽应配合良好，在导电环上固定牢固，不应出现较大缝隙。

2. 滑环装置安装

将集电环套装到上端轴上，集电环套装后，集电环应完全落到上端轴台阶上，集电环应卡紧无晃动，且集电环水平度应满足要求，水平度如过大，应对上端轴台阶水平面进行处理。

导电环拉杆定位。将导电环在滑环室内进行组装，进行导电环中心调整时，由于导电环较重，且操作空间较小，可考虑制造专用悬吊工具或利用上机架悬挂孔，将导电环悬空且下端支撑，根据测量尺寸偏差情况利用葫芦慢慢调整。组装完成后，进行拉杆定位。在拉杆定位过程中要持续跟踪导电环内环到集电环表面或大轴中心线的尺寸，建议调整测量 8 个方向（均布），当选中的测量点偏差小于 1mm 时，对拉杆进行焊接固定。

导电环水平度调整。待拉杆固定完成后，松开拉杆上端的压紧螺栓，调整拉杆底端紧固螺栓，以实现调整导电环水平度目的。导电环水平偏差应小于

2mm。水平度满足要求后，检查导电环搭接面的接触情况，接触面应无缝隙，0.05mm 塞尺无法通过。调整导电环水平度时，应整体调整，切忌单点调整，单点调整易损伤绝缘件和拉杆的丝扣，建议在刷握间距调整完成后进行调整，避免损伤集电环表面。

刷握安装与调整。松开刷握紧固螺栓，裁剪 5～8mm 厚橡皮，垫在刷握与集电环之间，将刷握按压到橡皮上，调整刷握与集电环之间距离和角度，刷握到集电环之间的距离应控制在（5±3）mm，刷握稍倾向集电环旋转方向（<5°）。应保证整体接触面积，碳刷距各自集电环上端不小于 2mm，距下端不小于 3mm，碳刷最好居中。

碳刷安装与调整。将刷柄安装到刷握内，对碳刷进行研磨，使碳刷与集电环的接触面积不小于 75%。

挡风罩安装与调整。将卡槽固定到导电环上端，插入挡风罩，并固定到下导电环下端。安装完成后，检查挡风罩深处部位与集电环、大轴引线和导风叶之间的间距。间距不宜过近，避免伸出部位与其他设备之间存在擦碰。如距离过近应对伸出部分尺寸进行调整。刷架整体安装见图 4.5-35。

图 4.5-35　刷架整体安装

二、碳粉吸收装置安装

碳粉吸收装置主要功能是集中收集机组运行过程中碳刷摩擦产生的碳粉。摩擦产生的碳粉具有良好的导电性能，特别是碳粉吸附到滑环系统绝缘件上，致使滑环系统绝缘减低，影响机组安全可靠运行，因此保障碳粉吸收装置的碳粉吸收效果具有重要意义。

（一）碳粉吸收装置改造重点

碳粉吸收装置的风机功率会对碳粉吸收效果产生影响，可根据滑环室空间的大小来选择风机的功率。但随着风机功率增大，风损同样增大，特别是风机功率增大到一定限值后，仅增大风机功率，不但不会明显提升碳粉吸收效果，还会增加能量消耗，加大改造投资。在碳粉吸收装置改造前，滑环室均匀布置 4 台风机。逐步增大风机的功率，当功率较小时增大功率会增大吸收装置进风量，加强吸收效果；但当风机功率上升到 1.5kW 后，增大风机功率，风速加快，风阻变大，进风量无明显增加，且风机功率为 1.5kW，已具备良好的吸收效果，滑环系统无碳粉堆积情况。挡风罩与吸收装置连接母管的距离将会对风损产生重要影响，风管越长，风损越大。因此，在改造过程中应尽量缩短风管的长度，提升碳粉吸收效果。同时，在改造时，应对风管端部喇叭口的形状进行考虑，管口可制作成圆弧状，且末端设置挡板，使喇叭口出风风向与旋转方向相同，利于碳粉进入风管。在碳粉吸收装置改造时，考虑运行安全可靠性，风机应单台独立控制，并在碳粉吸收装置投运后，进行风机故障模拟试验。模拟单台、两台、三台风机故障，并各自跟踪各类风机故障情况下，滑环系统各部位温升。

（二）碳粉吸收装置结构及特点

碳粉吸收装置风机功率为 1.5kW，且风机进行单台控制。滤筒为圆筒型，滤网套在圆筒外壁，便于拆卸。风机和滤筒密闭到箱体内，形成密闭空间。从挡风罩到箱体，风管走向为先下再上，沿碳粉重力下落方向，且风管通过管卡固定到机上架上。风管通过喇叭口固定到挡风罩上面。

（三）碳粉吸收装置安装流程和工艺控制

（1）盖板开孔。盖板回吊前，在盖板上开孔，开孔尺寸需与风机散热孔相匹配。

（2）风机支架焊接。盖板回吊后，在开孔正下方焊接风机支架，风机支架在径向应稍长于风机箱体。

（3）风机固定。将风机箱体固定到支架上，并在支架的紧固螺栓上打螺纹紧固胶。风机在安装前后均应进行绝缘情况的跟踪测量，避免返工情况出现。

（4）喇叭口固定。将喇叭口通过自攻螺丝固定到挡风罩上，在安装喇叭口时，应保证末端挡板在旋转方向的末端。

（5）风管布置预装。风管走向应充分考虑重力对碳粉下落的影响。风管首先固定到喇叭口上，风管先向下，再向上进入风机箱上，风管连接管口，通过管箍进行固定，风管应平齐。

（6）风管支架焊接固定。根据风管走向，将支架焊接到机架上，安装风管后，整体调节支架伸缩长度，调节风管平齐度。

（7）风机故障模拟试验。依次关闭 1~3 台风机，查看碳粉吸收情况和检测滑环系统各部位运行温升情况，检验风机故障下碳粉吸收效果和温升控制。

第五节 相 关 试 验

发电机转子包括磁极、磁极间连线及安装在转子上的励磁绕组引线。磁极在生产、运输、拼装过程中不可避免地存在安全风险，应进行一系列电气试验以检查转子励磁绕组的制造及安装质量是否符合要求。

发电机转子绕组电气试验项目见表 4.5 - 2。

表 4.5 - 2　　　　　发电机转子绕组电气试验项目

序号	项　目	标　准	说　明
1	测量转子绕组的绝缘电阻	单个磁极挂装前后的绝缘电阻不小于 5MΩ； 整个转子绕组一般不小于 0.5MΩ	采用 2500V 兆欧表
2	测量单个磁极的直流电阻	相互比较，其差别一般不超过 2%	磁极线圈套装前后均应进行该试验
3	测量转子绕组的接头电阻和整体直流电阻	接头电阻同次测量的各接头值相差一般不超过 20%。绕组的直流电阻与初次所测结果比较，其差别一般不超过 2%	应在冷态下进行，绕组表面温度与周围环境温度之差应不大于 3K
4	测量转子绕组的交流阻抗和功率损耗	与历次比较阻抗值下降不大于 10%，各磁极间阻抗值之差一般不大于 10%；总功率损耗历次比较上升不大于 10%	挂装前和挂装后，应分别进行测量
5	转子绕组交流耐电压试验	单个磁极挂装前交流耐压值：$10U_f + 1500$； 单个磁极挂装后交流耐压值：$10U_f + 1000$； 整个转子绕组交流耐压值：$10U_f$。 注：U_f 为发电机转子额定励磁电压，V	现场组装的转子，在全部组装完吊入机坑前进行整个绕组的交流耐压
6	集电环、引线、刷架交流耐压	交流耐压值为：$10U_f + 1000$； 耐压前后绝缘电阻不小于 5MΩ	

一、单个磁极交接试验

为检查磁极在生产、运输与安装过程中的质量，在转子改造过程中，转子磁极挂装前应进行单个磁极交接试验。由于葛洲坝电站机组改造增容过程中，保留了原机组磁极铁芯，只更换了磁极线圈，因此在磁极线圈套装前进行线圈直流电阻试验，以确保线圈符合安装需要。

磁极线圈试验合格，完成磁极铁芯装配后，需进行单个磁极交接试验。交接试验项目包括绝缘电阻测量试验、直流电阻测量试验、交流阻抗测量及交流耐压试验。

（一）单个磁极直流电阻试验

转子磁极直流电阻试验目的是为防止转子磁极挂装前由于运输、施工操作等原因破坏其绝缘层导致其线圈匝间短路，同时检查线圈内部、端部引线处的焊接质量以及连接点的接触情况是否良好。

试验时，一般使用双臂电桥进行直流电阻测量。根据欧姆定律 $R=U/I$，接好试验线，按仪器要求用试验线将电流极 I_1、电压极 U_1 接至转子磁极一端，电流极 I_2、电压极 U_2 接至转子磁极另一端，同时应将电压端子夹在电流端子的内侧，避免电流端子的接触压降影响测量的准确度。

（二）单个磁极交流阻抗试验

转子绕组由于制造工艺不良以及运行中的电、热作用，均可造成匝间绝缘损坏而产生匝间短路。一旦发生匝间短路，会使转子电流增大，绕组温度升高，限制发电机无功输出，有时还会引起机组剧烈振动，被迫停机。因此，及时将匝间短路点找出来并消除是十分重要的。

在一定的交流电压下，若磁极线圈中存在匝间短路，在短路线匝中将产生很大的短路电流，该电流有着强烈的去磁作用，从而导致绕组的交流阻抗大大下降，电流大大增加，功率损耗也显著增大。所以通过测量转子磁极的交流阻抗，并与原始或以前测量数据相比较，即可灵敏地判断出转子绕组磁极是否存在匝间短路故障。

测量单个磁极交流阻抗时，应在磁极线圈中通入电流，然后用带探针的电压表测量磁极线圈上的压降，试验接线见图 4.5－36。

试验时单个磁极的交流阻抗，应根据测得的电流及电压用交流电路的欧姆定律进行计算，因此应选用高精度的表计进行试验。

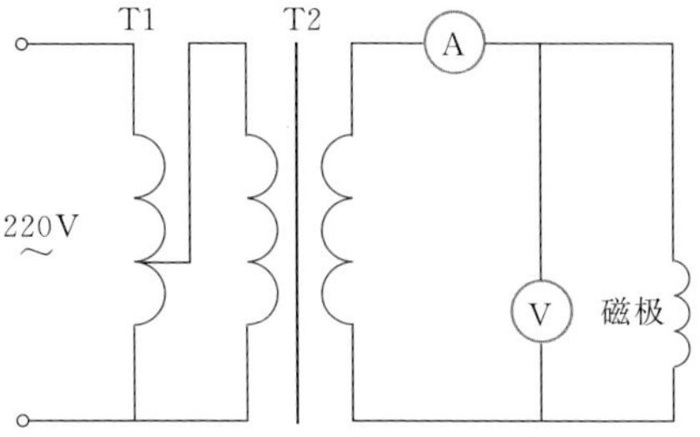

（三）单个磁极交流耐压试验

通过磁极交流耐压试验可以检查出磁极是否存在因受潮、脏污、外力破坏、安装错误等原因导致绝缘性能降低，因此该试验是在磁极安装前和转子绕组投入运行前必不可少的检验环节。

图 4.5－36　转子磁极交流阻杭
测量接线图
T1—自耦变压器；T2—隔离变压器；
A—电流表；V—电压表

交流耐电压试验时，试验电压用隔离变压器等加压设备直接由磁极引出线处加入。试验时施加的电压应从不超过试验电压规定值的一半开始，然后稳步地、匀速地升压到规定值并保持规定的时间。

试验过程应无击穿响声、断续放电声、冒烟、焦臭、闪弧、燃烧等异常现象，否则应查明原因。试验前后应测量磁极的绝缘电阻值，均应不小于 $5M\Omega$，且无明显差异。

二、磁极挂装后试验

为检查磁极在挂装过程中的质量，在磁极挂装到转子磁轭上后，需要进行磁极挂装后试验。磁极挂装后试验包括绝缘电阻测量试验、直流电阻测量、交流阻抗与功率损耗测量、磁极间接头电阻测量与交流耐压试验。

转子磁极之间的接头连接片在安装时如果出现压紧螺栓松动，接触面接触不好，接头电阻过大，将会导致转子接头在运行过程中发热，严重时破坏转子磁极绝缘影响机组正常运行。通过安装后的转子磁极接头电阻及整体直流电阻试验能有效发现上述缺陷，保证转子磁极现场安装质量。

磁极挂装前采用直流电阻测试仪进行直流电阻测量，挂装后采用电压表、电流表测绕组直流电阻的接线。试验电源采用直流弧焊机，通入 200A 电流。通入电流的试验电缆应该有足够的截面积保证在试验过程中不产生影响结果的发热。将直流弧焊机的"＋""－"极电流输出分别接到转子绕组两极。开动直流弧焊机，调节输出电流至 200A。将万用表或数字多用表调到直流电压挡，表计的表针接触单个转子磁极接头两端，一人持表计读取数据，一人记录。在转子磁极总引线两端测量转子绕组整体直流电阻，在转子绕组各磁极线圈间连接点的两端进行接头电阻值的测量。

磁极挂装后交流阻抗与功率损耗测量试验方法与原理同单个磁极交流阻抗试验，试验接线见图 4.5-37。功率表读数即为转子绕组功率损耗，单个磁极交流损耗根据欧姆定律计算可知。

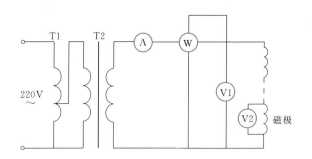

图 4.5-37　转子绕组交流阻抗和功率损耗测量原理图

T1—自耦变压器；T2—隔离变压器；A—电流表；

W—低功率因数功率表；V1、V2—电压表

待转子绕组绝缘电阻试验合格后进行交流耐压试验，试验标准见表 4.5-2。

集电环、引线、刷架应进行绝缘电阻与交流耐压试验。试验标准见表 4.5-2。

第六章 发电机相关设备改造

第一节 发电机配电设备改造

一、发电机配电设备改造范围

改造范围主要包括发电机出口隔离刀闸改造、出口槽型母线垂直段改造、发电机中性点设备（槽母、CT、消弧线圈等）改造。

发电机出口隔离刀闸改造：原 GN10—20/6000 型隔离刀闸更换为 GN23—20/8000 型隔离刀闸。

出口槽型母线垂直段改造：原 LMY—200×90×10 槽型母线更换为 LMY—200×90×12 槽型母线。

中性点母线改造：双槽铝母线改为矩形铜母线、加装一组（2台）母线支路间的横差保护 CT。

消弧线圈改造：更换消弧线圈，制作安装铝合金遮网。

二、发电机配电设备改造过程

（一）发电机出口刀闸与槽型母线改造

1. 发电机出口刀闸与槽型母线改造准备工作

（1）检修电源及照明设备布置。在发电机出口刀闸下方布置检修电源盘柜及足够的照明设备。

（2）检修平台搭设。在发电机出口刀闸下方水平段槽母支撑构架上搭设检修平台，检修平台将构架间全覆盖，承力大于 $200kg/m^2$，结实牢靠。

（3）工具材料准备。在 13.8kV 母线室内设置专用工具、材料放置区域，设置专用围栏及标识牌。

（4）新刀闸试验。新刀闸进场后，对其进行绝缘电阻与交流耐压试验。

2. 发电机出口断路器、刀闸、竖井母线断引

将断路器靠刀闸侧、刀闸两侧、竖井母线、厂用分支、避雷器、穿墙套管均压线等电气连接部位断引。断引过程中做好相关伸缩节位置编号，并做好相邻设备的防护措施，防止断引过程中对设备造成损伤。

3. 旧刀闸及槽型母线拆除

断引工作完成之后，进行旧刀闸及槽型母线的拆除工作。

（1）隔离刀闸的拆除步骤如下。

1）断开隔离刀闸操作机构动力电缆。

2）拆除隔离刀闸相间的连杆和操作机构拐臂、传动杆。

3）对现场进行实际尺寸测量，比对新旧刀闸尺寸及断口距离，确认现场实际安装尺寸。

4）对于二江电站隔离刀闸，在拆除隔离刀闸前，在垂直段槽型母线构架处悬挂手拉葫芦，用绳索将刀闸系住，拆除底座螺栓，通过葫芦将开关分相降至地面，运至指定地点集中存放。对于大江电站隔离刀闸，可直接采用 GCB 室内桥机进行吊运。

5）解除接地线，拆除刀闸操作机构箱。

（2）隔离刀闸至变压器低压侧槽形母线拆除步骤如下：

1）拆除槽型母线固定金具。

2）分两段拆除槽型母线。拆卸前用手拉葫芦将要拆除的槽型母线悬挂在垂直段母线的构架上，拆除紧固螺栓，再放至地面上，用小推车运至指定地点集中存放。

3）对原槽型母线厂用分支、穿墙套管均压线及避雷器电气连接位置进行测量，通过与新槽型母线安装尺寸进行比对，确认新槽型母线以上电气连接部位具体位置。

4）槽型母线支撑绝缘子外观检查：瓷釉光滑，无裂纹、缺釉、斑点、烧痕、气泡或瓷釉烧坏等缺陷，若绝缘子存在以上缺陷，应将其更换。

4. 新槽型母线制作

拆卸工作完成后，根据现场实际安装尺寸，进行槽型母线的换型改造工作。具体步骤如下：

（1）下料。核对新槽型母线的规格，按照新槽型母线现场实际安装尺寸下料；根据金具头设计尺寸对金具头下料。

（2）组装。用槽型母线间隔垫将槽型母线牢靠固定。

（3）配孔。按照设计尺寸对槽型母线、硬连接及金具头配孔。

（4）打坡口。对槽型母线及金具头焊接部位打坡口，坡口呈 45°角，见图 4.6－1。

（5）焊接。按照设计文件，采用氩弧焊方式对金具头进行焊接，要求焊缝饱满、均匀，无气隙、夹渣及裂纹。母线接头焊缝见图 4.6－2。

（6）打磨。对焊接部位进行打磨，焊接部位平滑过渡，无突起、毛刺。

（7）直流电阻测试。对焊缝部位进行直流电阻测试，确认焊缝满足标准要求。

（8）配孔。现场实际测量厂用分支、穿墙套管均压线、避雷线与新槽型母

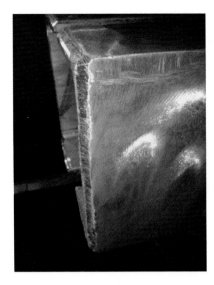

图 4.6 - 1　槽母焊接部位打坡口　　　　图 4.6 - 2　母线接头焊缝

线连接部位尺寸，在新槽型母线电气连接位置处进行配孔。

（9）刷漆。将槽型母线分别涂刷黄绿红相色漆，刷相色漆前将电气连接部位做好防护措施，相色漆涂刷正确、均匀、整齐，无流淌、滴挂现象。

（10）水平段槽型母线金具头制作方式参照竖井母线金具头制作方式。

5. 新槽型母线安装

槽母装配完成后，进行安装工作。首先装配上段竖井母线，用手拉葫芦将槽型母线吊装至安装高度，利用槽型母线固定金具将其固定牢靠，上段槽型母线安装完毕后，再进行下段槽型母线安装工作。

6. 新刀闸安装

新槽母安装完毕后，再进行新刀闸安装工作。新刀闸安装步骤如下：

（1）对于二江电站刀闸，在垂直段槽型母线构架处悬挂葫芦，将新刀闸逐相运至原刀闸基础上，调整好中心线后装螺栓固定（新刀闸中心线应与母线中心线一致，且与原刀闸中心线一致）；对于大江电站刀闸，采用开关室内桥机进行起吊，将刀闸就位于基础横担上，三相调平且同轴后装螺栓固定。

（2）安装新操作机构箱，就近连接外壳接地线。

（3）安装刀闸相间连杆和操作机构拐臂、传动杆，制作拐臂轴承支座，固定操作机构侧拐臂前需预留电动操作时的惯性行程。

（4）操作机构箱动力电缆接线。

（5）新刀闸手动调试，手动调试合格后进行电动调试。

（6）新刀闸高压试验。

新刀闸安装完成见图 4.6-3。

图 4.6-3　新刀闸安装完成

7. 刀闸、断路器复引

断路器与水平段槽型母线、刀闸与槽型母线、槽型母线硬连接（厂用分支、穿墙套管均压线、避雷器）电气连接部位复引，复引时应注意以下几点事项：

（1）复引时螺栓、扳手等容易滑落，应做好防掉落措施。

（2）电气连接部位载流面涂抹凡士林，固定螺栓涂抹润滑脂。

（3）所有电气连接螺栓紧固力矩必须符合标准要求。

（4）紧固完毕，用塞尺对接触面进行检查，使用 0.05mm 厚的塞尺塞入深度不得超过 5mm。

电气连接部位塞尺检查见图 4.6-4。

图 4.6-4　电气连接部位塞尺检查

（二）中性点设备改造

（1）准备工作。

1）现场布置好三相 380V 施工电源及足够的照明、通风设备。

2）在施工现场适当位置布置作业室，用于相关部件、材料及工器具的临时存放。

3）准备好施工工器具、材料、备品配件、测量及试验仪表以及消防设备。准备好吊运设备、切割及焊接装备等。

（2）中性点设备断引。消弧线圈进、出线侧断引（拆除串联变压器一次侧至接地刀闸段矩形铜母线；拆除接地刀闸至消弧线圈进线侧矩形铜母线；拆除消弧线圈出线侧接地母线排）。接地刀闸需再次使用，要加强拆除及保管措施。

（3）中性点母线改造。

1）拆除中性点槽型母线。

2）拆除中性点 TA，拆除母线支柱瓷瓶及短路环，所拆卸设备需再次使用，要加强拆除及保管措施。

3）拆除 TA 基础构架横梁。

4）根据设计文件及图纸要求，制作、安装新的 TA 基础构架横梁，构架应可靠接地（原 TA 构架横梁移位后安装在新的位置，新加装 TA 构架横梁按图 4.6-5 所示尺寸安装）。

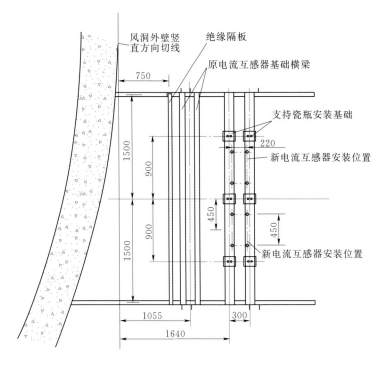

图 4.6-5 中性点出口母线 TA 基础构架横梁安装尺寸（单位：mm）

5）制作、安装环氧隔板。

6）安装母线支柱瓷瓶及构架短路环。

7）在移位后的构架横梁上安装原中性点 TA。

8）在新装的构架横梁上加装一组横差保护 TA。

9）制作、安装新的矩形铜母线（每相母线按照上、中、下三层并排走线，每层间隔 100mm）。

10）矩形铜母线电气连接部位表面刷镀银，镀银厚度为 10～12μm。

11）矩形铜母线非连接部位刷漆，刷漆均匀，无滴淌、流挂现象。

（4）消弧线圈改造。

1）拆除消弧线圈四周金属遮网。

2）拆除旧消弧线圈底座与基础的连接螺栓，必要时对焊接点进行切割拆除，吊运转场至指定地点存放。

3）拆除接地刀闸及钢支柱基础，必要时对焊接点进行切割拆除。

4）利用原串联变压器 B 相基础槽钢作为新的消弧线圈基础，基础与地网应有效连接（50mm×5mm 镀锌扁钢）。

5）制作新的接地刀闸钢支柱基础，钢支柱基础需焊接至地线排（50mm×5mm 镀锌扁钢），与地网相连。

6）新消弧线圈就位、安装。

7）安装接地刀闸（见图 4.6-6），配制安装刀闸至中性点母线、刀闸至消弧线圈的矩形铜母线（60mm×6mm）。

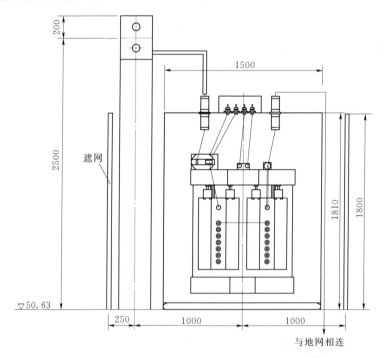

图 4.6-6　消弧线圈及接地刀闸安装图（尺寸单位：mm；高程单位：m）

8）新铝合金遮网制作安装，在适当位置连接地线，与地网相连。

9）中性点区域地面处理，铺设瓷砖（地面原土建基础进行凿除处理，然后进行浇筑，浇筑至与中性点地面齐平，铺设瓷砖）。

（5）中性点设备试验。

（6）中性点设备复引。

（7）设备清扫，现场清理，验收。

第二节　发电机励磁变改造

一、励磁系统改造范围

发电机励磁系统的改造主要包括电气一次部分和电气二次部分的改造，本节主要介绍励磁系统电气一次部分的改造。

励磁系统一次部分的改造内容主要包括取消串联变压器、更换并联变压器、更换励磁电缆、更换并联变压器一次侧 TA、更换并联变压器一次侧铝排等。

二、励磁系统改造过程

（一）串联励磁变压器拆除

（1）拆除发电机在线监测装置。

（2）拆除原中性点遮网，拆除中性点隔离刀闸及消弧线圈。

（3）拆除串联变压器及其一、二次侧相关连接、构架。

（4）重新制作中性点基础、布置接地网。

（5）原隔离刀闸及消弧线圈移位至新基础上安装。

（6）拆除原串联变压器进线侧三相槽母，根据串联变压器取消后的尺寸进行切割、焊接后回装。

（7）配装隔离刀闸至槽母及消弧线圈的铜排（60mm×6mm），配装消弧线圈出线接地钢排（50mm×5mm）。

（8）重新制作中性点设备铝合金遮网。

（9）母线、刀闸、消弧线圈相关试验。

（10）中性点出口引线恢复，在线监测装置恢复。

（11）中性点区域地面处理（填平、贴砖），现场清理。

（二）并联励磁变压器换型

（1）拆除并联变压器，拆除并联变压器出线侧旧励磁电缆及其构架。

（2）拆除并联变压器进线侧旧铝排、TA 及构架。

（3）并联变压器地网敷设。

（4）并联变压器及其进线侧 TA 基础制作。

（5）并联变压器出线侧电缆桥架制作、安装，见图 4.6－7。

（6）并联变压器进线侧新 TA 安装。

图 4.6-7　并联变压器
励磁电缆桥架安装

（7）并联变压器的安装布置见图 4.6-8。并联变压器转运、就位见图 4.6-9 和图 4.6-10。外壳及其相关附件安装，控制柜动力电源布线，二次线路配装，并联变压器试验。并联变压器的就位采用激光标线仪进行定位，使并联变压器 B 相中心线与进线侧 B 铝排、瓷瓶中心线重合。

（8）并联变压器及进线侧铝排和伸缩节配装，电气试验，铝排刷相色漆。

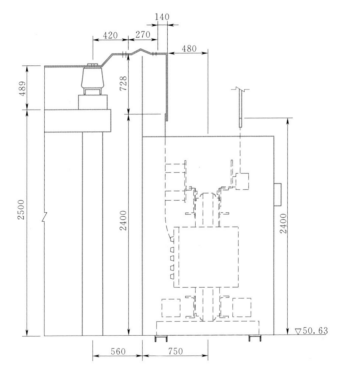

图 4.6-8　并联变压器的安装布置图

（尺寸单位：mm；高程单位：m）

（9）励磁电缆接头制作（见图 4.6-11）、敷设，励磁电缆试验。

（10）励磁变压器进、出线侧主线路复引（见图 4.6-12）。

（11）构架相应部位防腐和刷漆。

（12）现场清理和验收。

图 4.6-9　并联变压器转运　　　　图 4.6-10　并联变压器就位

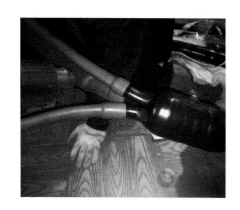

图 4.6-11　励磁电缆接头制作　　　图 4.6-12　并联变压器复引

第三节　推力轴承油雾吸收装置改造

　　葛洲坝电站机组推力油槽产生的油雾,既影响机组正常运行,又污染环境,给现场工作带来极大的不便。故需要设计制造一套推力油雾吸收装置(包括上油雾吸收装置及下油雾吸收装置),收集推力油槽产生的油雾,防止因油雾外泄而影响机组安全运行，从而改善现场工作环境。

一、装置原理

该装置通过回油管将推力油槽中的油雾吸收，并进行油气分离，将油排回油箱进行再利用，而将干净的气体排出油箱。同时在油箱内部形成负压，使油雾不能从油箱盖与大轴缝隙溢出污染大轴，从而达到了净化风洞内环境、保护发电机的目的。

二、改造施工

上油雾吸收装置主要包括静电式油雾吸收装置一台、吸风口连接法兰、空气滤芯、管卡、吸风管等。在推力油槽上方选合适的位置用于放置油雾吸收装置，根据油雾吸收装置地脚尺寸在油槽上焊接槽钢，用螺栓将油雾吸收装置固定；推力油槽盖共设置4个呼吸孔，其中两个呼吸器安装油气分离滤芯，两个连接回油管。拆除对称方向的两个呼吸器，将油雾吸收装置吸风口与呼吸孔通过软管连接；将另外两个呼吸器拆除，安装具有油气分离功能的空气滤芯。

上油雾吸收装置及各部件安装要固定牢靠，防止运行时地脚螺栓松动。油雾吸收管与推力油槽、油雾吸收装置的连接要求紧固牢靠，密封严密，防止油滴或油雾从连接处逸出。为方便今后更换静电油雾吸收装置滤芯，控制方式采用手动投入方式，建议增加电源手动控制开关。

改造后上油雾吸收装置抽油效果明显，风洞内、挡油筒、水导密封盖等部位的油污环境改善明显（见图4.6-13～图4.6-15）。

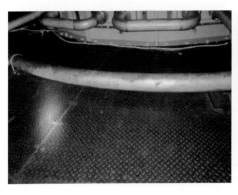

风洞地板油渍

图 4.6-13 风洞内环境得到有效改善

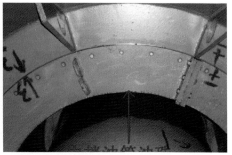

图 4.6－14　推力内挡油筒上油滴现象已消除

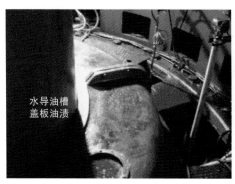

水导油槽
盖板油渍

图 4.6－15　水导密封盖油渍现象已消除

第四节　制动器及粉尘吸收装置改造

葛洲坝电站制动器随着长期运行，不同程度的存在无法自动复归、窜气串油、闸板磨损量过大等缺陷，影响机组正常开停机，需要对机组制动系统进行改造。考虑到原制动器没有粉尘收集装置，机组制动时与闸板摩擦产生的粉尘会对机组其他部位（如定子、转子、风洞内其他设备）产生污染，因此在风闸上安装粉尘收集装置。

一、改造后结构

（一）改造后制动器结构

制动器主要由制动板、制动块、压板、卡环、活塞、缸体、锁定螺母、手柄、O 形密封等组成。改造前葛洲坝电站机组所用制动器型号主要为 ZD220 单活塞气复归、ZD280 单活塞气复归两种。该次改造将其全部对应更换为 ZL280 双活塞气复归、ZL220 双活塞气复归两种制动器（见图 4.6－16）。

图 4.6 – 16　改造后的制动器

在近几年的使用过程中发现 ZD 型制动器容易发生窜气窜油现象，且顶起后不容易复位，必须用撬棍才能使其复归，而 ZL 型制动器是双活塞型的，采用偏心和防卡涩导向键的设计，从而解决了卡涩问题。加入蝶型弹簧设计，在投入制动时起到一定的缓冲作用，撤除气压时，可以辅助制动器复位。

（二）改造后制动器碳粉吸收装置结构

葛洲坝电站机组在制动过程中，压缩空气接入制动器内，制动器活塞升起，制动闸板与发电机转子上的制动环接触产生摩擦，摩擦产生的热量使制动环及制动闸板温度升高并产生制动粉尘。粉尘如不及时收集清除，将会污染铁芯及线圈，增加通风阻力，降低绝缘性能。为了克服或减轻上述现象，同时考虑到空间的限制，特设计制造一套整体式粉尘收集装置，该装置的安装将在改造增容过程中实施并投入使用。

依据葛洲坝电站现场制动器布置情况，将两个制动器作为一个吸尘单元，一台机组共 12 个吸尘单元。每个吸尘单元采用两个独立的集尘盒，通过一根软管将左侧制动器的集尘盒连接到安装于右侧制动器托板上的整体式制动集尘装置上，形成一个独立的吸尘单元。通过制动托板前后两侧的毛刷及吸尘盒上的端部毛刷，在制动闸板周围形成封闭空间，粉尘收集装置上部进风口位于毛刷灰挡下方，风机与制动器同步工作，集尘装置内的风机运转产生的负压对制动时产生的粉尘形成强大的吸附力，并通过滤芯过滤后集中在一起，存储于集尘装置内附的集尘盒。

二、制动器及粉尘吸收装置改造施工

机组回装中，转子下挡风罩就位后，进行安装工作。吊装制动器到安装基座上，注意接头方向统一，打紧地脚螺栓。更换新的制动器高压金属软管，管路连接时注意制动腔与复归腔的区分。制动器系统安装完成后，进行手动、自动给气试验，工作压力能保持在 0.5～0.7MPa，要求各管路接头、阀门、风闸等均无漏风，风闸活塞各腔不串气，活塞起落灵活，总气源压力与风闸保持压力之差小于 0.1MPa。制动器整体进行油压试验，用高压油顶起转子高度一般为 3～5mm，保持 10min，风闸与管路接头均无渗漏油现象，油压撤除后，将管路中的残留油排干净，三通阀门切换为机组运行状态。

制动器粉尘吸收装置安装时，将端部毛刷固定在集尘盒上，拆除制动托板前后两侧夹板固定螺栓，利用夹板螺孔将毛刷固定在制动托板前后两侧。同时利用 U 形集尘盒夹板将集尘盒与制动托板固定成一体。调整毛刷位置，形成 3 个方向的半包围整体结构（转子旋转进入方向无毛刷）。完成左侧制动器集尘盒的安装。

进行右侧制动器整体式集尘装置安装。拆除旧行程开关压板；将垫块点焊在制动托板上，要求垫块上部与制动托板上部平齐；利用垫块上的螺栓孔，将整体吸尘装置固定在垫块上；拆除制动托板前后两侧夹板固定螺栓，利用夹板螺孔将毛刷固定在制动托板前后两侧；安装吸尘软管，将左侧制动器集尘盒吸风口与右侧制动器整体式集尘装置吸风支管连接。用管夹将接口固定牢固。

安装新配制的行程开关压板。由于制动闸板和制动环摩擦产生很高的温度，应选择耐高温毛刷灰挡清扫转子制动环上黏附的粉尘。毛刷安装高度应适中，在阻挡制动粉尘外泄的同时，也应防止毛刷与制动环接触过紧而影响使用寿命。检查风机置于空气滤芯后方，避免高温粉尘进入风机。

安装完成后，做粉尘吸收装置动作试验，查看粉尘吸收装置运行情况。后期在机组大修或更换闸板时，清理制动器粉尘吸收装置集尘盒内的粉尘，视情况更换滤芯。

三、改造后效果

葛洲坝电站 15 号机组制动器粉尘吸收装置于 2012—2013 年岁修期间完成改造，对已改造机组进行停机检查。其运行至 2013 年 10 月共停机 3 次（6 月 5 日、6 月 19 日、10 月 7 日），即粉尘吸收装置投入使用 3 次。根据检查情况，风闸磨损量较小（见图 4.6－17），其磨损粉尘基本全部被粉尘吸收装置吸收，达到了预期效果。粉尘吸收盒及滤网内吸收的粉尘见图 4.6－18。

图 4.6－17　风闸磨损情况

图 4.6 - 18　粉尘吸收盒及滤网内吸收的粉尘

第五节　机坑除湿装置改造

　　由于受到水电站自身环境条件的影响，机组长时间停机后定转子表面容易出现因结露而引起定转子绝缘偏低的现象。为改善机组运行环境，在葛洲坝电站机组改造增容期间，在发电机机坑内引入机坑除湿装置。为使机坑除湿装置使用效果最佳，机坑除湿机均布于发电机机坑内（见图 4.6 - 19）。

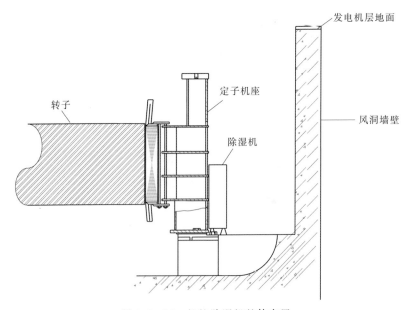

图 4.6 - 19　机坑除湿机整体布置

一、机坑除湿装置主要结构及工作方式

机坑除湿装置主要包括机坑除湿机、控制盘柜、冷凝水管道以及机坑除湿机动力电缆。机组停机后，机坑除湿机湿度传感器监测环境湿度，当湿度达到设定环境湿度范围，除湿装置自动投入运行；机坑除湿机风扇将潮湿空气抽入除湿机内，通过热交换器，将空气中的水分冷凝成水珠，潮湿空气变成干燥空气排出机外，冷凝水通过除湿机排水管道排入机坑排水沟内。当湿度传感器检测到空气湿度达到设定关机湿度时，机坑除湿装置停止运行。

二、机坑除湿装置选型

机坑除湿装置选型主要包括机坑除湿机选型、冷凝水管道选型和动力电缆选型 3 部分。冷凝水管道选择应用较为普遍的 PPR 排水管作为排水管道，PPR 管采用热熔连接方式。动力电缆选用阻燃电缆，电缆容量满足除湿装置长期安全稳定运行的需要。机坑除湿机选型主要由机坑除湿容积、单位时间内除湿量、控制方式以及现场安装环境条件决定。经计算葛洲坝电站机坑除湿容积，并联系实际安装环境条件，选取 6 台尺寸 2000mm×620mm×620mm，除湿量 1000m³/h 的除湿机，除湿机参数见表 4.6-1。

表 4.6-1　　　　　　　　　机 坑 除 湿 机 参 数

序号	结构类型	整体式、风冷调温型风机
1	控制方式	全湿度显示，自定控制除湿，根据湿度设定自动控制开关机
2	湿度传感器	氯化锂湿度传感器
3	排水方式	软管连续排水
4	除湿量	不小于 7kg/(h·台)
5	风量	大于 1000m³/h
6	除湿面积	150~260m²
7	电源	380V，50Hz
8	单位输入功率除湿量	不小于 1.70kg
9	温度适用范围	5~35℃
10	风冷冷凝器进风温度	不高于 43℃
11	功率	不小于 3200W
12	除霜	自动除霜，除霜时间不应超过完整试验周期的 30%
13	除湿机的噪声值	不大于 70dB（A）
14	压缩机保护	3min 延时启动
15	隔尘网	空气过滤隔尘网
16	机器尺寸（高×深×宽）	不大于 2000mm×620mm×620mm

三、机坑除湿装置安装

机坑除湿装置安装包括机坑除湿机安装、控制盘柜安装、动力电缆敷设及冷凝水管道安装几部分。

1. 机坑除湿机安装

（1）勘查安装现场，确定除湿机安装位置。葛洲坝电站除湿机均布于相邻空冷器靠定子基座空挡位置。

（2）除湿机支架制作。因安装现场定子基座底部有消防水管，需用大小合适的角钢制作除湿机专用放置支架，以避开消防水管使除湿机能够顺利安装。

（3）除湿机电气试验。除湿机到货后安装前，对其进行常规电气试验，检查除湿机是否完好。

（4）除湿机专用支架焊接。将除湿机专用支架焊接于定子基座除湿机安装位置。

（5）除湿机安装。将除湿机安装于专用支架上，除湿机底部与专用支架牢靠焊接，在除湿机中部，用不锈钢带制作抱箍，绕除湿机中部固定除湿机，抱箍两端与定子基座焊接。除湿机见图 4.6 - 20。

图 4.6 - 20　除湿机

2. 控制盘柜安装

除湿机控制盘柜安装于机坑外便于观察、维护位置，除湿机控制盘柜外壳可靠接地。

3. 动力电缆敷设

机坑除湿装置动力电缆取自本台机自用电，电缆敷设路径为自用电盘柜将电输送到控制盘柜，控制盘柜再将电分配到除湿机上。电缆应敷设在桥架上，在无桥架部位以不锈钢管或防火阻燃 PVC 管作为电缆穿线管，电缆头采用搪锡工艺。

4. 冷凝水管道安装

除湿机排水管采用 PPR 管，沿定子基座底部布置。排水采用就近排水原则，即 PPR 管将每台除湿机冷凝水就近排至风洞排水洞内。冷凝水管道连接方式采用热熔焊接，连接头为专用的直接头或 90°转接头，除湿机排水软管与 PPR 管连接处应可靠密封。

除湿装置安装完毕，对除湿机及其动力回路整体绝缘进行检查，确认完好后通电进行试运行，确保除湿装置整体能够正常运行。

第六节　上导轴承改造

葛洲坝电站上导轴承采用抗重螺栓限位方式。上导瓦间隙直接影响到机组稳定安全运行，目前上导瓦背有支持座、铬钢垫、槽型绝缘等，如果这些部件安装不正确或机组长时间运行时槽型绝缘、支持座变形等原因，均会造成上导瓦间隙变大，从而影响上导摆度；其次上导瓦抗重螺栓调整仍采用传统的大锤作业方式，不仅工作量大，而且有较多不安全因素。

一、改造前后上导轴承结构形式

改造前上导轴承采用支柱螺栓支撑结构，见图 4.6-21。采用抗重螺栓限位方式来调整控制上导瓦摆度。

改造后采用楔子扳加球面支柱支撑方式，见图 4.6-22。该方式通过调整楔子板高度来调整、控制上导瓦摆度。改造为该形式后，计算额定工况下导轴承最小油膜厚度及最高瓦温等主要数据均符合有关规范，导轴承可以正常运行。

抗重螺栓

图 4.6-21　支柱螺栓
支撑结构

图 4.6-22　楔子板加球面
支柱支撑方式

两种不同的结构形式采用不同的抱瓦方式和间隙调整方式。

上导抱瓦方式的改变。改造前的抱瓦方式为通过拧紧加在上导油槽内壁的螺杆来顶紧上导瓦，达到抱瓦的效果。而改造后是通过敲紧楔子板，使上导瓦贴紧大轴达到抱瓦的效果，这种抱瓦方式使得各瓦受力更加均匀。

上导瓦间隙调整的方式有所改变。由原来的抗重螺栓间隙调整改造为斜楔

式间隙调整，改造前的间隙调整采用调节抗重螺栓，利用塞尺来控制，标准为
0.15mm 塞尺能过，0.16mm 塞尺不能过。而改造后的斜楔式间隙调整采用深
度尺测量楔子板提升前后的高度差来确定调节的间隙值。由于上导楔子板斜面
比例是 1∶50，间隙值要求是 0.15～0.16mm，即楔子板的提升量应在 7.5～
8.0mm 之间。楔子板调整方式调节更加直观、调整值更加准确。

与支柱螺栓支撑结构相比，斜楔式结构具有结构尺寸确定、调整间隙固定
可靠、导瓦间隙调整方便等特点，在立式发电机上得到普遍应用。可见，将葛
洲坝机组上导支柱螺栓结构改为斜楔支撑方式具有重要现实意义。

二、上导轴承改造施工

修前盘车合格后，在上导油槽内壁 4 个测点测量上导中心，为防止新导瓦
支撑及调整部件遮挡上导中心测点，应设置 4 个备用测点。上机架吊出前，在
上机架中心体，上导油槽盖结合面 4 个对称方向，用合像水平仪测量上机架水
平。改造后上导轴承新部件安装见图 4.6－23。

图 4.6－23　改造后上导轴承新部件安装

各旧部件拆除吊出后，进行新部件安装。安装前进行上机架水平调整，合
像水平仪在原测量点测量上机架水平，并用 50t 液压千斤顶调整上机架水平，
与拆卸前水平偏差小于 0.02mm/m。

按照图纸在导轴承座环内部划出每块瓦对应垫块位置线，垫块位置线轴
向、周向偏差不大于±1mm；画线完成后进行钻孔、攻丝，以垫块位置为基
准在导轴承座环内部配钻螺纹孔；安装绝缘板及垫块，保证安装面贴合良好，
垫块紧固螺栓应带绝缘套管、绝缘垫圈及止动垫圈，并涂螺纹锁固剂进行紧

固。要求螺栓把紧后，垫块垂直度不大于 0.02mm/m，向心度不大于 0.05mm，且垫块与内壁之间用 0.05mm 塞尺不通过；安装支撑环，将轴承座圈密封槽清扫干净，安装耐油密封条、平面密封胶，把紧螺栓。上导轴承改造过程中，改变上导瓦支撑方式后，影响上导轴承原油槽密封盖正常使用，需在上导轴承座圈上部增加支撑环。上导轴承座圈增加支撑环见图 4.6-24。

图 4.6-24　上导轴承座圈增加支撑环

主要部件安装完成后，试装其余部件，保证楔子块、调整螺杆在可调范围内不影响上导密封盖正常安装，之后拆除待用，仅保留垫块。

三、改造后效果

目前葛洲坝电站已完成 4 号机组上导轴承改造，4 号机组于 2015 年 2 月 4 日进行开机试验。上导轴承瓦温及各工况下的上导摆度均在技术要求范围之内。试验过程中各部位振动正常。4 号机组机械运行稳定性数据见表 4.6-2。

表 4.6-2　　　　　　　　4 号机组机械运行稳定性数据

试验项目	单位	修后	修前	相同类型机组（6 号机组）
水头	m	23.0	24.0	23.1
有功	MW	112	116	110
上导摆度	μm	34	105	127
水导摆度	μm	117	159	86
上机架水平振动	μm	17.0	27.0	32.1
上机架垂直振动	μm	10.0	17.0	19.3
支持盖水平振动	μm	10.0	23.0	10.7

试验项目	单位	修后	修前	相同类型机组（6 号机组）
支持盖垂直振动	μm	21.0	46.7	61.8
上导瓦温	℃	38.7	42.2	36.8
上导油温	℃	26.2	38.1	26.6
推力瓦温	℃	43.6	43.1	41.8
推力油温	℃	27.0	25.1	32.1
水导瓦温	℃	49.7	51.8	39.1
水导油温	℃	44.9	—	—

表 4.6-2 中 4 号机组上导摆度仅为 34μm，上导抱瓦偏紧。上导瓦温对比二江电站投入上导油冷器的 6 号机组高 2℃左右，瓦温无异常。

表 4.6-3　　　　　2~5 月 4 号机组机械运行稳定性数据

试验项目	单位	2 月	3 月	4 月	5 月
水头	m	23.0	23.8	23.2	21.6
有功	MW	112	122	122	121
上导摆度	μm	34	33	31	33
上机架水平振动	μm	17	15	13	14
上机架垂直振动	μm	10	10	10	9
上导瓦温	℃	38.7	39.2	39.7	41.5
上导油温	℃	26.2	26.4	27.6	30.5

表 4.6-3 中 4 号机组 2~5 月上导摆度、上机架水平及垂直振动均无明显变化，均在合格范围内，上导瓦温及油温有上升趋势，与环境温度上升有关，属正常情况。总体而言，葛洲坝电站 4 号机组上导轴承目前运行状况良好。

第七章 水轮发电机组回装

葛洲坝电站水轮发电机组改造增容回装阶段主要包括活动导叶及顶盖吊装、新转轮高程及水平调整、操作油管及大轴吊装、支持盖吊装、新主轴密封及新水导轴承吊装、调速器设备及导叶操作机构吊装、推力支架及推力轴承吊装、制动系统安装、转子吊装、受力转换、上端轴及上机架吊装、机组修后盘车、三部轴承及受油器回装、机组系统升压、转轮室排架拆卸、真空破坏阀安装、人孔门安装。本章介绍机组回装阶段主要工序标准及要求，并以图文形式简述机组回装的详细过程。

第一节 机组回装阶段检查及测量

一、设备到货检查及测量

设备现场到货后，对到货名称、进场时间、工作号、箱号、箱数进行记录拍照，会同厂家进行开箱清点，确认设备到货数量、设备名称与到货名称一致，对主要部件的关键数据、外观进行复测检查并记录。到货设备检测项目及要求见表4.7-1。

表 4.7-1　　　　　　　　　　　到货设备检测项目及要求

序号	设备名称	检测项目及要求	质检点
1	齿压板到货检查	（1）齿压板到货数量核对，满足安装要求。 （2）齿压板外观无损坏，压指表面光滑无毛刺；齿压板压指表面平面度满足设计要求	Ⓦ 📷
2	定位筋到货检查	（1）定位筋到货数量核对，满足安装要求。 （2）定位筋外观无损坏，表面光滑无毛刺；定位筋平面度、直线度满足设计要求	Ⓦ 📷
3	拉紧螺杆到货检查	（1）拉紧螺杆、螺母、碟簧、导桶等设备到货数量核对，满足安装要求。 （2）拉紧螺杆外观无损坏，尺寸符合图纸要求。 （3）按照设计油压进行拉紧螺杆拉伸试验，拉伸值满足设计要求	Ⓦ 📷

序号	设备名称	检测项目及要求	质检点
4	扇形片到货检查	（1）普通扇形片、绝缘片、端部冲片、通风槽片、测温电阻特殊扇形片等数量核对，满足安装要求。 （2）端部冲片漆膜检查，无划痕、破损、残缺等现象；端部冲片粘接无脱落、翘起、鼓包等缺陷	Ⓦ 📷
5	磁极键到货检查	（1）磁极键到货数量核对，满足安装要求。 （2）磁极键外观无损坏，表面光滑无毛刺；磁极键厚度测量，满足回装要求	Ⓦ 📷
6	水导轴承到货检查	（1）水导瓦清扫干净，瓦面无凸点、裂纹、碰伤等缺陷。 （2）水导轴承与托环清扫干净，外观检查无裂纹、碰伤等缺陷；各配合面平整光洁无高点、毛刺等缺陷；托环内径满足托环与轴领间隙要求。 （3）油管、锥销、螺栓等其他水导轴承部件清扫干净，外观检查无裂纹、碰伤等缺陷；螺栓、锥销等部件大小、长度符合图纸设计要求	Ⓦ
7	主轴密封到货检查	（1）各部件检查外观完好无损，无裂纹、碰伤等缺陷。 （2）主轴密封整体试装各个部件、管路按照图纸设计组装合格；各个配合面平整光洁无毛刺、高点等缺陷，螺栓孔无错位。 （3）按设计要求，对空气围带通入压缩空气，保压无泄漏	Ⓦ
8	转轮装配到货检查	（1）转轮体、叶片、活塞、操作架、枢轴、转臂、缸盖、下盖等设备部件外观无损坏，各配合面、铜瓦、销孔表面光滑平整无毛刺、裂纹、高点。 （2）活塞复合密封、导向带规格符合设计要求，完整无破损。 （3）叶片密封尺寸符合图纸要求，无裂纹，无老化，无损伤，无毛刺	Ⓦ

到货设备关键数据复测见图 4.7-1。

二、设备回装阶段检查及测量

设备回装阶段对每一步施工进行测量、检查，并记录相关数据及结果，对相关数据及结果设立现场见证（W）或者停工待检（H）的多级验收标准。设备回装阶段检测项目及要求见表 4.7-2。

图 4.7-1　到货设备关键数据复测

表 4.7-2　　　　　　　　　设备回装阶段检测项目及要求

序号	主要工序	检测项目及要求	质检点
1	新转轮叶片螺栓拉伸值	拉伸值、预紧力矩达到设计要求	Ⓦ
2	缸盖堵板焊接探伤检查	安装堵板并封焊，焊缝打磨，PT探伤无裂纹	Ⓦ
3	转轮打压及叶片密封动作试验	(1) 按照设计要求，打压及保压阶段均无渗漏。 (2) 按照设计要求进行叶片动作实验，要求动作灵活、无卡涩、叶片密封无渗漏	Ⓦ
4	转轮与大轴连接螺栓拉伸	螺栓拉伸值达到设计要求，拉伸后法兰面间隙达到设计要求	Ⓦ
5	导流锥组合	要求组装完成后法兰面错牙、间隙值达到标准	Ⓦ
6	支持盖中心返点	在旧水导瓦架、支持盖、顶盖上均布4组位移监测点，同位置重复测量的误差、中心偏差不超过设计值	Ⓦ
7	转子测圆架调整	安装完成的转子测圆架中心柱下法兰止口内圆的同心度、中心柱的垂直度、测头的上下跳动量、水平度均达到设计值	Ⓗ
8	转子圆度及高程测量	磁极键全部打完后，用转子测圆架复查磁极中心标高及上、下圆度，要求均满足设计要求	Ⓗ
9	下齿压板挂装	下齿压板压指至中心距离、单块下齿压板平面度、相邻下齿压板高度差、下齿压板整圆波浪度、各齿压板压指同断面内圆比外圆高差、压指与定子冲片中心偏差均达到设计值	Ⓗ 📷

第四篇　水轮发电机组改造增容施工

序号	主要工序	检测项目及要求	质检点
10	定子测圆架调整	支臂转动灵活；测圆架中心调整至机组中心，中心偏差在设计范围内；测圆架两个轴线方向垂直度满足设计要求；测圆架转臂旋转过程中重复测量误差、跳动值均在设计范围内	📷 Ⓗ
11	定位筋安装调整	（1）确定第一根基准筋中心位置，定位筋内径、扭斜、径向垂直度、周向垂直度、与齿压板上的位置中心线偏差均控制在设计范围内。 （2）以基准筋为起点，按俯视顺时针方向给定位筋编号，安装大等分定位筋，半径、扭斜、相邻定位筋同一高度弦距偏差、同一跨距内上下弦距偏差均满足设计要求。 （3）安装小等分筋，定位筋半径、同高度相邻两定位筋半径差、同高度定位筋弦距偏差、扭斜均满足设计要求。 （4）托板满焊，焊后检查定位筋半径、相邻偏差、定位筋扭斜、相邻两定位筋弦距差满足设计要求	Ⓗ 📷
12	定子拉紧螺杆拉伸值检查	按照设计要求，分三段多次预压紧，下齿压板下架设固定百分表，监测下齿压板是否有上抬现象。预压过后测量铁芯背部、轭部及齿部的高度，测量铁芯高度、波浪度、铁芯半径、圆度在设计范围内	Ⓗ 📷
13	大轴及操作油管安装检查	（1）各组合面密封检查无缺陷，粘接合格。 （2）螺栓预紧量均达到设计值，预紧后法兰面间隙满足要求	Ⓗ 📷
14	接力器打压试验检查	按照设计要求进行打压试验，要求接力器排油孔处、接力器耐压试验装置处、各组合面及堵头均为渗漏	Ⓦ
15	转子与大轴连接螺栓拉伸	机组螺栓拉伸值、组合面间隙均满足要求	Ⓦ
16	上端轴组合缝间隙检查	螺栓预紧后，组合面间隙满足要求，焊接螺栓双边挡块	Ⓦ
17	机组盘车	调整机组中心，通过多次盘车使机组中心及水平满足要求。测量上导绝对摆度、操作油管 $\phi500$（或 $\phi480$）铜瓦处绝对摆度、操作油管 $\phi290$ 铜瓦处绝对摆度、水导绝对摆度、镜板水平、空气间隙偏差、抗磨环上平面百分表跳动均满足要求	Ⓦ

序号	主要工序	检测项目及要求	质检点
18	上导瓦间隙调整	（1）上导油冷器及供排水管路组装完成后，按设计压力进行耐压试验，无渗漏。 （2）安装绝缘板，调整绝缘板与轴领间的间隙。要求间隙均匀，间隙值满足设计要求。 （3）调整测量上导瓦间隙满足设计要求	Ⓦ
19	水导瓦间隙调整	水导瓦单边间隙、相邻两瓦间隙偏差均满足设计要求	Ⓦ
20	机组升压试验	（1）各部位渗流检查无渗漏。 （2）进行低油压操作试验，在蜗壳无水压时，测量导水机构及转轮叶片的最低操作油压，最低操作油压满足设计要求。 （3）测量导叶主配压阀紧急关机时间、导叶主配压阀紧急开机时间、轮叶主配压阀紧急关机时间、轮叶主配压阀紧急开机时间、主油源事故电磁阀停机时间、事故油源事故停机时间、二段关闭装置投入点、二段关闭装置关闭时间、事故配压阀复归时间、锁锭投入时间、锁锭拔出时间、卸载时间、输油量、电流值（启动）、电流值（空载）、电流值（运行）、压紧行程测量，要求均满足标准范围	Ⓦ

第二节 机 组 回 装

　　本节以图文的形式详细分解机组回装整体过程。按照葛洲坝电站机组实际回装流程逐步讲解各部件拆卸工艺、方法以及注意事项，对于回装过程中的重点环节、关键数据将详细讲述。

一、活动导叶及顶盖回装

　　顶盖及 32 个活动导叶未改造。其中活动导叶进行立面密封改造、汽蚀部位补焊修复，顶盖进行清扫、除锈、防腐处理。

（一）活动导叶回装

　　活动导叶分别吊装入下轴套后，检查导叶下端面是否落实，与底环密封条是否贴实，防止顶盖无法吊装以及导叶全关后漏水导致机组蠕动。导叶吊入机坑见图 4.7－2。

图 4.7－2　导叶吊入机坑

（二）顶盖回装

顶盖落入机坑前，顶盖座环法兰面安装密封条、涂白厚漆；在底环上安装 M72 双头螺栓及导向杆，螺栓螺纹段涂白厚漆防止螺纹段漏水。当顶盖距座环上安装法兰面约 5mm 距离时，用顶丝将每一个导叶轴颈调整至与顶盖上套筒安装圆孔基本同心，然后将顶盖完全落入，检查导叶上端面止口是否全部进入，用风扳预紧螺栓，螺栓焊接挡块止动。顶盖吊装完成后，在其与基础之间间隙注入一定高度的水，检查漏水情况。顶盖吊装完成见图 4.7 - 3。

图 4.7 - 3　顶盖吊装完成

二、转轮回装

转轮整体进行改造，其结构与改造前转轮一致，主要在轮毂比、叶片叶型有所变化，转轮各部件在检修坑组装完毕后，吊入机坑。

新转轮调入机坑前，其叶片上 5 个悬挂工具的 M175 悬挂螺杆上下端螺帽旋入距离分别调整一致。落入机坑后，先安装悬挂工具 M120 螺杆，将悬挂工具固定在转轮室上环。将转轮落至一定高度后，将叶片下方斜垫片调整至与叶片背部曲面基本贴合，桥机将转轮及叶片重量落到悬挂工具上，在缸盖法兰面上对应悬挂螺杆的位置共选取 5 个测量点测量转轮高程，在缸盖上＋X、＋Y 方向各选取 1 个点测量转轮水平，通过调整 M175 悬挂螺杆上端螺母来调整转轮水平及高程，通过转轮下落过程中在叶片与中环之间楔入楔子板来调整转轮中心。要求转轮水平调整至 0.02mm/m，中心偏差±0.5mm。

机型一推力头为热套至主轴上后，在主轴上卡环槽中安装卡环对其固定，而主轴高程由转轮高程决定，若高程过低，推力头安装后将高出主轴上卡环槽，导致卡环无法安装。机型二结构与此不同，推力头与转子直接螺栓连接。

　　由于改造后新转轮提高了轮毂比，新叶片比旧叶片薄，其挠度要大于旧叶片。据厂家的经验估算，新叶片比旧叶片挠度大 2mm。故机型一转轮高程较修前增加 2mm 的高程余量，以满足新转轮叶片挠度的变化，防止出现推力头在风洞内二次加热情况。新转轮吊入机坑见图 4.7-4。

图 4.7-4　新转轮吊入机坑

三、操作油管及主轴回装

　　操作油管及主轴均未改造，由于转轮整体改造，转轮缸盖与主轴为止口和销钉螺栓配合，需要两者同铰且在主轴法兰面重新配钻销孔。操作油管更换密封、螺栓止动处理、法兰面清扫处理后回装。

（一）操作油管回装

　　操作油管与活塞导管法兰面连接，此处为新旧部件接口位置。吊装时，注意保持操作油管与导管进油孔一致，检查操作油管止口与导管上凹槽部分的尺寸。安装后，预紧连接螺栓，检查法兰面间隙，要求 0.05mm 塞尺整圈不能通过，螺栓做止动处理，清理干净所有杂质，防止杂质进入油系统刮伤铜瓦、密封。操作油管吊装见图 4.7-5。大轴吊装见图 4.7-6。

图 4.7-5　操作油管吊装

图 4.7-6　大轴吊装

（二）主轴回装

主轴吊装前，主轴与缸盖安装法兰面均要清理干净，无高点、毛刺；联轴螺栓销钉段清理干净，涂抹透平油。大轴下落过程中注意防止密封条出密封槽。待大轴完全落下后，检查组合缝整圈间隙，防止局部未落实。大轴落实后，安装联轴螺栓螺母，采用液压拉伸器将联轴螺栓对称预紧至设计值。检查组合缝整圈间隙，要求 0.05mm 塞尺不能通过。焊接联轴螺栓止动挡块，联轴螺栓 M100 段安装尼龙保护套（M100 段为液压拉伸器拉伸头安装螺纹，安装尼龙保护套做水下防锈保护，便于下次拆装液压拉伸器拉伸头安装），最后安装主轴护罩。

四、支持盖回装

支持盖未改造，机型一改造锥体下环，机型二改造导流锥整体，与支持盖组装完成后整体吊入机坑。

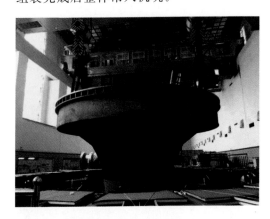

图 4.7－7　支持盖吊装

支持盖吊装前，将 M72 双头螺栓及导向杆安装在顶盖上，螺栓螺纹段缠生胶带、涂白厚漆；顶盖上安装法兰面清理干净，安装密封条、涂抹白厚漆；支持盖按拆卸方位吊入机坑，支持盖下落至离法兰面约 20mm 时，安装定位销，随着支持盖的下落敲击定位销至支持盖安全落实在顶盖上，敲紧定位销，用风扳预紧螺栓，螺栓焊接挡块止动。支持盖安装完成后，在其与顶盖之间间隙注入一定高度的水，检查漏水情况。支持盖吊装见图 4.7－7。

五、主轴密封及水导轴承各部件回装

主轴密封及水导轴承均进行整体改造，其中主轴密封由双层平板密封更换为自补偿密封，水导轴承由抗重螺栓支撑结构改为楔子板支撑结构。各部件组装前应清扫干净，检查无高点、毛刺。

（一）主轴密封回装

机型一主轴密封主要包括密封箱、浮动环、抗磨板、密封块、上盖、水箱以及附属管路设备，各部件均为分瓣结构，依次吊入支持盖内按图纸进行组装。

机型二主轴密主要包括检修密封座、检修密封盖、支持环、抗磨板、浮动环、密封块以及附属管路设备，各部件为分瓣结构。由于改造后将下油盆与内挡油筒合为整体内油箱，为便于其安装，需待检修密封座吊入组圆后，吊入内油箱组圆并用葫芦悬挂在轴领上，再依次将各部件吊入支持盖内按图纸进行组装。

各部件组装完成后，将密封箱（机型一为检修密封盖）螺栓预紧，密封块、浮动环、上盖（机型二为支持环）整体用葫芦悬挂在水导瓦架上，使其与抗磨板（抗磨板安装在主轴护罩上）分开，便于后期盘车调整抗磨板水平。主轴密封各部件吊入安装见图4.7-8。

浮动环

密封块

主轴护罩

密封箱

图 4.7-8 主轴密封各部件吊入安装

（二）水导轴承回装

机型一水导轴承未全部改造更换，其主要包括水导瓦架、托环、水导瓦、铬钢垫、楔子板以及附属设备，下油盆、内挡油筒未改造。其托环为从下往上的安装方式，需要在瓦架吊入之前先吊入与下油盆组装完成。

机型二水导轴承全部改造更换，其主要包括内油箱、水导瓦架、托环、水导瓦、铬钢垫、楔子板以及附属设备。其托环为从上往下的安装方式，需瓦架吊入之后再吊入安装在瓦架上。

瓦架吊入之后，通过销子定位，预紧瓦架螺栓，将内挡油筒与下油盆组合完成后，与瓦架组合。组合面安装密封，部分位置涂抹密封胶，该部位应重点注意防止漏油。将10块水导瓦吊入水导油槽，放置在托环上，同时安装铬钢垫、楔子板。待上操作油管安装完成后通过$\pm X$、$\pm Y$方向的6块瓦将水导中心推至修前中心，将全部瓦用顶丝抱死，并敲紧楔子板防止水导瓦移动，使水导具备盘车条件。在抱瓦的过程中，注意4个方向架设百分表监视，避免抱瓦力量过大导致水导中心偏离。水导轴承各部件吊入安装见图4.7-9。

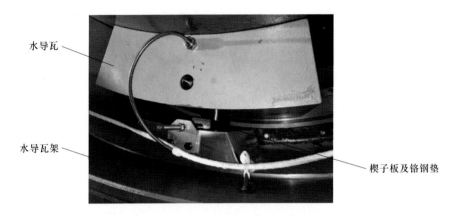

图 4.7 - 9　水导轴承各部件吊入安装

六、导水机构部件回装

导水机构部件包括套筒、拐臂、端盖板、连杆销、分半键，该部分均未改造。对设备进行清扫、除锈、防腐处理后回装。

导叶套筒 L 形密封放入顶盖内密封槽后，需要用长木棍对其整圈敲击，确保安装到位，密封完全进入密封槽；套筒轴套处安装两道密封条，按修前标记方位落入对应导叶轴颈，与顶盖安装法兰面涂密封胶，预紧螺栓和销子；拐臂调整水平后吊装。安装端盖板，通过端盖板中间与活动导叶连接螺栓调整活动导叶端面间隙；安装拐臂与连杆之间连杆销，该连杆销经过改造后，在背部加装一个盖板及螺栓，解决了运行是导叶连杆销凸起的长期缺陷。连杆销改造见图 4.7 - 10。

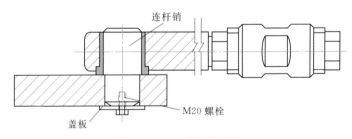

图 4.7 - 10　连杆销改造

七、接力器、分油器及外围环管回装

接力器、分油器、控制环经过检修及部件更换后，随支持盖一起吊入机坑，支持盖安装完成后，将外围环管、支管吊入，待套筒安装完成后可进行环管回装，环管组装后，各安装法兰面需要测量两法兰间间隙，确保间隙均匀，以免机组升压后漏油。接力器与控制环连接时,接力器销需用液氮冷却后安装。接力器吊入机坑见图4.7-11。接力器管路回装见图4.7-12。

图4.7-11 接力器吊入机坑

图4.7-12 接力器管路回装

八、推导轴承部件回装

推力轴承部分包括推力内挡油筒、推力支架、推力头、镜板、油冷器以及其他附属设备均未改造,对原设备进行清扫、防腐等维护保养后回装。

(一)推力支架回装

在推力支架回装之前,将推力内挡油筒吊入放置在水导油槽盖上,待推力头镜板回装后进行安装,安装完成后进行渗漏试验,确保该位置推力油槽注油后不会漏油。

当推力支架落到适合下挡风板支撑安装高度时,将下挡风板支撑从风洞外围进人孔中取出安装到位后再继续下落推力支架。

推力支架法兰面以及支持盖上安装法兰面均清扫干净，用刀口尺检查，确保无高点、毛刺。推力支架吊装后，预紧螺栓及销子。

（二）推力头及镜板回装

推力头的作用是承受轴向负荷和传递转矩。葛洲坝电站机组的推力头与主轴的装配有两类，机型一是过盈配合装配，在推力头端部采用卡环固定，机型二推力头直接与转子中心体连接。

机型一在吊装推力头之前，先安装方键。推力头在厂房大厅加热至60～70℃后热套至大轴上，若推力高出主轴上卡环槽，则推力头卡环无法安装，需在转子吊入后，用拉伸器提升主轴，在风洞内对推力头进行二次加热才能装入卡环。当其温度接近环境温度时，再安装卡环，并检查其上下接触面间隙为零，且周围接触均匀。机型二的推力头待转子安装到位后，与转子连接。

在镜板吊入之前，将推力瓦清扫干净，镜板镜面涂抹润滑脂，镜板吊入落在推力瓦上。机型一若推力头不需要二次加热，在推力头安装到位后将其与镜板连接。若推力头需要二次加热，待大轴与转子合缝、推力头安装到位后，通过落风闸将推力头下落至距镜板3～5mm时与镜板连接。机型二的推力头与转子连接后，再进行镜板与推力头的连接。

如镜板与推力头螺栓孔错位，利用葫芦、千斤顶等方式调整镜板周向旋转或平面移动找正，安装、预紧推力头与镜板连接螺栓、销子，安装时应谨防橡胶密封圆条脱槽。推力头与镜板连接后要求用0.02mm塞尺检查组合面，均不通过。推导轴承其他部件待盘车后回装。推力头镜板安装见图4.7-13。

图4.7-13　推力头镜板安装

九、下挡风板及风闸回装

转子下挡风板未改造，对原设备进行清扫、防腐等维护保养后回装。风闸系统由单活塞气复归制动器改造更换为双活塞气复归制动器，增加粉尘吸收装置。

下挡风板放置在下挡风板支撑上后，安装连接螺栓，螺栓做止动处理。风闸吊装后，对外围气管、油管及风闸管路进行回装，要求制动器通气实验动作灵活，无卡涩，顶转子时无漏油现象。风闸安装完成后，进行标高测定，将其高度手动调整至设计高度（设计高度为修后大轴法兰面高程＋大轴与转子止口高度）。此时风闸高度将决定转子吊入后的高程，修后风闸高度要略高于或等于设计高度。高度过低，转子吊入后，存在碰坏大轴止口的风险，同时会导致转子与主轴合缝后，转轮悬挂与叶片未完全脱开；高度过高，由于支持盖与缸盖护罩设计最小间隙为 30mm（固定部分与转动部分最小间隙），会导致转子与大轴无法完全合缝。下挡风板回装见图 4.7 - 14。风闸回装见图 4.7 - 15。

图 4.7 - 14　下挡风板回装

图 4.7 - 15　风闸回装

十、转子回装

转子磁极进行改造更换，转子整体吊入机坑后，在逐渐下落的过程中确保各联轴螺栓进入螺孔，然后转子落在风闸上。在预紧联轴螺栓，将转子和大轴联结合缝之前，将销子、方键按修前标记对应安装到位。转子回装见图 4.7－16。

十一、受力转换

先预紧 4 个对称方向的 4 颗转子与大轴联轴螺栓，见图 4.7－17。每次用液压拉升器对螺栓预紧拉伸后，4 颗联轴螺栓螺帽均旋紧相同行程，直至转子与大轴法兰面完全合缝，拉合缝过程中，注意随时测量转子法兰与大轴法兰 4个方向的间隙，保证 4 颗联轴螺栓均匀提升。完全合缝后用 0.02mm 塞尺检查组合缝整圈不能通过。

图 4.7－16　转子回装　　　　　　图 4.7－17　转子联轴螺栓预紧

拉合缝过程中，转轮室支持盖与缸盖护罩处需专人监视间隙变化。同时，转子与主轴完全合缝后，确保悬挂斜垫片与叶片背部已脱开。

主轴与转子连接完成后，机组转动部分重量全部落在制动器上，为了将转动部分重量转移至推力轴承上，就需要进行转动部分受力转换工作。由于机组装有偶数个制动器，在转子吊装前已垫有合适高度的环氧树脂垫板，因此可将制动器均匀分为两组，交替作用完成转换任务。

首先利用制动器充高压油将转子顶起，使用锁定螺母将一组制动器锁定，旋下第二组制动器的锁定螺母，然后撤油压排油。第二组制动器活塞复位后，取出部分垫板，剩下的环氧树脂垫板厚度以顶起转子后锁定第二组制动器，第一组制动器可落下取出垫板为准。再次顶起转子，旋下第一组制动器锁定螺母，将第二组制动器锁定，撤压后取出第一组制动器上的部分垫板，按前面的步骤逐步将所有垫板取出，降低转子高度至其与风闸脱开，最终将转动部分重量转移到推力轴承上。

剩余联轴螺栓预紧拉伸至设计拉伸值后，松动开始预紧4颗螺栓重新预紧拉伸至设计拉伸值。拉伸完毕以后，焊接联轴螺栓固定挡块。

十二、上端轴、上机架及上导轴承回装

（一）上端轴回装

上端轴回装前，仔细测量并计算其与转子组合面密封槽尺寸，选择合适的密封条，以免造成上端轴法兰面漏油。上端轴螺栓为双头螺杆，转子侧螺母应焊接牢固，上端轴吊入后预紧螺栓，并做点焊止动处理。

（二）上机架回装

上机架吊入后，安装并预紧上机架千斤顶螺栓、地脚螺栓、立柱螺栓、工字梁螺栓。安装外围消防水管、冷却水管。上机架回装完成后，安装上操作油管，组合缝用 0.05mm 的塞尺检查间隙。

（三）上导轴承回装

12块上导瓦吊入上导油槽，安装抗重螺栓及顶丝，通过±X、±Y方向的4块瓦将上导中心推至修前中心，抗重螺栓旋入瓦背面凹槽，并贴近凹槽右侧，防止盘车过程中上导瓦移动，使上导具备盘车条件。在抱瓦的过程中，注意4个方向架设百分表监视，避免抱瓦力量过大导致上导中心偏离。上导回装见图4.7-18。

上导轴领　　　　　　　　　　　　　　　　　　上导瓦

上导抗重螺栓

上导顶丝

图 4.7-18　上导回装

十三、机组修后盘车

（一）修后盘车

机组修后将上导轴承、水导轴承中心推至修前盘车中心，通过盘车使得其运行中心与几何中心相对吻合。盘车主要测量转轮室间隙、空气围带间隙、水

导摆度、镜板水平、上导摆度、上操作油管摆度、空气间隙，在保证镜板水平的情况下，尽量优化空气间隙，找的机组最优运行中心。另外，利用机组修后盘车进行主轴密封抗磨板调平。

（二）盘车后主轴密封回装

抗磨板水平调整在修后盘车过程中进行，在抗磨板内侧和外侧各取 64 个点，内侧和外侧分别架设一个百分表监视抗磨板端面跳动，在机组水平合格的情况下，通过加铜垫（铜垫厚度为 0.01mm、0.02mm、0.05mm、0.1mm 铜皮的单张或多张组合）调整抗磨板在相应测点的端跳值，使得抗磨板水平达到 0.02mm/m。抗磨板调平见图 4.7 − 19。

抗磨板调整水平后，将密封块与浮动环整体落至密封块上，测量密封块与抗磨板之间间隙，要求 0.05mm 塞尺能通过间隙总长度不超过整圈的 1/3，0.10mm 塞尺能通过间隙总长度小于 150mm。对于不合格部分通过在密封块与浮动环组合面之间加铜垫（单张厚度为 0.05mm、0.1mm、0.15mm 的铜皮）进行调整，间隙合格后，将进水环管、水箱、弹簧、堵头回装，进行浮动实验，见图 4.7 − 20。在浮动环 $\pm X$、$\pm Y$ 方向分别放置一块百分表，通过主轴密封进水阀调整进水压力，从 0.05MPa 逐步上升至 0.26MPa，记录上浮量，机型一上浮量设计值为 0.05 ～ 0.10mm、机型二上浮量设计值为 0.05 ～ 0.08mm。

图 4.7 − 19　抗磨板调平　　　　　　　图 4.7 − 20　浮动试验

试验合格后，回装水箱盖板、密封块磨损指针，恢复顶盖泵系统、空气围带系统、各测压管路，清扫主轴密封水槽等各部位，主轴密封回装完成。

（三）盘车后三部轴承回装

盘车完成后，将水导瓦用顶丝抱瓦，楔紧楔子板，根据设计间隙调整楔子板高度（单边间隙设计值 0.25 ～ 0.30mm），楔子板斜率为 1 : 50，即将楔紧的楔子板向上提升 12.5 ～ 15.0mm，并用套管和 M12 螺母锁定楔子板，将螺栓止动处理，安装油槽盖及油位计，水导轴承回装完成。

上导同样用顶丝抱瓦，调整抗重螺栓与瓦背面铬钢垫间隙，间隙标准为 0.15mm 塞尺能通过，0.16mm 塞尺不能通过。间隙调整前注意预紧瓦背面槽型绝缘两颗螺栓，防止该部分存在间隙影响运行后上导摆度，间隙调整合格后，拆除顶丝，回装分油板、油槽盖板及密封盖，上导轴承回装完成。

机型一的推力轴承为弹性油箱托盘支撑方式，这种推力轴承支撑方式无法进行精确调节，设计要求最大值与最小值之差不大于 0.80mm，通过转子起落的方式进行受力检查，并计算出推力瓦受力的最大值与最小值之差。机型二的推力轴承为弹性支柱式支撑方式，这种推力轴承支撑方式可以进行较精确调节，要求最大值与最小值之差不大于 0.20mm，通过转子起落的方式进行受力检查，对于不合格项调整弹性油箱受力使其均在合格范围内。

对弹性油箱、推力瓦受力、推力瓦挂钩间隙检查调整完成后，清扫油槽，安装推力油冷器（推力油冷器安装进行打压试验，清洁水压力为 0.4MPa，持续 30min 无渗漏现象），推力油槽盖板、密封盖按拆卸时标记回装。

三部轴承回装完毕后，分别注油至设计油位，检查管路及各部件是否漏油。

（四）受油器回装

受油器部件未改造，其中对浮动瓦间隙不合格的进行更换，各部件清扫干净后回装。受油器部件安装顺序如下：固定油盆→甩油环→下浮动瓦回装→受油器体翻身→受油器体吊装→上中浮动瓦回装→瓦套吊装→回复轴承安装→机头小罩吊装→受油器操作油管回装→机头大罩吊装，回装完成。

十四、机组其他工作

机组各部件回装完毕后，还需要进行机组升压试验及修后试验，各项试验数据合格，各部件无渗漏等缺陷后，拆除转轮室排架、回装真空破坏阀、关闭各人孔门，机组回装正式全部结束。

（一）机组升压试验及修后试验

待机组全部回装完毕后，机组进行升压试验；当机组升压大于 0.5MPa 时，割掉叶片挡块，进行动作试验。升压试验时，检查各部位是否漏油。机组升压至 4.0MPa 后，进行机组修后试验，要求各项实验数据均满足要求，对于数据超标项进行调试处理。

（二）转轮室排架拆除

各部分工作全部完毕后，拆除转轮室排架。桥机用钢丝绳通过真空破坏阀处孔洞将排架整体落至尾水，将排架分解后通过尾水进人门运出。

（三）真空破坏阀回装

真空破坏阀回装时，由于其安装位置在支持盖空档内，上方有部件遮挡，注意将其吊平后下落安装，避免歪拉斜吊导致密封垫局部脱落引起漏水，所有螺栓需要预紧并做止动处理。真空破坏阀回装见图4.7-21。

图4.7-21　真空破坏阀回装

（四）人孔门关闭

真空破坏阀安装完毕后，进行蜗壳门、锥管门、尾水门的关闭。关闭时注意密封条或橡皮垫，防止出现脱落和侧移引起漏水，所有螺栓需要预紧并做止动处理。完成后，等机组上下游门提门充水后，分别检查三道门及真空破坏阀是否漏水。

第五篇

水轮发电机组改造增容
试验及评价

根据 GB/T 7894—2009《水轮发电机基本技术条件》中关于水轮发电机启动试运行及性能试验的主要试验项目，并结合该次机组改造增容的内容，进行了一系列真机性能试验，取得了重要成果，全部测试项目共16项（见表5.1-1）。

表 5.1-1 葛洲坝电站改造增容后机组试验项目

试验类别	试验项目
水轮发电机启动试运行	轴承瓦温温升试验
	机组动平衡试验
	机组过速试验
	调速器空载特性试验
	发电机空载特性试验
	发电机稳态三相短路试验
	发电机单相接地试验
	机组假同期与同期试验
	机组变负荷及甩负荷试验
水轮发电机性能	发电机参数测量试验
	发电机温升试验
	发电机效率试验
	发电机进相运行试验
	主轴应力及扭矩特性试验
	机组各部位噪声水平测定
	机组全水头稳定性及相对效率试验

上述测试取得了大量的数据，对全面了解改造增容后的水轮发电机组性能，指导电站安全经济运行有重要的作用。本篇对除机组动平衡试验及各部位噪声水平测定以外的14个试验项目做简要介绍，并对本次机组改造增容进行整体评价。

第一章　水轮发电机组启动试验

根据 DL/T 507—2014《水轮发电机组启动试验规程》中对于水轮发电机组启动试运行前检查的规定，对改造增容机组引水及尾水系统、水轮机、发电机、电气一次设备、电气二次系统及回路等进行了检查，并完成了机组充水试验，具备启动试运行的条件。

第一节　机组空转阶段试验

一、轴承瓦温温升试验

葛洲坝电站机组改造增容完成后，在进行开机试验的过程中需进行轴承瓦温温升试验。试验过程中保持对上导、推力、水导三部轴承瓦温及油温温升的监视和记录，通过温升值判断机组上导、推力、水导三部轴承的运行情况。

（一）试验方法

机组开机，在100％额定转速空转运行，在初期运行30min内，每隔5min记录一次各部瓦温的温度。随后每隔30min测量记录一次各部轴承瓦温及油槽油温，绘制各部轴瓦的温升曲线。瓦温达到稳定值（瓦温温升小于0.5℃/h），记录稳定的温度值，此值不能超过设计规定值。

（二）注意事项

（1）试验过程中要随时监视三部轴承运行情况，发现异常及时汇报，详细检查并采取相应措施。

（2）瓦温连续三次每10min温升超过5℃或油温连续三次每10min温升超过3℃时应停机检查。

（3）上导、推力、水导轴瓦温度大于60℃，应停机检查。

（4）三部轴承中某油槽油位突然升高或降低时应停机检查。

（三）实例分析

葛洲坝电站14号机组改造增容完成后，机组启动试运行瓦温温升试验结果如下。

上导瓦温最大值39.1℃，最小值33.7℃；推力瓦温最大值41.8℃，最小值39.2℃；水导瓦温最大值54.5℃，最小值53.3℃。试验结果满足SL 321—2005《大中型水轮发电机基本技术条件》中对轴承温度的规定："水轮发电机在正常运行工况下，其轴承的最高温度应采用埋置检温计法测量，且不应超过下列数值：推力轴承塑料瓦体55℃，导轴承巴氏合金瓦75℃"。

二、机组过速试验

为验证葛洲坝电站改造增容机组的设计制造、安装质量以及过速保护装置的可靠性，需在机组启动试验阶段进行机械过速试验。

（一）试验方法

机组开机，在100％额定转速空转运行。导叶切手动，轮叶切自动，切除电气过速保护；手动操作增大导叶开度，机组转速逐渐上升至纯机械过速保护装置动作停机，并记录动作时的转速值。

（二）注意事项

（1）过速试验过程中应密切监视并记录各部位摆度、振动值及温度值，监视是否有异常响声。

（2）过速试验过程中一旦出现异常情况，应立即终止试验，停机检查。

（3）过速试验中，若机组转速达到规定值而纯机械过速保护装置仍未动作时，应立即终止试验，手动触发紧急停机电磁阀停机。

（4）若纯机械过速保护装置动作值不满足要求时，现场对离心探测器内弹簧压缩量进行调整，调整后重新进行过速试验。

（三）实例分析

葛洲坝电站改造增容合同规定调节保证值：机组过速保护动作值为152±2%，蜗壳末端最大压力值不大于31m 水柱。

葛洲坝电站5号机组改造增容后，机组启动过程中过速试验数据见表5.1-2和表5.1-3。

表 5.1-2 　　　　　 葛洲坝电站 5 号机组过速时振摆数据 　　　　　 单位：μm

通道号	通 道 名 称	过速前	过速时
1	上导摆度，+X	179.4	376.3
2	上导摆度，+Y	175.9	345.0
3	水导摆度，+X	99.8	328.8
4	水导摆度，+Y	104.6	352.7
5	上机架振动，水平，+X	79.6	218.2
6	上机架振动，水平，+Y	85.0	221.8
7	上机架振动，垂直，+X	14.8	115.3
8	上机架振动，垂直，+Y	10.8	101.4
9	定子机座振动，水平，+X	13.4	52.0
10	定子机座振动，水平，-Y	13.1	43.9
11	定子机座振动，垂直，+X	5.9	29.2
12	定子机座振动，垂直，-Y	4.7	22.6
13	支持盖振动，水平，+X	29.6	130.1
14	支持盖振动，水平，+Y	31.0	84.6
15	支持盖振动，垂直，+X	66.9	470.1
16	支持盖振动，垂直，+Y	67.5	454.9

表 5.1-3　　　葛洲坝电站 5 号机组过速时蜗壳水压数据

序号	通道名称	相关指标	数值	序号	通道名称	相关指标	数值
1	转速	基准/(r·min⁻¹)	62.50	4	蜗壳水压	基准/kPa	262.8
2		最大值/(r·min⁻¹)	95.64	5		最大值/kPa	270.2
3		上升率/%	53.02	6		上升率/%	2.816

葛洲坝电站 5 号机组机械过速保护动作值为 95.64r/min，为额定转速的 153%。机组过速时蜗壳压力最大值 270.2kPa，均满足合同要求。

第二节　机组空载阶段试验

一、调速器空载特性试验

水轮机调速器的空载特性主要是指机组转速（机组频率）摆动特性和空载扰动特性。葛洲坝电站水轮发电机改造增容后主要通过空载频率扰动试验、空载频率摆动试验，来检验调速器设备的质量以及各项参数是否满足运行需求。

（一）空载频率扰动试验

1. 试验目的

实测调速器调节系统的动态特性，记录机组在调节过程中，机组转速的超调量、波动次数，以确认空载工况下的调速器 PID 参数是否满足调速器的动态稳定性和速动性。

2. 试验方法

机组空载，调速器自动运行正常；解除频率跟踪；电子开限放开；频给设为 50Hz。

启动 TG2000 调速器试验仪及电脑记录试验过程。设频给为 52Hz，记录机组最高转速，计算上扰超调量和调节时间；机组频率稳定后设频给为 48Hz，记录机组最低转速，计算下扰超调量和调节时间；机组频率稳定后设频给为 50Hz；选择最佳的 K_p、K_i、K_d 参数作为空载运行参数。

3. 实例分析

葛洲坝电站 15 号机组水轮发电机增容改造后，于 2014 年 2 月 11 日进行调速器的空载扰动试验，试验采用 TG2000 水轮机调速器和机组同期测试系统进行测试，试验参数设定见表 5.1-4。

表 5.1－4　　葛洲坝电站 15 号机组调速器空载扰动试验参数设定值

序号	试 验 参 数		设定值
1	比例增益 K_p		2.50
2	机组惯性时间常数 T_a		10.00s
3	积分增益 K_i		0.25（1/s）
4	水流惯性时间常数 T_w		0.50s
5	微分增益 K_d		4.00s
6	水击相长 T_r		0.50s
7	永态转差系数 b_p		0.00%
8	上扰试验	扰前频率给定 F_g	48.00Hz
9		扰后频率给定 F_g	52.00Hz
10	下扰试验	扰前频率给定 F_g	52.00Hz
11		扰后频率给定 F_g	48.00Hz

　　葛洲坝电站 15 号机组调速器空载扰动上扰试验曲线见图 5.1－1，空载扰动下扰试验曲线见图 5.1－2。

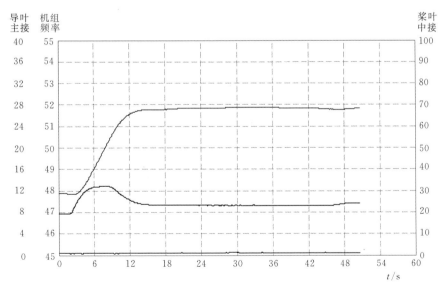

图 5.1－1　葛洲坝电站 15 号机组调速器空载扰动上扰试验曲线

图例：——机组频率，Hz；——导叶主接，%；——桨叶中接，%

第一章　水轮发电机组启动试验

269

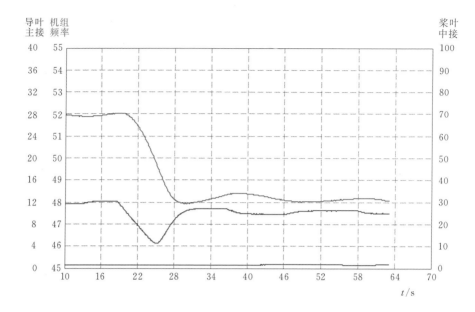

图 5.1-2 葛洲坝电站 15 号机组调速器空载扰动下扰试验曲线

图例：——机组频率，Hz；——导叶主接，%；——桨叶中接，%

（二）空载频率摆动试验

1. 试验目的

记录检验调速器在空载运行工况下的调节品质。

2. 试验方法

手动方式的空载工况下，设置合适的 K_p、K_i、K_d 参数（或直接取停机检修前的参数），启动 TG2000 调速器试验仪及电脑，记录机组在 3min 内的转速摆动值（重复 3 次，取最小值）。

自动方式的空载工况下，选取空载频率扰动试验获得的最优参数作为调速器的空载调节参数。并在该组调节参数下，测定机组在 3min 内的频率摆动值。

3. 实例分析

葛洲坝电站 15 号机组水轮发电机增容改造后，于 2014 年 2 月 11 日进行调速器的空载摆动试验，试验采用 TG2000 水轮机调速器和机组同期测试系统进行测试，试验参数设定见表 5.1-5。试验结果见表 5.1-6。

调速器手动 3min 摆动试验示波见图 5.1-3，调速器自动 3min 摆动试验示波见图 5.1-4。

表 5.1 - 5　　葛洲坝电站 15 号机组调速器空载摆动试验参数设定值

序号	试验参数	设定值	序号	试验参数	设定值
1	比例增益 K_p	2.50	5	微分增益 K_d	4.00s
2	机组惯性时间常数 T_a	10.00s	6	水击相长 T_r	0.50s
3	积分增益 K_i	0.25（1/s）	7	永态转差系数 b_p	0.00%
4	水流惯性时间常数 T_w	0.50s			

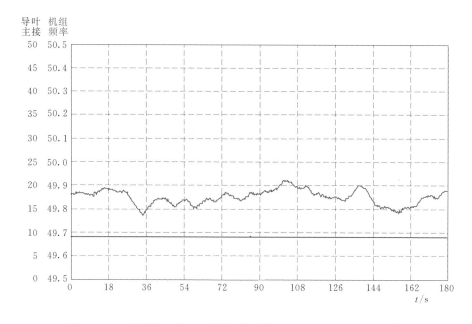

图 5.1 - 3　葛洲坝电站 15 号机组调速器手动 3min 摆动试验示波图

图例：——机组频率，Hz；——导叶主接，%

二、发电机空载特性试验

同步发电机的转子绕组加上直流励磁，而定子绕组开路，即为同步发电机的空载运行。此时，空气隙中只有一个由转子励磁的机械旋转磁场。该磁场截切定子绕组便将感应三相对称的空载电动势，由于定子绕组开路，所以这时同步发电机的端电压等于空载电动势。空载运行特性就是讨论转子直流励磁电流和空载电动势的关系。

（一）试验目的

发电机空载特性试验是指发电机转子在额定转速、发电机出口开路的情况

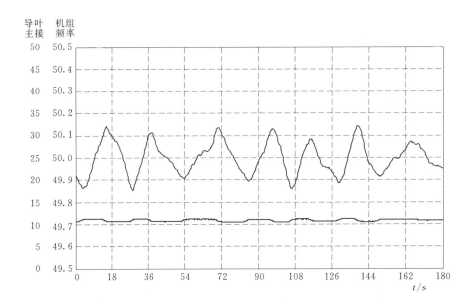

图 5.1 - 4　葛洲坝电站 15 号机组调速器自动 3min 摆动试验示波图

图例：——机组频率，Hz；——导叶主接，%

下，测量发电机定子电压与励磁电流之间关系曲线的试验，其目的主要是测定发电机的有关特性参数，同时利用三相电压表读数判断三相电压的对称性，将测量结果进行比较，可以作为分析转子是否有层间短路的参考，最后可以结合空载试验进行定子绕组层间耐压试验。

（二）试验原理及方法

发电机空载特性试验接线见图 5.1 - 5，所用的表计和分流器的准确级最好在 0.5 级以上，转速从转速表读出。

试验时，启动机组达到额定转速，如不容易调整到额定转速时，也应保持一定转速不变，用磁场变阻器将定子电压从零升至 1/2 额定电压，检查三相电压是否平衡，并巡视发电机及母线设备，同时注意观察机组的振动情况、轴承温度、电刷的工作情况以及有无不正常的杂音等，然后升到额定电压。

当发电机转子转速、定子电压为额定值时，在磁场变阻器空载位置处做上记号。然后慢慢将电压降至近于零，每经过额定电压的 10%～15% 记录一次表计读数，再逐渐升高电压。升压时也和降压时一样，每隔一定电压记录一次。定子电压一般升到额定值为止。如果空载试验与层间耐压试验一起进行，则可以升到 1.3 倍额定电压。并在此电压下停留 5min，再逐渐降低电压。电压降至近于零时再切断励磁电流，并记录残余电压值。

轴电压的测量，在额定定子电压下和 1.1 倍的额定定子电压下用高内阻交

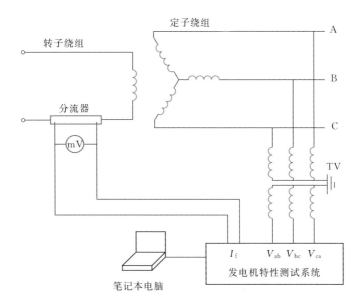

图 5.1-5　发电机空载特性试验接线图

流电压表（不小于 100kΩ/V）进行测量。测量的连接线与转轴的接触必须用专用电刷，电刷上应具有 300mm 以上的绝缘手柄。测量时应注意使电刷和旋转的轴接触良好。轴电压不能为零，且与初次值相比不应有显著变化。

（三）试验要点

空载试验时应维持发电机在额定转速或某一稳定转速下运行。试验人员应缓慢进行转子电流调节，调到一定数值时，待表针稳定后再读表，并对所有表计同时读取。

在升压（或降压）过程中，磁场变阻器只可以向一个方向调节，不能随意变动方向，否则将影响试验准确度。根据记录绘制的空载特性曲线，一条是电压上升的；另一条是下降的，可以取其平均曲线作为空载特性曲线。

（四）试验结果与分析

以葛洲坝电站某改造增容后的机组为例，根据空载试验数据可以得到空载特性曲线，见图 5.1-6。图 5.1-6 中红色曲线为升压过程的空载特性曲线，蓝色曲线为降压过程的空载特性曲线，两条曲线基本重合。

根据空载特性曲线可知，该次试验中发电机定子三相电压较为平衡，测得的空载特性曲线可作为初始值与今后的试验结果进行对比，试验合格。

三、发电机稳态三相短路试验

发电机的短路特性试验是发电机在额定转速下，定子绕组三相稳态短路

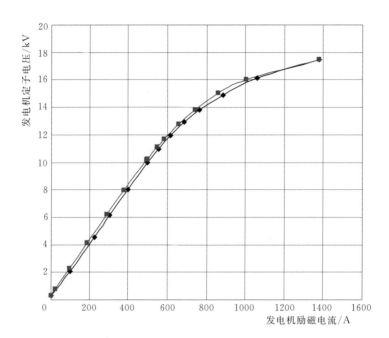

图 5.1-6 空载特性曲线

时，定子绕组电流和转子励磁电流的关系曲线。发电机短路时的合成电势只有漏抗压降，所以对应的气隙合成磁通很小，其磁路处于不饱和状态。因此励磁电流变化时，合成电势和对应的短路电流成正比关系，所以短路特性曲线是一条直线。

（一）试验目的

发电机短路试验是在发电机转子额定转速或一定的稳定转速下，定子三相出线短路，测量定子电流与转子电流关系的试验，目的是检查定子三相电流的对称性，检查发电机转子回路是否正常，结合空载特性试验可以决定电机参数和主要特性。

（二）试验原理及方法

发电机短路特性试验接线见图 5.1-7，试验时三相临时短路接线应装在发电机引出口。机组启动后可以先记录特性，然后用一次电流检查继电保护和复式励磁装置，必要时再进行发电机干燥。

做短路试验时，需测量定子绕组各相电流，转子电流以及励磁机的电压和励磁电流，最好用 0.5 级仪表。为了保证所得曲线的准确性，应记录配电盘仪表以及接在回路中的标准仪表的读数，借此可以校对盘表的准确度。

试验时先启动发动机到额定转速，投入灭磁开关，慢慢地增加励磁，同时记录全部仪表的读数。如制造厂没有特殊规定，一般升到定子额定电流即可。

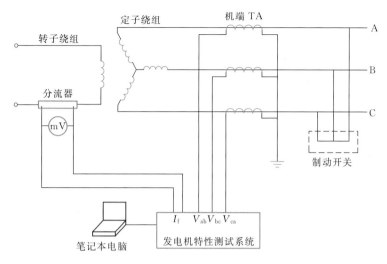

图 5.1－7　发电机短路特性试验接线图

试验时应记录 5～7 个点，然后根据记录绘制短路特性曲线。

GB 50150—2016《电气装置安装工程　电气设备交接试验标准》中 4.0.16 条规定：测量三相短路特性曲线，应符合两点：第一，测量的数值与产品出厂试验数值比较，应在测量误差范围内；第二，对于发电机变压器组，当发电机本身的短路特性有制造厂出厂试验报告时，可只录取发电机变压器组的短路特性，其短路点应设在变压器高压侧。

（三）试验要点

发电机三相短路试验时定子绕组必须对称短接且接触良好，防止由于连接不良而造成发热、设备损坏。试验时为校核试验的正确性，在调节励磁电流下降过程中可按上升各点进行读数记录。

在试验过程中，当励磁电流升至 15%～20% 额定值应检查三相电流的对称性。如不平衡，应立即断开励磁开关，查明原因并处理后重新试验。

（四）试验结果与分析

以葛洲坝电站某改造增容后的机组为例，根据短路试验数据可以得到短路特性曲线，见图 5.1－8。图 5.1－8 中红色曲线为升压过程的短路特性曲线，蓝色曲线为降压过程的短路特性曲线，两条曲线基本重合。

试验中，发电机定子三相电流较为平衡，测得的短路特性曲线作为初始值与今后的试验结果对比，以检查发电机转子回路是否正常。

四、发电机单相接地试验

在电力系统中，发电机的中性点是否接地及如何接地运行是一个综合性的

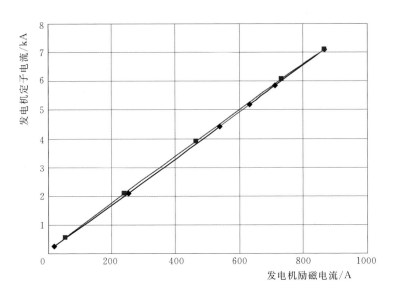

图 5.1-8 短路特性曲线

问题。发电机中性点接地方式直接影响到供电的可靠性、线路和设备的绝缘水平以及继电保护装置的功能等。随着对电网运行指标的要求日益提高，中性点接地方式的正确选择更加重要。中性点接入消弧线圈后，发电机发生单相接地时可产生感性电流，以补偿接地点的容性电流，从而使接地点电弧自动熄灭。在分析发电机单相接地电容电流分布情况的基础上，通过发电机单相接地试验，正确选择出消弧线圈的容量和挡位。

（一）试验目的

发电机定子单相接地试验的目的是为了检验发电机在发生单相接地时消弧线圈是否能够有效地补偿故障电流，保证接地电弧瞬间熄灭，以消除弧光间歇接地过电压，从而防止事故进一步扩大为匝间短路或相间短路。发电机定子单相接地后，非故障相对地电压上升为线电压，可能导致绝缘薄弱处发生接地而形成两点接地短路，扩大事故，接地点将流过 3 倍大小的正常相对地电容电流，该电流过大会在接地点引起电弧，电弧的温度可烧坏设备，间歇电弧可产生间歇电弧过电压，进而威胁到电力系统的安全运行。

为配合发电机改造增容，葛洲坝电站发电机中性点系统也随之进行改变。机组并网前需进行单相接地试验，以确定中性点消弧线圈的挡位。

（二）试验原理及方法

该试验在发电机升压试验完成后进行，发电机处于停机状态并跳开发电机灭磁开关（FMK）。发电机单相接地试验接线见图 5.1-9。

在发电机出口机端 PT 柜内取下 C 相高压熔断器，在其下端设单相接地

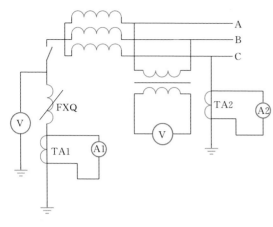

图 5.1-9　发电机单相接地试验接线图

线，并串入接地电流表 A2 后恢复熔断器。在消弧线圈与接地线之间串入补偿电流表 A1。

接线完毕后断开发电机中性点消弧线圈隔离开关，手动操作励磁调节器，逐步将机端电压分别升至 $50\%U_N$、$100\%U_N$，读取发电机单相接地电容电流 (I_1)。将电容电流 (I_1) 折算到额定电压对应值 (I_c) 后，按欠补偿的原则选择消弧线圈的挡位整定好。

然后合上消弧线圈隔离开关后，操作励磁调节器将机端电压再升至 50% 额定值、100% 额定值。分别记录经消弧线圈补偿后的接地电流 (I_1) 及流经消弧线圈的电流 (I_2)，然后降压灭磁。

（三）试验结果与分析

以葛洲坝电站某改造增容后的机组为例。由于改造增容时中性点更换了消弧线圈，因此需要根据单相接地试验结果确定消弧线圈挡位。单相接地试验数据见表 5.1-6。

表 5.1-6　　　　　　　　单相接地试验数据汇总表

试验方式	实际试验电压/kV	中性点电压/kV	实测消弧线圈补偿电流/A	实测接地电流/A	U_n 下的消弧线圈补偿电流/A	U_n 下的消弧线圈电流铭牌值/A	U_n 下的接地电流/A
无消弧线圈出口单相接地	6.90	8.000	—	7.05	—	—	14.10
消弧线圈置4挡出口单相接地	7.31	8.019	6.7	0.98	12.65	12.7	1.85

通过数据对比发现，弧线圈运行挡位为 4 挡时，机组并网后，机端电压 U_a 为 7606V，U_b 为 8089V，U_c 为 7819V，偏差值为 483V，不平衡率为 6.35%。满足 DL/T 5396—2007《水电厂高压设备选择及布置设计规范》中 5.14.6 条"中性点经消弧线圈接地的发电机，在正常情况下，长时间中性点位移电压不超过额定相电压的 10%"的要求。

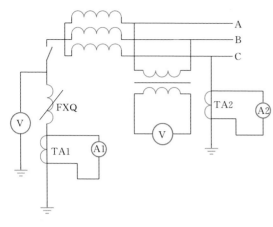

同时，该机组并网后，机端零序电压 $3U_0$ 为 3.5V，满足零序电压不大于 5V 的要求。接地电流为 1.85A（欠补偿），满足 DL/T 5090—1999《水力发电厂过电压保护和绝缘配合设计技术导则》中表 4.2.3 "故障点残余电流≤2A" 的要求。

综上所述，该机组消弧线圈可选择 4 挡作为运行挡位。

第三节 机组并列及负荷阶段试验

一、机组假同期与同期试验

假同期试验是用一种模拟的方法进行假的并列操作，试验时将发电机并网断路器的隔离开关断开，但将其辅助触点短接，并投入系统二次电压、待并发电机电压。这两个电压经过同期并列条件比较，若满足条件，则自动准同期装置发出合闸脉冲，将出口断路器合上，若同期回路的接线有误或同期参数有误，可通过同期波形观察出来，并及时修正。

（一）试验目的

假同期试验时为了检验同期参数是否正确，同期装置动作是否正确，发电机出口断路器操作回路动作是否正确，同期装置合闸脉冲导前时间是否满足断路器动作要求。以便于根据录波情况及主开关实际合闸时间，调整同期装置的导前时间参数满足真正的同期并网需要。

（二）试验原理及方法

进行假同期实验时，应将发电机母线隔离开关断开，人为地将其辅助触点放在其合闸后的状态（辅助触点接通），并投入系统二次电压、待并发电机电压。这两个电压进行同期并列条件的比较，若采用手动准同期并列方式，运行人员可通过对发电机电压、频率的调整，待满足同期并列的条件时，手动将待并列发电机出口断路器合上，完成假同期并列操作；若采用自动准同期并列方式，则自动准同期装置就会自动对发电机进行调速、调压，待满足同期并列条件后，自动发出合闸脉冲，将其出口断路器合上。

试验时应将调速器机组频率、系统频率、同期装置合闸信号、断路器辅助接点接入 TG－2000 试验记录仪，然后将 TG－2000 试验记录仪接入笔记本电脑，通过试验记录仪所录波形选定同期点合闸导前时间。

（三）试验要点

（1）假同期试验应在机组空载运行正常后进行。

（2）试验时应解开调速器电气柜发电机出口断路器位置接点信号。

（3）试验时断开发电机出口隔刀，并断开其动力电源。

（4）LCU 同期试验时将同期试验压板投入。

（四）实例分析

以葛洲坝电站 15 号机组为例。同期试验结果为：合闸时间＝65.00ms（符合合闸条件的越前时间＝0.00～240.00ms），越前时间＝70.50ms，越前相角＝0.00°，机组同期试验示波图见图 5.1－10。

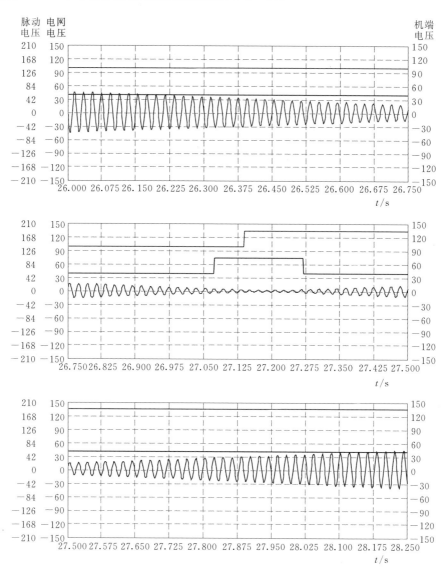

图 5.1－10　葛洲坝电站 15 号机组同期试验示波图

图例：——脉动电压，V；——电网电压，V；——机端电压，V

机组假同期试验结果为：合闸时间＝63.80ms（符合合闸条件的越前时间＝20.00～131.30ms）；越前时间＝66.20ms；越前相角＝0.00°，机组假同期试验示波图见图5.1-11。

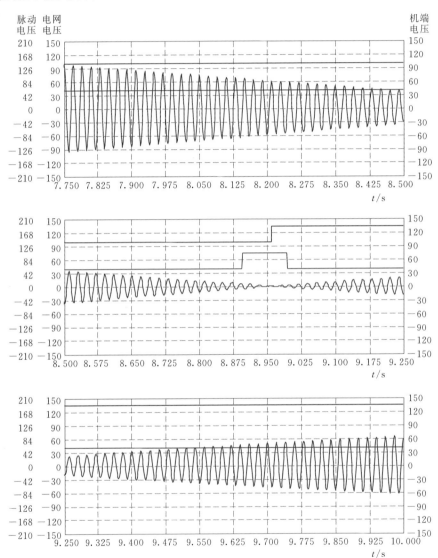

图 5.1-11　葛洲坝电站 15 号机组假同期试验示波图

图例：——脉动电压，V；——电网电压，V；——机端电压，V

二、机组变负荷及甩负荷试验

机组变负荷及甩负荷试验是机组改造增容后重要的试验项目之一，用以分析机组运行的稳定性，以确保机组安全可靠运行。变负荷试验的内容包括测量空载和多种负荷下机组运行时的摆度、振动、水压脉动等多项参数；甩负荷试验的内容是测量机组在甩多种负荷时的机组转速上升率、水压上升率等多项参数。

（一）试验目的

记录机组在正常运行各工况下重点部位的振动幅值和频率、蜗壳和尾水管的水压脉动特性及机组轴承部位的摆度，提供分析机组运行稳定性的依据；检验机组甩负荷时调速系统的速动性、机组转速上升率、蜗壳水压上升率是否在调节保证计算要求范围内。

（二）试验方法

1. 试验准备

机组升压正常，机组保护正常投运，机组恢复至正常备用状态；检查水电机组稳定性测试仪无异常，各测压管路可用，各传感器已标定，将各测量点的传感器与测试仪连接。测点布置情况见表 5.1-7。

表 5.1-7 葛洲坝电站 12 号机组甩负荷试验测量项目及传感器布置

序号	测试项目	测点分布
1	轴承摆度	上导（+X 方向、+Y 方向）、水导（+X 方向、+Y 方向）
2	振动	上机架（+X 方向、+Y 方向）水平及振动、支持盖（+X 方向、+Y 方向）水平振动及垂直振动；定子铁芯（+X 方向、+Y 方向）水平振动、定子铁芯（+X 方向、+Y 方向）垂直振动；定子机座水平振动（+X 方向、+Y 方向）、定子机座垂直振动（+X 方向、+Y 方向）
3	轴相位	大轴键相片
4	水压脉动	蜗壳进口水压、尾水进口水压
5	接力器行程	接力器行程传感器
6	机组有功	由监控接入
7	跳闸信号	由监控接入

2. 试验步骤

机组开机并网后分别进行机组变负荷以及甩负荷试验。

机组变负荷试验：试验工况为空载、30MW、50MW、70MW、80MW、90MW、100MW、110MW、125MW、134MW、150MW，每次工况调整稳定 2min 后开始录波。

机组甩负荷：甩 25%Ne、50%Ne、75%Ne、100%Ne 负荷试验。跳闸前开始录波，机组各参数稳定后录波结束。

（三）实例分析

1. 稳定性相关合同保证值

（1）水轮机顶盖振动值和水导处主轴摆度。水轮机顶盖振动值（双振幅值）和水导轴承处大轴相对摆度及绝对摆度（双幅值）保证不大于表 5.1-8 中所列数值。

表 5.1-8　葛洲坝电站水轮机顶盖振动和水导轴承处大轴摆度合同保证值

序号	水头 /m	顶盖振动值		水导处主轴摆度	
		垂直振动 /mm	水平振动 /mm	相对摆度 /(mm·m^{-1})	绝对摆度 /mm
1	9.1～12.0	0.12	0.09	0.05	0.03
2	12.0～18.6	0.12	0.09	0.05	0.03
3	18.6～27.0	0.12	0.09	0.05	0.03

（2）调节保证。蜗壳末端最大压力值不大于 329.08kPa，最大转速上升率不大于 43.33%。

2. 葛洲坝电站 12 号机组改造增容后变负荷试验结果

（1）轴承摆度。上导摆度和水导摆度在全工况满足合同保证值；上导和水导摆度幅值呈现单峰的形态，在机组出力为 0～20MW 范围内，通频幅值逐渐增大，在机组出力为 20～50MW 时，峰峰值迅速减小，在机组出力为 50～150MW，峰峰值较小且平稳；在全出力负荷下，主频均为 1.04Hz 的转频频率。

（2）机架振动。机架振动、支持盖振动、定子铁芯振动在全工况下均满足合同保证值。机架振动、定子机座振动和支持盖振动通频幅值均呈现单峰状态，上机架水平振动、定子机座、支持盖峰值出现在机组出力约为 20MW 负荷时；上机架垂直振动峰值出现在机组出力约为 50MW 负荷时；上机架水平的主频为转频频率；定子机座水平振动的主频为 3 倍转频及 100Hz 的频率分量，上机架垂直振动和定子机座垂直振动的主频为转频频率。

（3）压力脉动。在全工况下蜗壳压力脉动较小，不超过 20%，满足合同要求。葛洲坝电站 12 号机组改造增容后甩负荷试验水压脉动变化情况见表 5.1-9。

表 5.1-9　葛洲坝电站 12 号机组改造增容后甩负荷试验水压脉动变化情况

序号	工况点	25%Nr	50%Nr	75%Nr	100%Nr
1	转速上升率/%	18.38	22.16	29.39	37.65
2	蜗壳水压上升率/%	1.587	6.950	9.508	14.06

（四）注意事项

（1）试验过程中要随时监视机组的振动、摆度及三部轴承温升值，发现以下异常应终止试验，研究确定原因后重新开始试验。

1）在机组正常运行工况下出现上导、水导摆度分别大于 0.60mm。

2）上机架水平振动超过 0.11mm、垂直振动幅值超过 0.08mm。

3）支持盖水平振动幅值超过 0.09mm、垂直振动超过 0.11mm。

4）机组功率大于额定功率，应暂停或改变试验工况点。

5）出现上导、推力、水导轴瓦温度大于 60℃，或瓦温每小时上升超过3℃；定子温度大于 110℃。

6）三部轴承中某油槽油位突然升高。

7）水封烧坏，或漏水量过大，调节无效。

8）导叶接力器漏油严重。

9）导叶剪断销被剪断等异常情况。

（2）试验中要保证 38m 廊道、水车室及楼梯间有充足的照明，保证试验仪器设备所用电源无中断。

（3）试验过程中，相关人员进行现场检查时，应熟悉现场环境，做好防滑、防跌措施。严格按照安全规程进行作业，转动部件工作范围内严禁站人。

第二章　水轮发电机组性能试验

　　根据 GB/T 7894—2009《水轮发电机基本技术条件》的规定，各种类型新装配完成的水轮发电机应该由用户选择一台在设备保证期限内的适当时机进行性能试验。水轮发电机组的性能试验一般对新安装发电机的电气性能和机械性能进行全面的试验，以确定其是否符合基本技术条件和合同文件的相关要求。

　　葛洲坝电站发电机改造增容后，分别选择了两种机型各一台机组，在合同保证期内进行了性能试验。主要进行的性能试验项目有：发电机参数的测定、发电机温升和效率试验、发电机进相运行试验、主轴应力及扭矩特性试验、机组全水头稳定性及相对效率试验等。

第一节　发电机参数测量试验

　　发电机改造增容投运后，为了验证发电机设计制造安装是否满足合同要求，同时为满足国家电网要求和为发电机保护设定等提供实测参数，需要对发电机进行参数测量试验。水轮发电机主要参数及试验方法见表 5.2-1。

表 5.2-1　　　　　　　　　　水轮发电机主要参数及试验方法

试 验 方 法	可测得参数名称及符号
空载饱和与三相短路试验	直轴同步电抗 X_d、短路比 K_c
取出转子法	定子漏电抗 X_s
低转差率试验	直轴同步电抗 X_d、交轴同步电抗 X_q
电压恢复法	直轴瞬变电抗 X'_d、直轴超瞬变电抗 X''_d、直轴瞬变开路时间常数 T'_d
静态下转子任意位置两相加电压法	直轴超瞬变电抗 X''_d、交轴超瞬变电抗 X''_q
负载试验测定功角法	交轴同步电抗 X_q
三相突然短路试验	直轴瞬变电抗 X'_d、直轴超瞬变电抗 X''_d、非周期分量时间常数 T_a、直轴瞬变时间常数 T'_d、直轴超瞬变时间常数 T''_d
开口三角形法、两相对中性点稳态短路法	零序电抗 X_0
两相稳态短路试验、逆相序旋转法	负序电抗 X_2
结合空载—短路特性的零功率因素过励法	保梯电抗 X_p

一、试验原理与方法

（一）用空载饱和与三相短路试验求 X_d 和 K_c

同步电抗（X_d 和 X_q）是同步发电机的重要参数。其中，直轴同步电抗 X_d 相当于由定子电流所建立的磁场和发电机磁极轴线相重合时的电抗，交轴同步电抗 X_q 相当于由定子电流所建立的磁场和发电机磁极轴线相垂直时的电抗。同步电抗的数值受发电机主磁通饱和的影响较大。对于凸极发电机，由于直轴方向上磁通主要沿着由铁磁材料构成的磁路而闭合，而交轴磁通的很大一部分是通过空气隙而闭合的，所以饱和对直轴同步电抗的影响较大，而对交轴同步电抗的影响较小。

同步发电机空载、短路特性曲线见图 5.2-1。

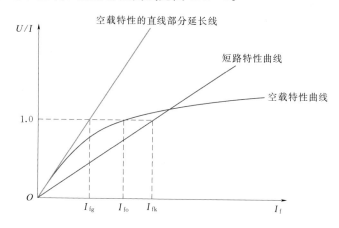

图 5.2-1 同步发电机空载、短路特性曲线

在测取空载特性时，由于磁路的饱和现象，当励磁电流增大时，空载特性曲线将向下弯曲。但在测取短路特性时，磁路始终处于不饱和状态，其趋势为直线。为求得同步电抗的不饱和值，可将空载特性的直线部分延长。同步电抗便是在有固定励磁电流时，空载特性直线段延长线与短路特性曲线的坐标之比，即：

$$X_d = \frac{I_{fk}}{I_{fg}}$$

式中 I_{fk}——相当于短路特性曲线上基值电流时的励磁电流，A；

      I_{fg}——相当于开路饱和曲线气隙线上基值电压时的励磁电流，A。

短路比 K_c 是在空载时使空载电势为额定值时的励磁电流与短路时使短路电流为额定值时的励磁电流之比。因此，短路比 K_c 与直轴同步电抗 X_d 成反比。在磁路不饱和时，则：

$$K_c = \frac{1}{X_d} = \frac{I_{fo}}{I_{fk}}$$

式中　I_{fo}——空载饱和特性曲线上对应于基值电压时的励磁电流值，A。

（二）取出转子法测定 X_s

转子的漏磁通在定子绕组中会感应漏磁电势，该电势在定子绕组中产生的电抗成为定子绕组漏电抗，通常用 X_s 表示。可以认为发电机的定子漏电抗是恒定不变的。所以在转子吊入前测定定子漏抗，即采用抽出转子静测法。

在定子腔内绕制一个测量线圈 Q_m，要求其有效边的长度等于定子铁芯全长，两有效边相距的宽度为定子绕组的极距，若每极每相槽数为分数时，则等于每一极距内最大整数槽数。有效边固定在定子槽楔上，测试线圈放在离铁芯内柱面一个气隙距离处，其两头沿垂直于铁芯槽的方向拉向定子腔中心轴线上，以避免定子绕组端部漏磁的影响。线圈的匝数为 W_m 匝。然后按图 5.2-2 所示接好线，外加三相交流电压，使定子绕组的电流值为 $400\sim600A$，测量定子绕组的电压 U_s、磁化电流 I_s、输入功率 P 及测量线圈 Q_m 的电压 U_m。

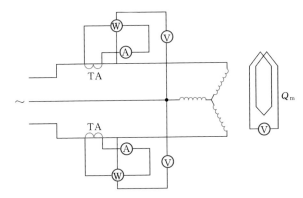

图 5.2-2　取出转子法测量 X_s 试验接线图

用下面的公式计算出定子漏抗 X_s。

由
$$X_a = \frac{U_m}{I_s} \times \frac{W_1 K_{w1}}{W_m}$$

$$Z = \frac{U_s}{\sqrt{3}\, I_s}, \quad R_s = \frac{P}{3 I_s^2}, \quad X = \sqrt{Z^2 - R_s^2}$$

则
$$X_s = X - X_a$$

式中　W_1——定子绕组每相每支路串联匝数；

　　　　X_a——测量线圈电抗；

　　　　X——等效电路电抗；

　　　　K_{w1}——电枢绕组系数；

　　　　W_m——测试线圈匝数。

（三）低转差率试验测定 X_d 和 X_q

低转差率试验是励磁绕组开路，转子以接近同步转速旋转（转差率小于 1%），在定子绕组上施加三相对称交流低电压（一般施加 220～550V 交流电压）。此时由于转子结构不对称，电抗在纵轴与横轴之间周期地变化，定子电流的最大与最小值基本上是在定子磁链上与相应的纵、横轴向重合时出现。当转子滑差极小时，认为定子电流是由同步电抗 X_d 和 X_q 所决定。在凸极同步发电机中，因为 $X_\text{d} > X_\text{q}$，所以在电枢磁势轴线与磁极轴线重合时，定子电流最小，而定子电压最大；在电枢磁势轴线与磁极轴线垂直时，定子电流最大，而定子电压最小。因此，可以用下式求取同步电抗 X_d 和 X_q 的不饱和值：

$$X_\text{d} = \frac{U_{\max}}{\sqrt{3}\,I_{\min}}; \quad X_\text{q} = \frac{U_{\min}}{\sqrt{3}\,I_{\max}}$$

试验接线如图 5.2-3 所示，励磁绕组接一大阻值电阻，并由此分压后引出励磁绕组电压信号。将电量记录分析记录仪的电压测量端接入发电机电枢绕组的 TV 二次绕组中，以读取线电压值。将电量记录分析记录仪的电流测量端串接入 TA 的二次绕组中，以读取某相电枢绕组电流值。将电量分析记录仪的励磁电压测量端接在励磁回路的电阻 R_2 上，以读取励磁绕组开路电压。电枢绕组外接额定频率和与被试发电机相序相同的三相电源。

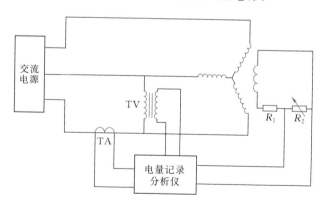

图 5.2-3　低转差率法测量同步电抗接线图

用手动方式启动发电机组，使发电机达到略低于同步转速（转差率<1%）。

先用交流电压表在电压互感器二次绕组上测量定子残压，如果定子剩磁电压折算至一次电压低于 100V，就可直接在定子绕组出线端测量电压。当定子残压高于 100V 时就应该对转子进行退磁。退磁方法是在转子绕组上施加一个能产生与剩磁电压极性相反的直流电压，然后逐步减小再反极性加电压，直至剩磁电压小于 100V 以下。

外加 400V 交流电压，录取励磁绕组开路电压及任一相定子电压和定子电流的波形（录取 2～3 次）。试验过程中要严格保证电源与试验发电机的转差率小于 1%，要确保试验机组不被拉入同步。

试验时，在定子绕组上施加额定频率的交流电压，其数值不应过高，以免将发电机拖入同步，一般为 2%～5% 的额定电压，最多不应超过 15% 的额定值。如果有较高的剩磁电压，应进行退磁处理，或外施较高的电压，否则试验结果将有较大的误差。因为剩磁对各磁极交替产生去磁和助磁作用，使定子电流的最大值和最小值出现大小不一的两个数值，而且两个数值均为非真值。应将被试发电机驱动到与同步转速非常近的转速，使转差率尽量小，以尽可能地减小由于发电机的瞬时状态及仪表惯性对试验结果的影响。在记录波形和读表时，励磁绕组应保持开路，以免在它的内部感应出对磁通起阻尼作用的电流。但在定子绕组接入电源或从电源断开时，励磁绕组应该直接短路或经放电电阻短路，以免由于瞬变过程在励磁绕组中引起过电压，损坏励磁绕组。为了使试验结果准确，拍好定标曲线后，所有示波器的接线、可变电阻等均不能随意变动。

（四）电压恢复试验测定 X_d'、X_d'' 和 T_{do}'

超瞬变电抗 X_d''、X_q'' 是发电机突然短路的瞬间，由短路电流的起始值所决定的定子电抗；瞬变电抗 X_d'、X_q' 是减掉超瞬变分量的短路电流分量的起始值所决定的定子电抗。

T_{do}' 为定子绕组开路时直轴瞬变时间常数，指发电机在额定转速和额定电压下运行，但运行条件突然变化时，由直轴磁通所产生的开路定子电压中暂态分量衰减快慢的时间参数。

试验时将三相定子绕组短路，再将被试电机拖动到额定转速，然后增加励磁电流，使其相当于空载特性曲线直线部分的某一电压（通常不高于 0.7 倍额定电压）时的励磁电流。

电压恢复试验接线见图 5.2-4，发电机励磁变压器采用外接电源。将电

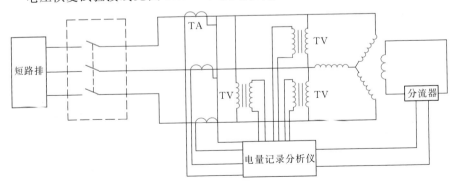

图 5.2-4 电压恢复试验接线图

量记录分析仪的电压测量端并接入发电机电枢绕组的三相 TV 二次绕组中，以读取三相线电压值。将电量记录分析仪的电流测量端串接入发电机电枢绕组的三相 TA 二次绕组中，以读取三相电流值。将电量记录分析仪的励磁电流测量端接入发电机励磁回路的分流器回路中，以读取励磁电流值。

用短路排在发电机出口断路器外侧将出线三相稳态短路。短路排截面积应能保证足够的载流量。

发电机仅投入过电压保护，其他所有电气保护退出，过电压保护只投跳灭磁开关。他励系统的保护投入，但只跳励磁系统本身。

使发电机出口断路器处于断开位置。发电机励磁调节器放在手动控制位置。

启动机组，使发电机达到额定转速。再逐渐增大励磁电流，使发电机电枢电压达到 70% 的额定电压，记录下此时的励磁电流。然后将励磁电流降至零。

合上发电机出口断路器，发电机保持额定转速。调节励磁电流直至达到刚才记录的励磁电流大小，记录下三相定子电流值。然后，突然跳开发电机出口断路器，录取此时刻直至定子电流稳定后这一期间的任一定子电压及任一定子电流的变化波形。电流稳定后，读取三相定子电压和励磁电流的稳定值。

在半对数坐标纸上做出瞬态电枢电压与稳态电枢电压的差值电压曲线，并求出 $\Delta U'_0$。

直轴瞬变电抗 X'_d 可用下式求得：

$$X'_d = \frac{U_{(\infty)} - \Delta U'_{(0)}}{\sqrt{3}\,I_k}$$

式中　$\Delta U'_{(0)}$——瞬变电压分量初始值；

　　　$U_{(\infty)}$——稳态电压；

　　　I_k——电枢断开前电枢电流。

直轴超瞬变电抗 X''_d 可用下式求得：

$$X''_d = \frac{U_{(\infty)} - \left[\Delta U'_{(0)} + \Delta U''_{(0)}\right]}{\sqrt{3}\,I_k}$$

式中　$\Delta U''_{(0)}$——超瞬变电压分量初始值。

电枢绕组开路时的直轴瞬变时间常数 T'_{d0} 是瞬变电压分量自初始值 $\Delta U'_{(0)}$ 衰减到 $0.368\Delta U'_{(0)}$ 时所需要的时间。

在试验中，试验电压与稳态电压 $U_{(\infty)}$ 相比是较小的，因而在示波图加工及计算中容易引起误差。为此，有些文献建议，除了拍摄电压恢复曲线外，用记录纸以较快的速度再拍摄一张电压恢复曲线的起始部分的示波图。电压恢复法试验的优点：一是试验过程中，电机不会受到不正常的机械和电的冲击作用，因此允许重复进行多次试验，以获得可靠的结果；二是电压恢复法不需要种类繁多的设备，因此现场容易进行；三是通常只需拍摄一个线电压的恢复曲线，示波图的加工量较小。电压恢复法试验的不足之处：一是不能求出三相突然短路电流的非周期分量的时间常数 T_a；二是由换算来确定的其他时间常数准确性较差。

（五）静态下转子任意位置两相加电压法测定 X_d'' 和 X_q''

按图 5.2-5 所示接线图接好线，发电机转子保持静止，磁场绕组接交流电流表。通过调压器在发电机任意两相定子绕组上加一交流电压，使电流达到 $(0.05\sim0.25)\,I_N$，测量定子电压 U、电流 I、功率值 P 及转子电流 I_z，然后依次更换另外两相绕组重复上述过程。

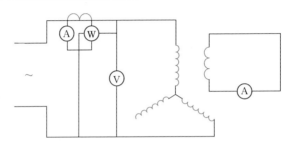

图 5.2-5　转子任意位置两相加电压试验接线图

根据测量结果，用下面的公式计算出次暂态电抗值：

$$X = \sqrt{Z^2 - R^2}\ ;\quad Z = \frac{U}{2I}\ ;\quad R = \frac{P}{2I^2}$$

$$X_d'' = \frac{X_{AB} + X_{BC} + X_{CA}}{3}\qquad X_d'' = X_{med} \pm \Delta X$$

$$\Delta X = \frac{2}{3}\sqrt{X_{AB}(X_{AB} - X_{BC}) + X_{BC}(X_{BC} - X_{CA}) + X_{CA}(X_{CA} - X_{AB})}$$

ΔX 前的 ± 号由下述方法确定：如测得的三次励磁回路电流中最大值与测得的最大电抗值相对应时取 ＋ 号，与最小电抗值相对应时取 － 号。

用转子处于任意位置的静止阻抗试验确定 X_q'' 的方法与上述方法类似。

$$X_q'' = X_{med} \pm \Delta X$$

如测得的三次励磁回路电流中最小值与测得的最大电抗值相对应时取 ＋ 号，与最小电抗值相对应时取 － 号。

（六）负载试验测定功角法测定 X_q

发电机组并网带满负荷运行时，测量发电机出口电压和定子电流，同时测定发电机的功角值，按照下式可计算出交轴同步电抗 X_q 的饱和值：

$$X_q = \frac{U\tan\delta}{\sqrt{3}\,I(\cos\varphi - \sin\varphi\tan\delta)}$$

（七）三相突然短路试验测定 X_d'、X_d''、T_a、T_d'、T_d''

非周期分量时间常数 T_a 是定子电流直流分量衰减时间常数，表征发电机在额定转速和一定电压下运行，定子绕组突然短路时，短路电流中直流分量衰减快慢的时间参数。

直轴瞬变时间常数 T_d' 是定子绕组短路时纵轴暂态时间常数，表征发电机在额定转速和一定电压下运行，定子绕组突然短路，阻尼绕组开路（或无阻尼作用），定子电流中纵轴暂态分量衰减快慢的时间参数。

直轴超瞬变时间常数 T_d'' 是定子绕组短路时纵轴次暂态时间常数，表征发电机在额定转速和一定电压下运行，转子阻尼绕组和励磁绕组闭路，当定子绕组突然短路，在阻尼作用下，定子电流中纵轴次暂态分量衰减快慢的时间参数。

试验接线见图 5.2-6，将电量记录分析仪的电压测量端并接入发电机电枢绕组的三相 TV 二次绕组中，以读取三相线电压值。将电量记录分析仪的电流测量端串接入发电机电枢绕组的三相 TA 二次绕组中，以读取三相电流值。将电量记录分析仪的励磁电流测量端接入发电机励磁回路的分流器回路中，以读取励磁电流值。

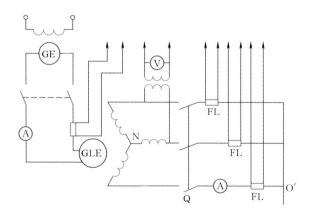

图 5.2-6 三相突然短路试验接线原理图

GE—他励励磁机；O'—短路点；GLE—发电机转子绕组；Q—开关；FL—无感分流器

用短路排在发电机断路器外侧将出线三相稳态短路，在断路器任一相与短路排间加装一个分流器，短路排截面积应能保证载流量。

发电机所有电气保护退出。他励系统的保护投入，但只跳励磁系统本身。

使发电机断路器处于断开位置。发电机励磁调节器放在手动控制位置。

启动机组，使发电机达到额定转速。再逐渐增大励磁电流，使发电机定子电压达到约 25% 的额定电压，记录下此时的励磁电流和定子电压。

突然合上发电机断路器，发电机保持额定转速。录取此时刻直至定子电压稳定后这一期间，定子电压、定子电流和励磁电流的变化波形。电压稳定后，读取三相定子电流和励磁电流的稳定值。

按 GB/T 1029—2005《三相同步电机试验方法》中 12.15～12.16 规定，将电流波形的包络线在半对数坐标纸上做出瞬态电枢电流与稳态电枢电流的差值电流曲线，并求出 $\Delta I'_k$ 和 $\Delta I''_k$。

计算 X'_d 和 X''_d 的方法见下式：

$$X'_d = \frac{U(0)}{\sqrt{3}\left[I(\infty) + \Delta I'_k(0)\right]}; \quad \left[x'_d = \frac{u(0)}{i(\infty) + \Delta i_k(0)}\right]$$

$$X''_d = \frac{U(0)}{\sqrt{3}\left[I(\infty) + \Delta I'_k(0) + \Delta I''_k(0)\right]}; \quad \left[x''_d = \frac{u(0)}{i(\infty) + \Delta i'_k(0) + \Delta i''_k(0)}\right]$$

直轴瞬态短路时间常数 T'_d 是瞬态电枢电流分量自初始值衰减到 0.368 倍初始值所需时间。

直轴超瞬态短路时间常数 T''_d 是超瞬态电枢电流分量自初始值衰减到 0.368 倍初始值所需时间。

电枢短路时间常数 T_a 是按照励磁电流周期分量自初始值衰减到 0.368 倍初始值所需时间。

该试验中，在额定转速和空载电压为 $0.25U_N$ 下进行的三相突然短路试验测量的是发电机参数的不饱和值。若要测量参数的饱和值，则应在额定电压下进行三相突然短路试验，由于该试验将产生很大的电动力而危害设备安全，所以不宜在现场进行，只能作为考核发电机机械强度的型式试验项目。进行该试验时，被试发电机应由配套的励磁机供给励磁且励磁机必须是他励方式。录取短路电流波形时宜采用无感分流器，分流器的额定电流应大于被试发电机定子额定电流值。突然短路时，应使三相尽可能同时合闸。非周期分量最大可能值除可用上述计算方法求得外，也可用作图法求得。

（八）开口三角形法和两相对中性点稳态短路法测定 X_0

在正向同步旋转、励磁绕组短接、定子绕组上加一组对称的零序电压时，同步发电机所表现的电抗称为零序电抗 X_0。

由于三相零序电流所产生的脉振磁势幅值相同，时间上同相位，空间相差 120°电角度，所以三相零序基波合成磁势为零。也就是说，零序电流将不形成基波旋转磁势，零序磁场只是漏磁场，因此零序电抗属于漏抗的性质。

零序电抗的大小与绕组的节距有关。整距时，零序电抗和定子漏抗基本相当；当节距为 T 时，零序槽漏磁接近于零，此时零序电抗将接近于定子绕组的端部漏抗值。

由于零序电流基本不产生旋转磁场，所以零序阻抗的大小与转子结构基本无关，零序电阻近似等于定子电阻。

测量零序电抗 X_0 常用两种方法：开口三角形法（也称三相绕组串联法）和两相对中性点稳态短路法。

1. 开口三角形法

三相绕组串联法试验接线如图 5.2-7 所示。

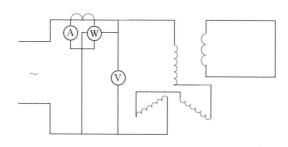

图 5.2-7　三相绕组串联法试验接线图

将转子绕组短接，将定子绕组三相绕组按 AX-BY-CZ 串联后接入单相低压交流电源。将发电机拖动到额定转速，调节定子电压，使定子电流为 $0.05\sim0.25I_\mathrm{N}$，同时测量外加电压 U，绕组电流 I 和输入功率 P。

则零序电抗可用下式求得：

$$X_0 = \sqrt{\left(\frac{U}{3I}\right)^2 - \left(\frac{P}{3I^2}\right)^2}$$

2. 两相对中性点稳态短路法

两相对中性点短路法试验接线见图 5.2-8。

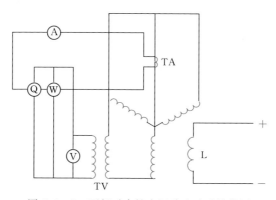

图 5.2-8　两相对中性点短路法试验接线图

将发电机任意两相出线用短路排短路，再用电缆将短路排和中性点相连。发电机采用他励方式，所有电气保护退出。励磁系统保护投入，但只跳励磁本身。转子以额定转速旋转，调节励磁电流使流至中性点的短路电流为 $0.05\sim0.25I_N$，测量试验中对应的 U_0、I_0、Q_0 和 P_0。

忽略谐波影响时用下式计算出 X_0 值：

$$X_0 = \frac{U_0}{I_0}$$

考虑谐波影响时用下式计算出 X_0 值：

$$X_0 = \frac{U_0^2}{Q} \frac{Q^2}{P^2 + Q^2}$$

由于零序电阻值很小，可忽略不计，因此可以在转子不动的情况下，把转子转至不同位置测取零序电抗值，近似等于零序电抗值。测量零序电抗试验中，由于负序磁场的存在，可能产生转子局部过热现象，所以应尽量缩短试验时间。由于试验时功率因数较小，试验中应采用低功率因数功率表。试验时需加的励磁电流很小，为调节稳定，试验前应在励磁绕组回路中串联附加电阻。

（九）两相稳态短路法和逆同步旋转法测定 X_2

同步发电机正向同步旋转，励磁绕组短接，在定子绕组端部加上一组对称的负序电压，使定子绕组中流过负序电流时，同步发电机所表现的电抗称为负序电抗 X_2。

负序电抗 X_2 的测定方法通常有：两相稳态短路法和逆同步旋转法。

1. 两相稳态短路法

两相稳态短路法试验接线如图 5.2-9 所示。

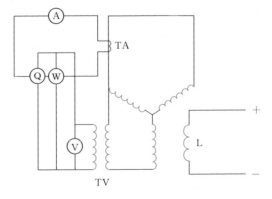

图 5.2-9 两相稳态短路法试验接线图

将发电机出线任意两相短路，发电机采用他励方式，所有电气保护退出。励磁系统保护投入，但只跳励磁本身。转子以额定转速旋转。调节励磁电流，使短路电流达到 $0.15I_N$ 左右，测量图中的 U、I、Q、P。

忽略谐波影响时用下式计算出负序电抗 X_2 值：

$$X_2 = \frac{P}{\sqrt{3}\,I^2}$$

考虑谐波影响时用下式计算出 X_2 值：

$$X_2 = \frac{U^2}{P}\frac{P^2}{P^2 + Q^2}\frac{1}{\sqrt{3}}$$

2. 逆相序旋转法

逆相序旋转法试验接线如图 5.2-10 所示。

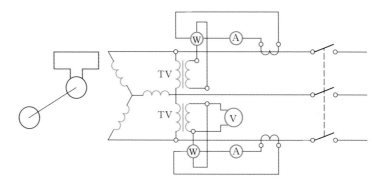

图 5.2-10　逆相序旋转法试验接线图

试验前先将励磁绕组短路，试验时发电机为额定转速，并在定子绕组上施加额定频率、实际对称的低电压，外施电压相序应使电枢磁场的旋转方向与转子旋转方向相反。调节外施电压，使定子电流为 $0.15I_N$ 左右，测量线电压 U，线电流 I 和输入功率 P。则负序电抗 X_2 值用下式计算：

$$X_2 = \sqrt{Z_2^2 - R_2^2}$$

$$Z_2 = \frac{U}{\sqrt{3}\,I}$$

$$R_2 = \frac{P}{3I^2}$$

两相稳态短路法和逆相序旋转法测得的负序电抗 X_2 为不饱和值。采用两相稳态短路法测量无需外接电源，故简单方便，并且具有足够的精确度。由于负序电流导致转子发热，试验时短路电流应限制在 $0.15I_N$ 以内，试验时间不宜超过 5min。如试验未完成，应降低励磁电流待发电机冷却一段时间后再重新进行试验。采用逆相序旋转法时，试验时要求准确地保持同步转速。如果被试发电机的剩磁电压超过电源电压的 30%，试验前应将转子进行退磁处理。

对于凸极发电机，可用试验测得的 X''_d 和 X''_q 按下式计算得到负序电抗 X_2：

$$X_2 = \frac{X''_d + X''_q}{2}$$

（十）结合空载—短路特性的零功率因素过励法测定 X_p

保梯电抗 X_p 是保梯图法中代替漏抗计算负载励磁电流的等价电抗，它不仅是同步发电机的重要参数，而且与发电机运行的励磁电流密切相关。准确测取保梯电抗 X_p 对描述发电机的运行状况、对发电机进行自动控制具有重要意义。

通常采用零功率因素过励法，结合空载—短路特性曲线测定保梯电抗 X_p。

发电机励磁采用他励方式，所有保护正常投入，正常并入电网运行，并带一定无功功率运行。调节发电机有功功率至零，然后逐渐改变励磁电流来调节无功输出，同时逐点记录发电机的定子电流，定子电压和励磁电流，调节过程中应保持有功输出为零。根据电网电压情况尽可能大地改变励磁电流变化范围，即能在 $0.2 \sim 1.0 I_L$ 之间改变，但不能超过额定励磁电流值。尽可能记录同时达到额定电压和额定电流的工况点。

同步发电机的特性三角形及相关参数见图 5.2-11。在绘制的零功率特性曲线上做出 F 点，其中坐标为额定相电压，横坐标为零功率因素（过励）特性上对应于额定定子电压、额定定子电流的励磁电流。通过 F 点做平行于横轴的直线 CF，CF 长度等于三相稳态短路特性上对应于额定定子电流的励磁电流 I_{fk}。自 C 点做直线平行于空载特性的直线部分，与空载特性交于 H 点。自 H 点做 CF 的垂线 HK 交 CF 于 K 点。线段 HK 的长度即为额定定子电流

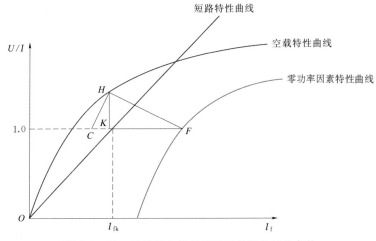

图 5.2-11　同步发电机的特性三角形及相关参数

时保梯电抗 X_p 上的压降 ΔU_p。则保梯电抗 X_p 可按下式计算：

$$X_p = \frac{\Delta U_p}{I_N}$$

式中　I_N——额定定子电流，A。

二、试验结果与分析

以葛洲坝电站某改造增容后的机组为例，其发电机改造增容后额定电压为 13.8kV、额定电流为 6973A、额定功率为 150MW、额定励磁电流为 1720A，投运后进行参数测量试验。现场试验时，使用不同的试验方法测量同一参数，虽然得到的结果有一定的差异，同时与设计值有一定的偏差，但也验证了发电机设计、制造、安装能够满足合同要求，同时为满足电网要求和为发电机保护设定等提供实测参数。

第二节　发电机温升试验

为提高产品的技术经济指标，电机的温升裕度一般不宜取得过大，但电机的电磁参数、材料性能、通风结构的制造质量等都会直接或间接影响电机的损耗和散热冷却。一般的，电磁计算时，温升计算的准确度不高。因此，电机的温升指标必须通过试验考核确定。

温升试验可以了解发电机运行时各部分的发热情况，核对所测得的数据是否符合制造厂的技术条件或有关国家标准，为电机安全可靠运行提供依据。

一、试验原理及方法

（一）采用直接负荷法测试发电机的温升

试验时，发电机保持在特定负荷下稳定运行 2h 后，每隔 20min 测试一次发电机定子、转子电气参数与温度参数，直至电机热稳定（在 1h 内电机各部位温度变化不超过 2K）为止，每个负荷点发电机的运行时间（含试验时间）为 4～5h。

试验依次按照以下负荷点进行温升测试：$60\%P_n$ 负荷温升试验；$75\%P_n$ 负荷温升试验；$90\%P_n$ 负荷温升试验；$100\%P_n$ 负荷温升试验。

发电机在功率因素为 0.875、0.9、0.95 三种工况下调节有功功率和无功功率，读取定子电流、定子电压、转子电流 6～8 个点。

根据上述 4 个负荷温升试验结果绘制发电机温升曲线和运行限额图。

（二）测量参数和计算方法

（1）采用钳形电流互感器从励磁调节柜机端 TA 端子取出定子三相电流，

并通过励磁调节柜机端 TV 试验端子并联取出定子 A、B、C 三相电压，接入电量记录分析仪测试发电机定子电流、定子电压、有功功率、无功功率、功率因数等参数。

（2）转子绕组的测温采用电压、电流法，测量转子线圈的热态电阻，然后换算成温度，测量的是转子绕组的平均温度。转子电压用专用的铜丝刷和直流电压表从滑环上读取，转子电流用数字毫伏表从转子分流器上读取。

通过测量的转子电流、转子电压数据计算转子热态电阻，并用下式计算转子绕组平均温度：

$$T = R\frac{T_0 + 235}{R_0} - 235(℃)$$

式中　R——当前测得的转子热态电阻；

R_0——温度 T_0 时测得的转子冷态电阻值。

（3）采用电机装设的埋入式检温计，经现场 LCU 控制屏柜及温控数显仪表读取定子绕组、定子铁芯温度。

（4）采用电机空气冷却器装设的检温计，经现场 LCU 控制屏柜及温控数显仪表读取发电机空冷器冷风、热风温度。

（5）将定子、转子绕组的平均温升值按下式分别折算至额定冷却风温为 40℃ 时的温升，折算式为

定子绕棒　　　　　$\Delta Q_s' = \Delta Q_s \left[1 + \dfrac{Q_2 - Q_1}{235 \times (1 + 0.45) + Q_1} \right]$

转子绕组　　　　　$\Delta Q_L' = \Delta Q_L \left[1 + \dfrac{Q_2 - Q_1}{235 \times (1 + 1) + Q_1} \right]$

式中　$\Delta Q_s'$、$\Delta Q_L'$——折算后的定、转子绕组温升；

ΔQ_s、ΔQ_L——实测的定、转子绕组温升；

Q_2、Q_1——应折算的进风温度和试验时的实际进风温度。

二、试验要点

试验时，应尽可能保证冷却介质进口温度，发电机功率因数，定子电压，定子、转子电流等参数的稳定性。在不能完全稳定的情况下，试验结果使用各参数的平均值。

葛洲坝电站改造增容后机组的定子绕组为 F 级绝缘，但按照 B 级绝缘温升限制值进行考核，发电机各部件允许的温升限值分别为：在额定冷却介质温度为 40℃ 时，定子绕组允许温升为 85K，定子铁芯和边段铁芯允许温升为 85K，转子绕组允许温升为 80K。

三、试验结果与分析

以葛洲坝电站某改造增容后的机组为例。温升试验先从有功功率最小的工况做起。试验共进行了 4 个工况。试验时，每 15～30min 记录一次定子各点温度、冷热风温度、转子绕组电压、电流值并换算成温度，以及发电机各相应电气值。每工况测量一次电阻网电阻并换算成温度。每一种工况的各点温度 1h 内变化在 2K 以内时，即认为温升已达到稳定，再变换运行工况。

根据现场试验可知，在额定工况下，定子绕组电流平均值为 6884A，为改造后额定值的 98.72%，此时定子绕组最高点温升为 49.52K，折算到发电机额定进风温度 40℃时的温升为 51.79K。按折算后的定子绕组温升曲线向上推至改造后的额定值（$I_N = 6.973kA$，$I_N^2 = 48.62kA^2$）时，温升为 52.4K，低于 GB/T 7894—2009 中 B 级绝缘温升不超过 85K 的规定，更低于 F 级绝缘温升不超过 110K 的规定。

在额定工况下，转子绕组电流为 1535A，为现在额定值的 89.24%，此时其温升为 42.44K，折算到发电机额定进风温度 40℃时的温升为 43.88K。按折算后的转子绕组温升曲线向上推至改造后的额定值（$I_{FN} = 1.72kA$，$I_{FN}^2 = 2.958kA^2$）时的转子绕组的温升为 51.78K，低于 GB/T 7894—2009 中 B 级绝缘不超过 90K 的温升极限以及 F 级绝缘不超过 110K 的温升极限的规定。

本次试验额定工况下定子铁芯最高温升为 47.82K，低于定子绕组的最高温升。定子铁芯温升不仅与铁芯损耗有关，还与绕组温度及定子膛内风温有关，但从试验情况看，折算至额定进风温度 40℃时的温升不会高于绕组温升，因此也低于 GB/T 7894—2009 中 B 级绝缘不超过 90K 以及 F 级绝缘不超过 110K 的规定。

本次试验额定工况下定子端部边段铁芯和压指最高温升为 29.72K，从试验情况看，折算至额定进风温度 40℃时的温升不会高于绕组温升，因此也低于 GB/T 7894—2009 中 B 级绝缘不超过 90K 以及 F 级绝缘不超过 110K 的规定。

本次试验额定工况下线棒端部和中性点母排最高温升为 31.62K，从试验情况看，折算至额定进风温度 40℃时的温升不会高于绕组温升，因此也低于 GB/T 7894—2009 中 B 级绝缘温升不超过 85K 和 F 级绝缘温升不超过 110K 的规定。

第三节 发电机效率试验

发电机效率是评价发电机性能的重要指标，需要通过试验测定发电机在改造后的额定出力工况下各部分损耗和效率，以确定发电机效率是否能达到电机设计要求。

一、试验原理及方法

发电机的效率：

$$\eta = \frac{P}{P_{in}}\% = \left(1 - \frac{\sum P}{P + \sum P}\right)\%$$

式中　η——效率；

　　　P_{in}——输入功率；

　　　P——输出功率；

　　$\sum P$——总损耗。

发电机效率试验是通过测量发电机各类损耗的方法来得到总损耗 $\sum P$，以期获得发电机的效率。发电机运行时的各类损耗包括：铜损耗、铁损耗、励磁损耗、通风损耗、（轴承）摩擦损耗、电刷的摩擦损耗和电损耗、杂散损耗、辅助设备损耗等，要准确测量发电机的各类损耗是很困难的，但由于在发电机内部产生的各类损耗，最终都将变成热量，传递给冷却介质，使冷却介质的温度上升，根据 GB/T 5321—2005《量热法测定电机的损耗和效率》，采用量热法来测量发电机所产生的热量并以此来推算发电机的各种损耗。

（一）发电机总损耗的分类

通常给发电机规定一个基准表面，这个表面内产生的所有损耗，都通过该表面散发出去。发电机的总损耗由下式表示：

$$\sum P = P_i + P_e$$

式中　P_i——发电机基准表面内的损耗，kW；

　　　P_e——发电机基准表面外的损耗，kW。

1. 发电机基准表面内的损耗

发电机基准表面内产生的所有损耗也分为两部分，用下式表示为：

$$P_i = P_1 + P_2$$

式中　P_1——以热量的形式由冷却介质带走，并可以用量热法测量的损耗，这是基准表面内损耗的主要部分；

　　　P_2——不传递给冷却介质，而以传导、对流、辐射、渗漏等形式通过基准表面散发的损耗，占总损耗的一小部分，可以用量热法测量，也可以用计算方法求得。

2. 基准表面外部损耗

基准表面外部损耗 P_e 主要由下列部分的损耗组成。

（1）在基准表面外部的励磁损耗。

（2）在基准表面外部的轴承摩擦损耗（也可以用量热法求得）。

（二）发电机各类损耗分析

给发电机规定一个基准表面，这个表面内产生的所有损耗，都通过该表面散发出去。发电机基准表面内的各项损耗示意见图5.2-12。

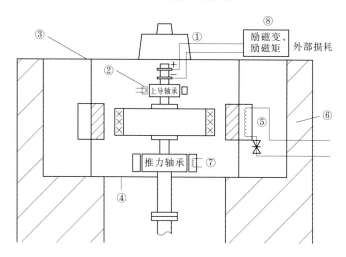

图 5.2-12　发电机基准表面内的各项损耗示意图

图5.2-12中各项损耗依次为：

①集电环和碳刷损耗。

②上导轴承机械摩擦损耗。

③发电机上盖板外表面向厂房散发出的损耗。

④发电机下机架外表面向水轮机顶盖散发出的损耗。

⑤空气冷却器由冷却水带走的损耗。

⑥发电机风洞水泥墙散发出的损耗。

⑦推力轴承机械摩擦损耗。

⑧应计入发电机总损耗的辅助设备损耗（励磁变压器、励磁柜等损耗）。

1. 集电环和碳刷损耗

集电环和碳刷损耗可分为碳刷摩擦损耗和碳刷电损耗。

碳刷摩擦损耗为

$$P_{bm} = v A \mu P$$

式中　v——集电环转动线速度，m/s；

　　　A——碳刷总接触面积，cm^2；

　　　μ——集电环与碳刷摩擦系数；

　　　P——集电环与碳刷的接触压力，N/cm^2。

实际上集电环与碳刷的接触压力和集电环与碳刷摩擦系数是不好确定的，

这部分的机械损耗最后是以发热的形式散发到封闭的上部集电环室内并且与上机架散发出来的热量混合在一起，最后通过其外壳和上盖板传递到空气中，因此在温度稳定后可通过测量集电环室外壳和上盖板与环境温度的温差和外部空气流速来确定这部分损耗。

碳刷的电损耗为

$$P_{be} = 2I_f \Delta U$$

式中　　I_f——发电机励磁电流，A；

　　　　ΔU——碳刷电压降，V。

这部分损耗是由励磁功率提供的，试验中将其并入转子绕组外部的总励磁损耗内。

2. 上导轴承摩擦损耗

发电机转动时，轴承的润滑是靠润滑油，因此轴承摩擦产生的损耗转换为热能后首先传递给润滑油，润滑油在油冷器中将热量传递给油冷器中的冷却水，最后由冷却水带走的损耗产生的热能。在运行温度稳定后通过测量冷却水的流量和进、出水的温升就可计算出轴承的损耗。

冷却水带走的损耗为

$$P_1 = C_P \rho Q \Delta t$$

式中　　C_P——冷却介质的比热，$kJ/(kg \cdot K)$；

　　　　ρ——冷却介质的密度，kg/m^3；

　　　　Q——冷却介质的流量，m^3/s；

　　　　Δt——冷却介质的温升，K。

3. 发电机上盖板外表面向厂房散发出的损耗

发电机的损耗在基准面内部产生的热量，除由冷却水带走的外，还有部分热量由与外部空气接触的各表面散发出。其中基准表面向外辐射的热量以及通过大轴传导的热量可以忽略不计。只计算外表面与周围空气对流散热的损耗，计算公式为

$$P_2 = hA \Delta t$$

式中　　A——散热表面积，m^2；

　　　　Δt——发电机基准表面与外部环境的温度之差，K；

　　　　h——表面散热系数（对于外表面 $h = 11 + 3v$，v 为环境空气流速），$W/(m^2 \cdot K)$。

4. 发电机下盖板外表面向厂房散发出的损耗

这部分损耗的计算方法同发电机上盖板外表面向厂房散发出的损耗计算方法。

5. 空气冷却器由冷却水带走的损耗

发电机产生的损耗主要由定子绕组中电流产生的铜损耗和定子铁芯中磁通产生的铁芯损耗。这部分损耗产生的热量大部分在通过空气冷却器时，由空冷器中冷却水管中的冷却水带走，通过测量该发电机 12 个空冷器冷却水母管的流量和进出水温差可确定这部分损耗，计算方法与上导轴承损耗计算相同。

6. 发电机风洞水泥墙散发出的损耗

发电机风洞水泥墙散发出的损耗计算方法同发电机上盖板散热损耗计算方法。

7. 推力轴承机械摩擦损耗

确定整个推力轴承损耗的方式与上导轴承相同，但在测得的损耗中要扣除水轮机部分重量和当时水头下水推力产生的损耗。

8. 励磁变压器、励磁柜等辅助设备损耗

这部分损耗是在基准表面之外，但要计入发电机总损耗的。通过测量励磁变压器的输入功率可以得到整个励磁系统的功率，其中包括励磁变压器所有损耗、励磁柜交、直流侧所有损耗、励磁电流传导产生的损耗，碳刷的电损耗以及通过发电机转子绕组输入发电机中的励磁功率。由于发电机转子绕组产生的励磁损耗是在基准表面内已通过量热法测到的损耗，因此应从测量得到的励磁变压器的输入功率中扣除发电机转子的输入功率才是外部励磁部分的损耗。

（三）试验接线

将发电机出口的 TA 和 TV 二次回路三相电压和电流分别接入电量分析记录仪的电压和电流端子，将励磁回路分流器的输出接入电量分析记录仪的励磁电流端子。效率测量试验接线见图 5.2-13。

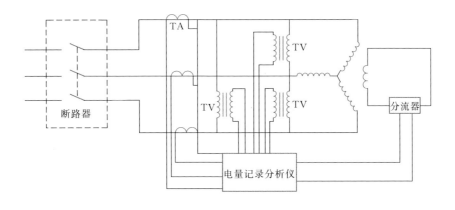

图 5.2-13　效率测量试验接线

试验过程中，采用钳形电流互感器从励磁调节柜机端 TA 取出定子三相电流，并通过励磁调节柜机端 TV 试验端子并联取出定子 A、B、C 三相电压，接入电量记录分析仪测试发电机定子电流、定子电压、有功功率、无功功率、功率因数等参数。使用两把铜布刷直接接触转子滑环，取转子电压接入直流电压表，读取转子电压；在转子励磁回路标准分流器副边接入直流毫伏表，读取转子电流；采用电机装设的埋入式检温计，经现场 LCU 控制屏柜及温控数显仪表读取定子绕组、定子铁芯温度；采用电机冷却系统装设的检温计，经现场 LCU 控制屏柜及温控数显仪表读取发电机空冷器冷、热风温度。

二、试验结果与分析

以葛洲坝电站某改造增容后的机组为例，根据现场实测可以得到以下数据：空气冷却器带走的损耗、上导轴承损耗、推力轴承损耗中发电机的损耗、上盖板和机头部分散发的损耗、风洞水泥墙散发的损耗和励磁变到转子绕组之间的励磁系统所有的损耗。根据各部分损耗可以得到总损耗 $\sum P$。

最后由试验过程记录查询到稳态情况下发电机输出功率为 P，计算得到发电机的效率：

$$\eta = \frac{P}{P_{in}} \times 100\% = \left(1 - \frac{\sum P}{P + \sum P}\right) \times 100\%$$

本次效率试验最后测得的发电机效率略高于设计值，满足合同要求。

在采用量热法来测量效率时，是有可能存在一些误差的。但对于大容量发电机，这种方法是在现场唯一可行的方法，因此，可根据需要参考本次试验结果。

第四节　发电机进相运行试验

发电机的进相运行，是由于系统电压太高，为避免影响电能质量，而采取的一种运行方式。目的是为了让发电机吸收系统无功功率，从而达到降低系统电压作用。发电机能不能进相运行，取决于发电机的无功进相能力。由于制造工艺和安装质量不一样，每台机的进相情况是不同的，每台机都必须单独做进相试验，然后得出在不同负荷下的进相深度，再将这些数据写入运行规程。

发电机进相运行试验是为了考察发电机组进相运行时对电网电压的调节作用。确定机组合适的进相运行范围，在此范围内发电机励磁系统低励限制值以及相关的各种保护定值，作为将来运行调度的依据，同时核查发电机在进相运行时各部分的温升、振动和摆度情况。

一、试验原理及方法

（一）进相运行限制条件

发电机进相运行时，影响发电机进相运行能力的主要因素是机组与电网并列运行的稳定性、定子铁芯端部结构件温度以及厂用电电压。试验应严格控制发电机在制造厂提供的 P—Q 曲线范围内进行，不进行发电机进相深度极限试验，因此，进相运行的限制条件如下：

(1) 发电机有功功率不超过额定值。

(2) 发电机出口电压不得低于额定值的 95％。

(3) 定子电流不得超过额定值。

(4) 网络电压不得低于调度局给定的运行电压下限值。

(5) 定子温升不得超过标准规定值。

(6) 机组各部位振动、摆度值不得超过标准规定值。

(7) 发电机进相试验时不得失去稳定。

（二）进相运行试验接线

1. 定子回路

在励磁调节柜内的定子绕组电压互感器和电流互感器二次回路中接入便携式电量记录分析仪，分别测量发电机定子三相电流、电压、有功、无功、功率因数等参数。定子电压接线端子若为试验端子可以直接通过试验接线直接插入，若为普通接线端子，则需要通过引出线后再接入电量分析仪。试验时应需注意三相定子电压的相序与试验接线颜色相匹配。由于定子电流通过钳形电流夹在柜内的定子电流接线上感应产生，因此试验时定子电流实际流向应与电流夹上标明的方向一致。

2. 转子回路

在励磁柜的转子回路中接入便携式电量记录分析仪测量发电机转子电流、转子电压。

3. 系统电压和厂用母线电压

在系统母线电压互感器低压侧接入标准交流电压表 1 只，发电机所带厂用电压互感器低压侧接入标准电压表 1 只，测量系统电压和厂用电压。上述接入定子、转子回路的表计均不得低于 0.5 准确级。

4. 温度监测

采用电机装设的埋入式检温计，经现场 LCU 控制屏柜及温控数显仪表读取定子绕组、定子铁芯温度。

二、试验要点

发电机与系统并列，带自动励磁调节器，在各有功功率下做进相试验，从迟相做到进相，直到达到发电机进相运行时有关的限额值之一为止。

试验时若电机失去了稳定，各测量表计指示的电气参数会出现周期性的摆动，此时应迅速增加励磁电流，使发电机恢复同步。若增加励磁电流尚不能恢复同步时，再减小发电机有功并同时增加励磁电流，使之尽快恢复同步。

三、试验结果与分析

以葛洲坝电站某改造增容后的机组为例。进相试验先从额定有功功率的工况做起，共进行了4个工况。试验时严格控制发电机在制造厂提供的 P—Q 曲线范围内进行。

在几种工况下发电机最大进相深度时，发电机机端电压均达到了 13.1kV 的限制值。因此机端电压是各工况下进相运行的限制因素。在 150MW 工况，最大进相深度时，发电机定子电流已达到了其额定电流的限制值，发电机定子电流也是 150MW 工况进相运行的限制值。

在各有功工况下，发电机最大进相深度时，发电机功角均未达到限制值，有较大的裕度。因此发电机功角不是进相运行的限制因素。进相前后发电机各部的温度差别不大，发电机定子绕组、铁芯及铁芯压指温度有小幅度上升，均在允许范围内，且有较大的裕度。大江电站开关站 500kV 母线电压变化不明显。而由于 6kV 厂用系统工作电源由高压厂用变压器取自某主变压器低压侧，6kV 及 380V 厂用电电压不影响发电机进相运行。

该机励磁调节器试验前重新整定了低励限制值，几个工况低励限制都未动作，因此试验前重新整定的励磁调节器低励限制值能满足该机进相运行的要求。

第五节　主轴应力及扭矩特性试验

水轮机主轴是连接水轮机和发电机的关键部件，起着传递水力扭矩的重要作用，并承受着轴向水推力和水轮机转动部件的自重，它的破坏将导致严重的停机事故。因此检测它的应力分布和峰值，确保主轴的安全是工作中的重中之重。

一、试验目的

在机组改造增容后，测定最大出力运行和甩负荷等工况下水轮机主轴的扭转力矩，核算主轴的扭矩是否在允许范围内，确保主轴运行的安全。

二、试验方法

在水轮机主轴上粘贴扭矩应变片，测量 ε_x、ε_y 及 $\varepsilon_{-45°}$ 3 个方向的应变。通过这 3 个应变值可以计算主轴上的扭转应力和扭矩，考虑工作时转速还可以计算轴功率。主要计算方法如下。

根据应力状态理论和广义胡可定律，则

$$\varepsilon_x = \frac{1}{E}(\sigma_x - \nu\sigma_y); \quad \varepsilon_y = \frac{1}{E}(\sigma_y - \nu\sigma_x)$$

$$\gamma_{xy} = \frac{1}{G}\tau_{xy}; \quad G = \frac{E}{2(1+\nu)}$$

$$\varepsilon_\alpha = \frac{\varepsilon_x + \varepsilon_y}{2} + \frac{\varepsilon_x - \varepsilon_y}{2}\cos2\alpha + \frac{\gamma_{xy}}{2}\sin2\alpha$$

而轴力计算式为

$$F_N = A\sigma_y$$

其中 $A = \frac{\pi}{4}(D^2 - d^2)$，为水轮机轴截面尺寸。

而扭转切应力为

$$\tau_{xy} = (\varepsilon_x + \varepsilon_y - 2\varepsilon_{-45°})gG = \frac{E(\varepsilon_x + \varepsilon_y - 2\varepsilon_{-45°})}{2(1+\nu)}$$

再根据圆轴扭转应力公式，可得出：

$$F_N(\text{扭力}) = \frac{\pi}{4}(D^2 - d^2)g\frac{E}{1-\nu^2}(\nu\varepsilon_x + \varepsilon_y)$$

$$T(\text{扭矩}) = \frac{E(\varepsilon_x + \varepsilon_y - 2\varepsilon_{-45°})}{2(1+\nu)}g\frac{\pi D^3}{16}\left[1 - \left(\frac{d}{D}\right)^4\right]$$

其中 $W_p = \frac{\pi D^3}{16}\left[1 - \left(\frac{d}{D}\right)^4\right]$，而单位长度扭转角为

$$\frac{d_\phi}{d_x} = \frac{T}{GI_p}g\frac{180}{\pi}$$

其中

$$G = \frac{E}{2(1+\nu)}$$

$$I_p = \frac{\pi D^4}{32}\left[1 - \left(\frac{d}{D}\right)^4\right]$$

上述各公式中　　D——轴外圆直径；

d——轴内圆直径；

ε_x——水平方向应变；

ε_y——竖直方向应变；

$\varepsilon_{-45°}$——45°方向应变；

E——材料的弹性模量；

ν——泊松系数。

三、实例分析

葛洲坝电站 3 号机组水轮发电机改造增容后机组启动试运行试验中，在水轮机主轴上粘贴扭矩应变片，记录了机组在升负荷试验和甩 100％负荷两种工况下的应变值。葛洲坝电站 3 号水轮发电机组主轴其材料为 18MnMoNb。水轮机主轴扭矩的计算参数见表 5.2 - 2。

表 5.2 - 2　　　　　　　　水轮机主轴扭矩的计算参数

序号	参　　数	参数值	序号	参　　数	参数值
1	水轮机主轴外径 D	1620mm	4	材料泊松系数 ν	0.27
2	水轮机主轴内径 d	1290mm	5	转子转速	62.5r/min
3	材料弹性模量 E	212GPa			

通过测量的数据计算水轮机主轴扭矩及轴功率见表 5.2 - 3。

表 5.2 - 3　　　　葛洲坝电站 3 号机组主轴扭矩及轴功率试验结果

序号	试　验　工　况	45°应变	切应力 /MPa	扭矩 /(kN・m)	轴功率 /MW
1	最大试验负荷 151.9MW	270.1	57.3	2936.9	155.5
2	甩 100％负荷反向扭矩最大点	−95.2	−20.2	−1034.5	−54.8

从表 5.2 - 3 中结果来看，轴功率略大于发电运行功率，考虑到水轮机主轴转动动能转化为电量的过程中还有诸多机械和电力损失，同时发现大轴扭矩与机组功率的对应关系一致，说明以上测试计算结果是合理可信的。

葛洲坝电站机组水轮机主轴材料为 18MnMoNb，其屈服应力 320MPa，许用切应力取为 107MPa。在试验最大负荷 151MW 运行时，轴上最大切应力约为 57MPa，小于主轴材料的许用切应力 107MPa。由表 5.2 - 3 中的最大扭矩计算出最大扭转角为每米 0.05°，满足国标规定的每米扭转角小于 1°的规定，所以水轮机主轴强度和刚度均满足要求。

第六节　机组全水头稳定性及相对效率试验

效率、空蚀和运行稳定性是水电机组运行的三大重点问题，具有高效率、良好的抗空蚀性能和良好的运行稳定性是保证机组长期高效安全稳定运行的前提。因此改造增容前后需要对机组进行全水头相对效率及稳定性试验。

一、试验目的

通过电站机组全水头下的稳定性测试及相对效率试验，对比真机性能和模型试验结果，分析和研究机组运行稳定特性和规律，全面了解机组运行全水头段范围内机组效率及机组在电气、机械及水力等方面的性能，检验机组设计制造安装质量，查明引起机组不稳定的原因，提出改善机组运行状态的有效措施，以便正确指导水电厂的调度运行，经济有效地利用水能。机组改造增容后，还可以通过稳定性及相对效率试验检验并调整机组协联关系，评估改造是否达到预期目标。

二、试验方法及数据处理

选取不同的运行水头（额定水头附近水头间隔小些），在每个水头下分别进行协联与定桨试验，记录机组有功功率、导轮叶开度以及各部位的振动、摆度和相关部位压差及噪音数据。

协联变负荷试验：机组处于协联状态，运行人员将机组负荷由空载增加至最大出力，此过程中，每次调整 5～10MW。每一工况，机组稳定运行 3min以上。

定桨试验：脱开调速器协联关系，在固定桨叶下进行上述变负荷试验。每一定桨角度下，进行升负荷或降负荷试验，试验人员观测效率数据，根据实测的效率数据指挥运行人员进行负荷的增减。稳定性及相对效率试验测点布置见表 5.2-4。

表 5.2-4　　　　　　　　稳定性及相对效率试验测点布置

序号	测点名称	传感器类型	量程	备注
1	上导摆度，+X	电涡流传感器	2mm	
2	上导摆度，+Y	电涡流传感器	2mm	
3	水导摆度，+X	电涡流传感器	2mm	
4	水导摆度，+Y	电涡流传感器	4mm	
5	上机架振动，水平，+X	振动传感器（水平）	2mm	
6	上机架振动，水平，+Y	振动传感器（水平）	2mm	
7	上机架振动，垂直，+X	振动传感器（垂直）	2mm	
8	上机架振动，垂直，+Y	振动传感器（垂直）	2mm	
9	定子机座振动，水平，+X	振动传感器（水平）	2mm	
10	定子机座振动，水平，+Y	振动传感器（水平）	2mm	

序号	测点名称	传感器类型	量程	备注
11	定子机座振动，垂直，+X	振动传感器（垂直）	2mm	
12	定子机座振动，垂直，+Y	振动传感器（垂直）	2mm	
13	支持盖振动，水平，+X	振动传感器（水平）	2mm	
14	支持盖振动，水平，+Y	振动传感器（水平）	2mm	
15	支持盖振动，垂直，+X	振动传感器（垂直）	2mm	
16	支持盖振动，垂直，+Y	振动传感器（垂直）	2mm	
17	定子铁芯，水平，+X	加速度传感器	$-5\sim5g$	
18	定子铁芯，水平，+Y	加速度传感器	$-5\sim5g$	
19	机头噪声	噪声传感器	30～130dB	
20	蜗壳压差	压差传感器	0～100kPa	
21	水车室噪声	噪声传感器	30～130dB	
22	蜗壳门噪声	噪声传感器	30～130dB	
23	尾水门噪声	噪声传感器	30～130dB	
24	蜗壳进口水压	压力传感器	$-0.1\sim0.9$MPa	
25	尾水水压	压力传感器	$-0.1\sim0.9$MPa	
26	有功	电流信号	4～20mA	引自监控系统
27	接力器行程	拉绳传感器	0～1000mm	引自在线监测系统
28	轮叶	拉绳传感器	0～700mm	引自在线监测系统
29	定子机座水平+X，（中部）	振动传感器（水平）	2mm	
30	水头压差	压差传感器	400kPa	
31	键相传感器	电涡流传感器		

三、实例分析

葛洲坝电站 12 号机组改造增容完成后的试验结果如下。

（一）稳定性试验

（1）各试验水头及出力工况下，上导、水导摆度均小于合同保证值 $350\mu m$。

（2）各试验水头及出力工况下，上机架水平及垂直振动、支持盖水平及垂直振动通频幅值均小于合同保证值。

（3）定子铁芯振动通频幅值较小，主要为 200Hz 和 500Hz 频率成分，定子铁芯 100Hz 的振动峰峰值小于合同保证值。

（4）机组建立协联关系后，振动、摆度迅速下降，且保持平稳的趋势。

（5）现有的协联关系满足稳定运行的需要。

（二）能量试验

（1）各试验水头下，水轮机效率曲线变化规律基本一致，随着出力的增加，水轮机效率逐渐上升，达到最高效率点后，水轮机效率随出力的增加以较缓慢的速度下降。

（2）各试验水头下，水轮机出力随着导叶开度增大而增加，至试验最大导叶开度，出力均未减小。

（3）各试验水头下，机组的协联关系设置合理，与定桨曲线吻合度高。

（4）随着水头的上升，实测水轮机最高效率点向大负荷方向移动。

（5）各试验水头下，水轮机出力保证值均满足合同要求。

（三）噪声试验

噪声的总体趋势性较好；各试验水头下，水车室和蜗壳门噪声与合同保证值比较，略微超标，未发现明显的卡门涡对应的噪声频率。

四、注意事项

（1）试验过程中下游水位应保证相应的尾水管吸出高度。

（2）试验时保持电站上下游水位相对稳定。

（3）试验时机组排沙底孔应处于关闭状态。

（4）蜗壳差压、水头、功率传感器输出信号若波动过大，应采取相应的稳压措施（如加装稳压桶等）。

（5）试验过程中，机组技术供水不得从被试机组的蜗壳引用。

（6）各定桨工况试验点不得少于六点，进入高振动区应适当减少试验点。注意各工况点的变化情况，为保证试验精度，如试验点不稳定，不得采集。

（7）试验过程中，每一工况功率变化不得超过平均值的 $\pm 1.5\%$，水头变化不得超过平均值的 $\pm 1.0\%$。

（8）为克服机械死行程对测试精度的影响，试验中导叶开度按单方向上升顺序操作，若调过头，应返回超程后再往前调。操作速度应缓慢进行，不宜过快，当油压升至正常值时再进行操作。

第三章　水轮发电机组改造增容评价

第一节　改造效果评价

一、机组性能分析

为了获得机组改造增容后水轮发电机组各项性能参数，评估机组改造效果，并对后续改造增容机组提出指导意见，对改造增容后的机组进行了一系列性能试验，为改造评估工作提供了充实的依据。

（一）真机效率

选取葛洲坝电站 3 号机组进行了真机效率试验。

1. 试验水头与方案

（1）试验水头。11.52m、14.05m、15.17m、16.35m、16.94m、17.59m、18.34m、20.22m、22.29m、23.94m、25.41m。

（2）试验方案。每个水头下分别进行协联试验和定桨试验。

协联试验：导轮叶协联关系投入，进行由空载到最大负荷的变负荷试验，每隔 5～10MW 为 1 个工况点，每个工况点录波 60s。

定桨试验：将导轮叶协联关系脱开，固定轮叶角度，调整导叶开度进行变负荷试验。每隔 3°轮叶角度进行一次定桨试验，每次定桨试验 5～10 个工况点。

2. 真机效率分析

相对效率曲线见图 5.3－1。

每个水头均进行了协联关系下的变负荷试验。高水头时（20.22m、22.29m、23.94m、25.41m），由于受发电机额定出力限制，试验最高只做到了 150MW；低水头时（11.52m、14.05m、16.35m、17.59m），试验从空载一直做到了导叶开度 95％以上。分析协联关系下全水头相对效率曲线可知：

（1）各水头下水轮机相对效率曲线较为光滑，高效区间较宽。

（2）高水头时，水轮机相对效率曲线在中高负荷区较为平坦，在额定出力以下，水轮机效率随着负荷的增加未出现明显下降的现象。

（3）低水头时，水轮机效率在大负荷区间有明显下降，但直到导叶开度 95％以上水轮机出力均未出现随导叶开度增加而下降的现象。

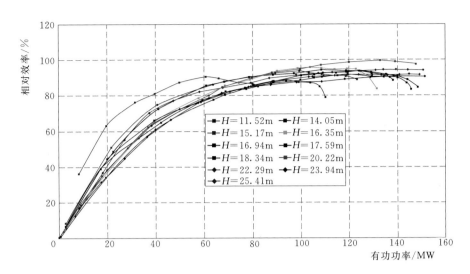

图 5.3-1　相对效率曲线图

3. 改造前后效率比较

3 号机组改造增容共分两步进行，其中 2005—2006 年度进行了发电机改造，2013—2014 年度进行了水轮机改造，水轮机改造前于 2011 年进行了一次全水头相对效率试验。两次试验的流量测量均采用蜗壳差压法，且测点相同。由于 2013～2014 年度水轮机改造时只更换了转轮与锥体下环，其他导水部件均未进行变动，故可认为两次试验蜗壳流量系数未发生变化，两次试验可进行效率比较。

由于两次试验的试验水头不完全相同，无法直接进行比较，因此数据处理时，将 2014 年试验得到的数据使用 matlab 进行插值，将水头插值到与 2011 年试验时相同，这样两次试验的数据便可直接比较，图 5.3-2 分别是低水头、额定水头附近、高水头时水轮机改造前后机组相对效率的比较。

低水头（12.05m）和额定水头附近（17.98m），改造前后效率差别不大，改造后机组在大负荷区效率略有上升，在小负荷区，效率略有下降。

高水头（23.72m）时，机组在中高负荷区内，效率较改造前有明显提高。

低水头一般发生在汛期，葛洲坝电站汛期泄洪量较大，此时机组发电量主要受出力限制线的限制，对效率的提升要求不是很高；高水头一般发生在枯水期，此时效率的提升将带来显著的发电量提升。

4. 出力裕量

额定水头以上时，由于受发电机出力限制线限制，试验未做到水轮机最大出力工况，额定水头以下，在 11.52m、14.05m、16.35m、17.59m 时，定桨与协联试验均做到接近水轮机最大出力点。取定桨试验得到的最优协联效率曲

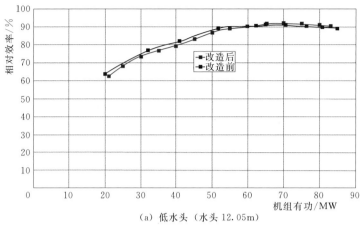

（a）低水头（水头 12.05m）

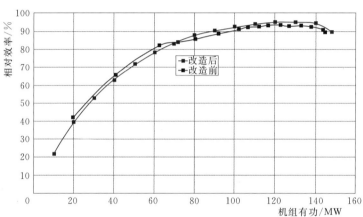

（b）额定水头附近（水头 17.98m）

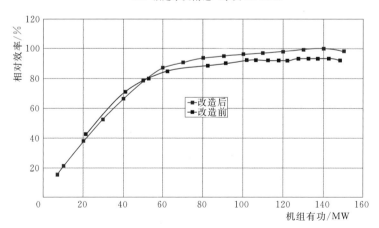

（c）高水头（水头 23.72m）

图 5.3－2　水轮机改造前后效率比较

线上效率与稳定性均未明显下降的最大出力点作为该水头下的最大出力点，由于效率与稳定性均未发生明显下降，因此可认为该点并未发生空化。下面比较以上 4 个水头时，最优协联关系下机组的最大出力与出力限制线的差值见表5.3-1。

表 5.3-1　　最优协联关系下机组的最大出力与出力限制线的差值

水头 /m	最优协联关系下最大出力 /MW	改造后出力限制线 /MW	最大出力—出力限制线 /MW
11.52	83.2	74.8	8.4
14.05	112.0	101.5	10.5
16.35	135.8	127.6	8.2
17.59	148.9	140.7	8.2

注　表中出力均为发电机有功功率。

最大出力与出力限制线的差值即为出力裕量，由表 5.3-1 可知，出力裕量平均值约为 9MW。机组出力裕量较大，中低水头时能达到保证出力。最大出力对比趋势见图 5.3-3。

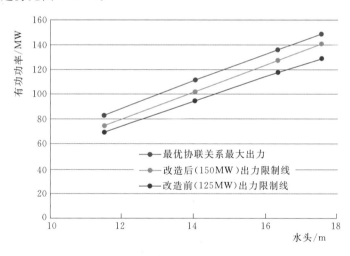

图 5.3-3　最大出力对比趋势图

（二）小结

综合以上试验结果表明，改造增容使机组单机额定容量由 125MW 改造增容至 150MW，机组主要参数满足设计和规范要求，性能指标达到了预期目的，葛洲坝电站机组的改造增容是成功的。

（1）改造后机组能量指标满足合同要求，其能量指标有了显著提高，尤其是在大流量区域尤为突出，这与加大流量，提高水轮机效率，从而增加水轮机出力的初衷是一致的，达到了预期的效果。

（2）轴流式水轮机的限制工况受空化性能的限制，改造后水轮机全部运行范围内临界空化裕度 $\sigma_p/\sigma_1 > 1.15$，因此，在电站运行水头范围内水轮机空化性能能够满足机组安全稳定运行的要求。

（3）可通过提高协联控制水头的精度以及改善协联曲线可使机组效率得到一定程度的提高。

（4）低水头以及额定水头附近，机组效率在水轮机改造前后区别不大；高水头时，机组改造后的效率在中高负荷区较改造前有明显提高。

二、运行效果分析

以改造完成投产后的 6 号机组和 15 号机组为例，对机组运行情况进行分析。

（一）葛洲坝电站 6 号机组

6 号机组启动试运行试验结果表明，机组各部位振动摆度和轴承温度均在正常限值内。

（1）上导 X 方向摆度在 0.2mm 左右，最大为 0.33mm，最小为 0.06mm；Y 方向摆度在 0.15mm 左右，最大为 0.18mm，最小为 0.05mm。

（2）水导 X 方向摆度在 0.15mm 左右，最大为 0.33mm，最小为 0.08mm；Y 方向摆度在 0.1mm 左右，最大为 0.2mm，最小为 0.05mm。

（3）上机架水平和垂直振动在 0.02～0.04mm 之间。

（4）支持盖水平振动在 0.01mm 左右运行，支持盖 X 方向垂直振动在 0.07mm 左右，最大约为 0.13mm，最小为 0.05mm，Y 方向垂直振动在动在 0.05mm 左右，最大约为 0.12mm，最小为 0.04mm。

（5）上导轴承最高运行温度出现在 11 号瓦，最高温度为 42.2℃。

（6）水导轴瓦最高运行温度出现在 4 号瓦，最高温度为 49.4℃。

（7）推力轴承最高运行温度出现在 11 号瓦，最高温度为 50.2℃。

（8）发电机定子最高温度出现在 5 号测点，最高温度为 91.5℃。

（二）葛洲坝电站 15 号机组

15 号机组启动试运行试验结果表明，机组各部位振动摆度和轴承温度均在正常限值内。

（1）上导 X 方向摆度在 0.18mm 左右，最大为 0.25mm，最小为 0.14mm；Y 方向摆度在 0.12mm 左右，最大为 0.16mm，最小为 0.10mm。

（2）水导摆度在 0.18mm 左右，最大为 0.22mm，最小为 0.15mm。

（3）上机架 X 方向水平振动在 0.05mm 左右，最大为 0.09mm，最小为 0.03mm；Y 方向水平振动在 0.03mm 左右，最大为 0.07mm，最小为 0.02mm；

垂直振动在 0.02mm 左右。

（4）支持盖 X 方向水平振动在 0.01mm 左右运行；Y 方向水平振动在 0.03mm 左右，最大为 0.06mm；支持盖 X 方向垂直振动在 0.03mm 左右，最大为 0.07mm；Y 方向垂直振动在 0.01mm 左右，最大为 0.04mm。

（5）上导轴承最高运行温度出现在 1 号瓦，最高温度为 44.5℃。

（6）水导轴瓦最高运行温度出现在 9 号瓦，最高温度为 56.9℃。

（7）推力轴承最高运行温度出现在 9 号瓦，最高温度为 52.2℃。

（8）发电机定子最高温度出现在 18 号测点，最高温度为 72.9℃。

改造增容后机组的良好运行情况表明，改造增容消除了机组由于部件老化严重影响机组安全稳定运行的隐患，提高了设备运行可靠性。

第二节　改造效益评价

一、改造后的经济效益

（一）发电效益计算

根据设计测算，葛洲坝电站更新改造工程多年平均发电量 6.30 亿 kW·h，根据电力电量平衡成果，其发电量皆能上网被系统吸收。按照平均上网电价 0.217 元/（kW·h）（不含增值税）计算，正常运行年份年发电收入为 13615 万元。

（二）实际增发电量

按照改造增容滚动计划，从 2012 年 11 月开始，截至 2016 年 6 月 30 日，已经完成 2 台发电机改造、16 台水轮机改造、1 台机组水发同改。2014 年以来，葛洲坝电站年度发电量逐年递增、除了长江来水和优化调度的作用，因改造增容增加了电站总装机容量而使总发电量增加占主要因素。葛洲坝电站近 10 年来年度发电量见表 5.3-2，可以看出 2014 年以来电站年度发电量均大大超过了长江来水较丰的 2008 年发电量。

表 5.3-2　　　　　　　　葛洲坝电站近 10 年来年度发电量　　　　单位：亿 kW·h

2006 年	2007 年	2008 年	2009 年	2010 年	2011 年	2012 年	2013 年	2014 年	2015 年	2016 年
146.29	154.65	170.47	162.43	162.40	162.62	166.44	158.58	177.94	179.73	182.99

二、改造后的社会效益

（一）提高电网调度灵活性

葛洲坝电站 19 台机组改造增容完成以后，三峡电站和葛洲坝电站总计装机 25710MW，供电华中、华东、广东、重庆等地区，覆盖我国中东部地区。三峡电站和葛洲坝电站地处西电东送和南北互供"全国联网"电力枢纽中心，是电力系统的电力集散中心和潮流调节（分配）中心。葛洲坝电站增加一定的容量，可使三峡电站和葛洲坝电站联合运行更加灵活，有利于电网调度运行。

（二）改善通航条件

葛洲坝枢纽为三峡水利枢纽的反调节枢纽，其运行水位为 63～66m，当上游三峡电站调峰时，葛洲坝电站利用 63～66m 间库容进行反调节，以利航运。研究表明，若以两电站总的发电量最大为目标，不考虑电价差异，则葛洲坝水库运行水位的选择与葛洲坝电站装机容量相关：当葛洲坝电站装机容量增加到一定程度时，葛洲坝对三峡坝下水位的顶托影响会"削弱"，此时适当抬高葛洲坝水库运行水位，葛洲坝电站增加的电量将超过三峡电站减少的电量，即葛洲坝电站汛期水位偏高运行对两梯级总的发电量更有利，葛洲坝水库水位则应尽量按 66m 运行。同时，葛洲坝上游水位的抬高客观上改善了三峡至葛洲坝段通航条件。

（三）促进转轮设计开发技术的进步

为了使葛洲坝电站过机流量与三峡电站过机流量尽量匹配，此次改造须大幅度提高机组的过流能力，但由于此次改造不涉及土建部分，机组流道、转轮安装高程、上下游水位均不能调整，给水轮机的开发带来了巨大挑战。

为了将先进的技术应用到葛洲坝电站，使葛洲坝电站改造获得一个合适的转轮，近年来，中国长江电力股份有限公司联合哈尔滨电机厂有限责任公司、东方电机有限公司、长江勘测规划设计研究院、中国水利水电科学研究院等国内水电设计优势资源，进行了多次模型试验及同台对比试验，其力度为新中国成立以来之最，也是对轴流水轮机进行研发最多的一次。通过多次模型试验，厂家对轴流式水轮机有了进一步的了解，使其能量特性、空化性能、稳定性有了较大的提高，使国内轴流转桨式水轮机的设计制造水平达到了世界先进水平。

第三节 总 结

葛洲坝电站机组投入运行以来，平均年运行小时数在 6000h 以上，与一般同类电站年均运行 4000～4500h 相比，可比拟的机组实际寿命已较大地超过 30 年，存在运行安全隐患，影响机组安全稳定运行，因此即使机组不进行更新改造，也必须对机组部件进行局部改造和更换。为了提高与三峡电站联合运行的能力，增加葛洲坝电站的发电效益，提高三峡、葛洲坝电站联合调峰运行的灵活性，因此，对葛洲坝电站机组进行改造增容是必要的。

葛洲坝电站机组改造增容提高了葛洲坝电站与三峡电厂联合运行的能力，消除了机组由于部件老化严重影响机组安全稳定运行的隐患，增加了葛洲坝电站的发电效益，机组改造增容是必要的。

从实际运行效果来看，改造增容机组单机额定容量由 125MW 改造增容至 150MW，机组主要参数满足设计和规范要求，性能指标达到了预期目的，葛洲坝电站机组的改造增容是成功的。

一、水轮机部分

（1）相对效率试验和运行结果表明，改造后水轮机能量指标满足合同要求，有了显著提高，尤其是在大流量区域尤为突出，这与加大流量，提高水轮机效率，从而增加水轮机出力的初衷是一致的，达到了预期的目标。

（2）改造增容后机组稳定性大幅提高，模型试验结果表明，在所有运行范围内压力脉动值 $\Delta H/H \leqslant 6\%$。根据现场试验结果，改造增容后各部位的振动、摆度较改造前有较大改善，远优于国标要求。

（3）根据长江委设计文件，改造后单机月平均可增发电量 0.028 亿 kW·h。根据 2014 年以来的运行结果及实际发电量统计，年增发电量逐年增加、单机月平均增发电量超过设计预期，改造增容达到了增加发电效益的目的。

（4）改造后水轮机全部运行范围内临界空化裕度 $\sigma_p/\sigma_1 > 1.15$，因此，在电站运行水头范围内水轮机空化性能能够满足机组安全稳定运行的要求。

（5）对水导轴承进行了改造，水导瓦支顶方式采用楔子板加抗压块支顶方式，新结构水导瓦间隙调整更简便、更安全、更精确。

（6）对主轴密封进行了改造，工作密封由原来的双平板式密封改为自补偿式浮动密封，新水封运行更可靠，更换周期较以前大幅增加。

（7）对压油装置进行了改造，减少了油泵及电机的启停次数，提高压油装置的可靠性，降低了低油压事故停机的风险。

根据目前试验结果及长期运行效果，葛洲坝电站水轮机的改造是成功的。

二、发电机部分

（1）发电机改造增容后，其主要参数满足合同文件和相关规范的要求，达到了预期效果。

（2）发电机将定子的分瓣结构改为整圆结构，提高了定子机座的整体刚度；将原来的固定式定位筋改为浮动式双鸽尾筋，定位筋与托块之间的间隙，能有效防止铁芯由于温度应力产生的变形。

（3）定子铁芯在现场进行叠装，采用低损耗、高导磁、不老化的优质冷轧无取向硅钢片冲成扇形片叠压而成，两面采用 F 级绝缘漆。减少了铁芯损耗，提高了发电机效率。

（4）发电机定子、转子绕组由 B 级绝缘均改为 F 级绝缘，使发电机的允许温升值提高。

（5）电磁振动试验中未出现 100Hz 振动。

（6）从测量情况来看，机组各部位的温升值满足规范和合同文件的要求。

（7）发电机定子绕组采用了不完全换位，能减少定子条形波绕组由于端部漏磁而引起的附加损耗。

（8）磁极绕组外表面设计成带散热翅的冷却面，增加了冷却面积，能有效降低转子绕组的温升。

从实际效果来看，转子的温升较低，达到了预期的效果。

参　考　文　献

［1］　沈克昌，钟梓辉. 葛洲坝工程丛书 9　水轮发电机［M］. 北京：水利水电出版社，1991.

［2］　白延年. 水轮发电机设计与计算［M］. 北京：机械工业出版社，1982.

［3］　水电站机电设计手册编写组. 水电站机电设计手册　电气一次［M］. 北京：水利电力出版社，1982.

［4］　陈铁华，赵万清，郭岩. 水轮发电机原理及运行［M］. 北京：中国水利水电出版社，2009.

［5］　董世镛. 葛洲坝工程丛书 1　工程概况［M］. 北京：中国水利水电出版社，1995.

［6］　李永安，张诚. 三峡电站运行管理［M］. 北京：中国电力出版社，2009.

［7］　DL/T 507—2002　水轮发电机组启动试验规程［S］. 北京：中国电力出版社，2002.

［8］　GB/T 9652.1—2007　水轮机控制系统技术条件［S］. 北京：中国标准出版社，2007.

［9］　SL 321—2005　中大型水轮发电机基本条件［S］. 北京：中国水利水电出版社，2005.

［10］　郑源，鞠小明，程云山. 水轮机［M］. 北京：中国水利水电出版社，2010.

［11］　段利英，吴江，宾斌，等. 葛洲坝水轮机转轮密封改造措施［J］. 水电厂自动化，2010（3）：41－42.

［12］　段利英，吴江，王元元. 轴流转桨式水轮机工作密封下平板偏磨改进［J］. 润滑与密封，2015（11）：144－145.

［13］　秦岩平，陶吉全，马明. 葛洲坝电站水轮机主轴密封改造及运行情况分析［J］. 水电与新能源，2015（1）：66－68.

［14］　曹成高，陶吉全，谭鋆. 葛洲坝电站机组新型主轴密封结构优化［J］. 水电与新能源，2016（5）：37－38.

［15］　段利英，吴江. 轴流转桨式水轮机转轮缸体排油阀密封结构改进［J］. 润滑与密封，2015（6）：127－128.

［16］　李建明. 高压电气设备试验方法［M］. 北京：中国电力出版社，2001.

［17］　陈锡芳. 水轮发电机组改造增容与优化运行［M］. 北京：中国水利水电出版社，2010.

［18］　陈锡芳. 水轮发电机结构运行监测与维修［M］. 北京：中国水利水电出版社，2008.

［19］　GB/T 1029—2005　三相同步电机试验方法［S］. 北京：中国标准出版社，2005.

［20］　GB/T 7894—2001　水轮发电机基本技术条件［S］. 北京：中国标准出版社，2005.

参考文献

[21]　GB/T 5321—2005　量热法测定发电机的损耗和效率［S］. 北京：中国标准出版社，2005.

[22]　GB/T 8564—2003　水轮发电机组安装技术规范［S］. 北京：中国标准出版社，2003.

[23]　GB 50150—2006　电气装置安装工程电气设备交接试验标准［S］. 北京：中国标准出版社，2006.